“十二五”江苏省高等学校重点教材（编号：2013-1-027）
全国高等职业教育规划教材

现场总线技术及其应用

第2版

主编　郭　琼　姚晓宁
参编　单正娅　韩东起
主审　黄　麟

机械工业出版社

随着现场总线技术的不断发展与完善，其在工业控制领域中的应用越来越广泛。本书以网络与数据通信、PLC 等知识为基础，详细介绍了 Profibus、CC-Link、Modbus 以及工业以太网的技术特点、技术规范、系统设计、硬件组态及其在控制系统中的构建与应用。最后一章还介绍了现场总线控制系统集成的概念、方法和原则，并通过对实际应用项目的分析阐述了现场总线技术应用的全过程。

本书在内容安排上强调现场总线的实际应用，紧密结合控制技术的新发展和新应用，实践教学内容丰富，结构合理，可作为高职高专院校自动化专业的教材，也可作为从事现场总线系统设计与应用开发的技术人员的培训教材或参考资料。

本书配套授课电子课件，需要的教师可登录 www.cmpedu.com 免费注册、审核通过后下载，或联系编辑索取（QQ：1239258369，电话：010-88379739）。

图书在版编目（CIP）数据

现场总线技术及其应用 / 郭琼，姚晓宁主编. —2 版. —北京：机械工业出版社，2014.7（2019. 1 重印）
全国高等职业教育规划教材
ISBN 978-7-111-46773-1

Ⅰ. ①现…　Ⅱ. ①郭…　②姚…　Ⅲ. ①总线—技术—高等职业教育—教材　Ⅳ. ①TP336

中国版本图书馆 CIP 数据核字（2014）第 104628 号

机械工业出版社（北京市百万庄大街 22 号　邮政编码 100037）
责任编辑：王　颖　　责任校对：张艳霞
责任印制　常天培

涿州市京南印刷厂印刷

2019 年 1 月第 2 版 • 第 9 次印刷
184mm×260mm • 14.5 印张 • 354 千字
32001-37000 册
标准书号：ISBN 978-7-111-46773-1
定价：39.00 元

前　言

随着微处理器技术、通信技术、网络技术及自动控制技术的不断发展，信息交换沟通的领域正在迅速覆盖从企业的现场设备层到控制及管理的各个层次。信息技术的飞速发展，引起了自动化系统结构和生产管理的变革，逐步形成了以网络集成自动化系统为基础的企业信息系统。现场总线就是顺应这一形势发展起来的新技术。

目前现场总线技术在各领域的应用越来越广泛，各企业对现场总线技术的人才需求也在不断增加，这就要求各高职高专院校积极培养熟悉现场总线技术并能熟练使用该技术的高技能应用型人才，从而满足企业对生产现场的控制需求。

现场总线控制技术是一门强调实际应用的课程，在企业现场，其发展与相关的应用层出不穷；而目前具有不少于 20 种国际标准的现场总线，在课程中不可能都作为授课内容，选取合适的教学内容和采用恰当的教学方法，是提高教学质量的关键。

西门子、三菱 PLC 在我国的应用较为普遍，也是高职相关课程中选用最多的 PLC 类型。为不失一般性，在现场总线技术课程中以这两种 PLC 为平台，引进相关的现场总线 Profibus 及 CC-Link 作为学习和实践的教学内容。同时，由于 Modbus 协议开放、应用广泛，将其通信内容也作为教学的重点内容，使得该课程既能满足自动化类专业相关课程的前后关联性，又能使学生了解现场总线在工业分布式系统中的作用以及现场总线控制系统的构建和使用方法。

本书在编写时考虑到课程涉及的知识点多、内容广等特点，以及高职高专学生的知识结构现状，结合生产实际，以案例带动知识点开展学习，注重培养学生解决实际问题的能力。

本书的主要内容包括：现场总线的概念、发展状况及通信基础；Profibus 现场总线的特点、系统构建方法及应用实例；CC-Link 现场总线的特点、系统构建方法及应用实例；Modbus 总线的特点、系统构建方法及应用实例；工业以太网技术的特点、应用实例，最后介绍了现场总线控制系统的集成方法及应用实例。

本书内容选择合理、结构清楚、图文并茂、面向应用，适合作为高职高专院校电气自动化、生产过程自动化、网络技术、楼宇自动化等专业的教学用书，也可作为工程人员的培训教材或相关科研人员的参考书。

本书由无锡职业技术学院郭琼、姚晓宁主编，单正娅、韩东起参编，黄麟主审。本书在编写与修订过程中，江苏锡恩智能工业科技股份有限公司吕中亮工程师、无锡信捷电气股份有限公司徐少峰工程师就本书内容的形成提出了许多宝贵的意见和建议，在此深表谢意。

本书在编写过程中参考了大量书籍、文献及手册资料，在此向各位相关作者表示诚挚的感谢。同时，由于作者水平有限，而且现场总线技术一直在不断地发展和完善，书中难免有不恰当之处，敬请读者批评指正。

编　者

目　录

第1章 概　述

学习目标

1）掌握现场总线的概念、本质及其特点。

2）了解目前市场上最常见的现场总线及其主要特点。

3）了解现场总线技术对未来自动控制系统的影响。

重点内容

1）现场总线的本质。

2）集散控制系统与现场总线系统的优缺点。

3）现场总线控制系统的结构。

现场总线技术是一种新型的工业控制技术，发展于20世纪80年代中期，用于工业生产现场，是一种在现场设备之间、现场设备与控制装置之间实现双向、互连、串行和多节点的数字通信技术。与传统控制系统相比，现场总线系统将控制功能下放到生产现场，使控制系统更为安全可靠；将原来的面向设备选择控制和通信设备转变为基于网络选择设备，增强系统设备的互操作性；将传统控制系统技术含量较低且烦琐的布线工作量大大降低，使其系统检测和控制单元的分布更加合理。20世纪90年代，现场总线控制技术被引入我国，结合Intranet和Internet的迅猛发展，日益显示出其传统控制系统无可替代的优越性。

1.1　现场总线的产生、本质与发展

1.1.1　现场总线的产生

在工业和科学发展进程中，自动控制技术始终起着极为重要的作用，并广泛应用于各种领域。无论是在冶炼、化工、石油、电力、造纸、纺织和食品等传统工业，还是在航空、铁路等运输行业；无论是在宇宙飞船、导弹制导等国防工业，还是在洗衣机、电冰箱等家用电器，自动控制技术都得到了广泛的应用。控制系统的发展历程，经历了基地式仪表控制系统、模拟仪表控制系统、直接式数字控制系统、集散控制系统和发展到现在的第五代控制系统——现场总线控制系统。

（1）基地式仪表控制系统

在20世纪50年代以前，企业生产规模小，测控仪表处于发展的初级阶段，出现了具有简单检测与控制功能的基地式气动仪表，其信号采用0.02～0.1MPa的气动信号标准。各测控仪表自成体系，既不能与其他仪表或系统连接，也不能与外界进行信息沟通，操作人员只能通过现场巡视来了解生产情况，这就是所谓的第一代过程控制系统。

（2）模拟仪表控制系统

随着生产规模的扩大，出现了气动、电动系列的单元组合式仪表。这些仪表采用统一的模拟量信号，如 0.02～0.1MPa 的气动信号以及 0～10V、4～20mA 的电信号，并通过这些模拟量信号将生产现场的运行参数与信息传送到集中控制室，操作人员可在控制室内了解现场生产情况，并实现对生产过程的操作和控制。模拟仪表控制系统于 20 世纪六七十年代占据了主导地位，但存在着模拟信号精度低、易受干扰等缺点。

（3）直接式数字控制系统

由于模拟信号精度低、信号传输的抗干扰能力较差，所以人们开始寻求用数字信号取代模拟信号，这时出现了直接式数字控制。直接式数字控制（Direct Digital Control，DDC）系统于 20 世纪七八十年代占主导地位。它采用单片机、微型计算机或 PLC 作为控制器，控制器采用数字信号进行交换和传输，克服了模拟仪表控制系统中模拟信号精度低的缺陷，显著提高了系统的抗干扰能力。

图 1-1 为直接数字控制系统的示意图。计算机与生产过程之间的信息传递是通过生产过程的输入/输出设备进行的。过程输入设备包括输入通道（AI 通道、DI 通道）以及用于向计算机输入生产过程中的模拟信号、开关量信号或数字信号；过程输出设备包括输出通道（AO 通道、DO 通道），用于将计算机的运算结果输出并作用于控制对象。计算机通过过程输入通道对生产现场的变量进行巡回检测，然后根据变量，按照一定的控制规律进行运算，最后将运算结果通过输出通道输出，并作用于执行器，使被控变量符合系统要求的性能指标。计算机控制系统由机箱、CRT 显示器、打印机、键盘及报警装置等设备组成，完成对生产过程的自动控制、运行参数监视、打印运行参数数据及声光报警等功能。

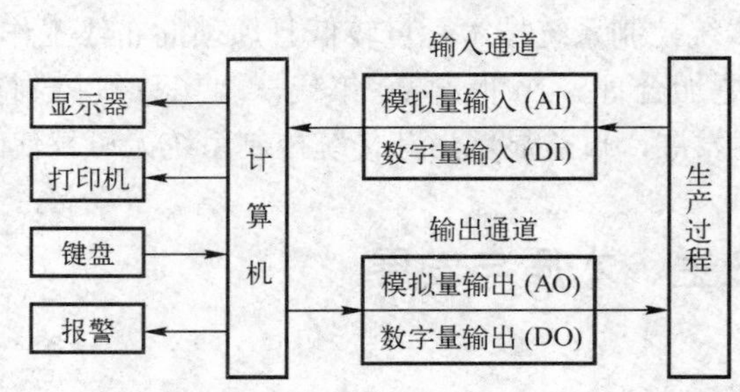

图 1-1　直接数字控制系统的示意图

DDC 系统属于计算机闭环控制系统，采用程序进行控制运算，是计算机在工业生产中较为普遍的一种控制应用方式。这种控制方式灵活、经济，只要改变控制算法和应用程序，就可以实现对不同控制对象（甚至更为复杂）的控制，系统可以满足较高的实时性和可靠性要求。但计算机直接承担 DDC 系统的控制任务，一旦计算机出现故障，就会造成该计算机所控制的所有回路瘫痪，从而使控制系统的故障危险高度集中、运行风险增大。在 20 世纪 80 年代初，随着计算机性能的提高和体积的缩小，出现了内装 CPU 的数字控制仪表。基于“集中管理，分散控制”的理念，在数字控制仪表和计算机与网络技术的基础上，开发了集中、分散相结合的集散控制系统。

（4）集散控制系统

1975 年，美国霍尼韦尔（HoneyWell）公司首先推出世界上第一台集散控制系统

(Distributed Control System，DCS)——TDC2000 集散型控制系统，成为最早提出集散控制系统设计思想的开发商。此后，国外的仪表公司纷纷研制出各自的集散控制系统，应用较多的有美国福克斯波罗（Foxboro）公司的 SPECTRUM、美国贝利控制（Bailey Controls）公司的 Network90、英国肯特（Kent）公司的 P4000、德国西门子（SIMENS）公司的 TELEPERM 以及日本横河（YOKOGAWA）公司的 CENTUM 等系统。我国使用 DCS 始于 20 世纪 80 年代初，由吉化公司化肥厂在合成氨装置中引进了 YOKOGAWA 产品，运行效果较好；随后引进的 30 套大化肥项目和大型炼油项目都采用了 DCS 控制系统。同时，坚持自主开发与引进技术相结合，在 DCS 国产化产品开发方面取得了可喜的成绩，比较有代表性的产品有浙江中控技术股份有限公司的 WebField ECS-100、北京和利时系统工程股份有限公司的 MACS 等系统。

集散控制系统于 20 世纪八、九十年代占据主导地位，它是一个由过程控制级和过程监控级组成的、以通信网络为纽带的多级计算机控制系统，其核心思想是集中管理、分散控制，即管理与控制相分离，上位机用于集中监视管理功能，下位机分散下放到现场，以实现分布式控制，上/下位机通过控制网络互相连接，以实现相互之间的信息传递。因此，这种分布式的控制系统结构能有效地克服集中式数字控制系统中对控制器处理能力和可靠性要求高的缺陷，并广泛应用于大型工业生产领域。

图 1-2 是一个典型集散控制系统的结构示意图，系统包括过程控制级、集中操作监控级和综合信息管理级，各级之间通过网络互相连接。过程级主要由 PLC、智能调节器、现场控制站及其他测控装置组成，是系统控制功能的主要实施部分；它直接面向工业对象，完成生产过程的数据采集、闭环调节控制和顺序控制等功能；并可与上一级的集中操作监控级进行数据通信。通信网络是 DCS 的中枢，它将 DCS 的各部分连接起来构成一个整体，使整个系统协调一致地工作，从而实现数据和信息资源的共享，是实现集中管理、分散控制的关键。操作监控级包括操作员站、工程师站和层间网络连接器等，了解系统操作、组态、工艺流程图显示、监视过程对象和控制装置的运行情况，并可通过通信网络向过程级设备发出控制和干预指令。管理级由管理计算机构成，主要是指工厂管理信息系统，它作为 DCS 更高层次的应用，监视企业各部门的运行情况，实现生产管理和经营管理等功能。

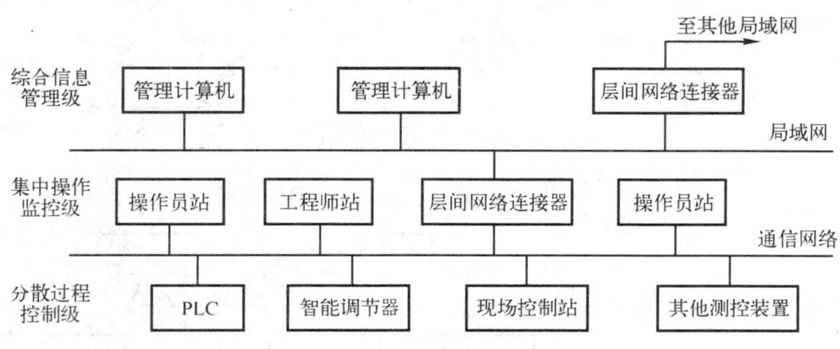

图 1-2　典型集散控制系统的结构示意图

在集散控制系统中，分布式控制思想的实现正是得益于网络技术的发展和应用。但由于 DCS 系统在形成过程中，受计算机系统早期存在的系统封闭这一缺陷及厂家为达到垄断经营的目的对其控制通信网络采用封闭形式的影响，使得各厂家的产品自成系统，不同厂家的设备不能互连在一起，难以实现设备的互换与互操作，DCS 与上层 Intranet 和 Internet 信息网络之间实现网络互联和信息共享也存在很多困难，因此集散控制系统实质上是一种封闭专用的、不具备互操作性的分布式控制系统，而且造价昂贵。在这种情况下，用户对网络控制系统提出了开放性和降低成本的迫切要求。

为了降低系统的成本和复杂性，更为了适应广大用户对系统开放性、互操作性的要求，实现控制系统的网络化，一种新型控制技术——现场总线迅速发展起来。

（5）现场总线控制系统

现场总线控制系统（Fieldbus Control System，FCS）是一种分布式控制系统，是在 DCS 的基础上发展起来的，它把 DCS 系统中由专用网络组成的封闭系统变成了通信协议公开的开放系统，即可以把来自不同厂家而遵守同一协议规范的各种自动化设备，通过现场总线网络连接成系统，从而实现自动化系统的各种功能。同时还将控制站的部分控制功能下放到生产现场，依靠现场智能设备本身来实现基本控制功能，使控制站可以集中处理更复杂的控制运算，更好地体现"功能分散、危险分散、信息集中"的思想。

现场总线技术产生于 20 世纪 80 年代，用于过程自动化、制造自动化和楼宇自动化等领域的现场智能设备互连通信网络。国际电工委员会（International Electrotechnical Commission，IEC）对现场总线（Process Fieldbus，Profibus）的定义是，现场总线是一种应用于生产现场，在现场设备之间、现场设备与控制装置之间实行双向、串行、多节点数字通信的技术。它综合运用了微处理技术、网络技术、通信技术和自动控制技术，把通用或者专用的微处理器置入传统的测量控制仪表中，使之具有数字计算和数字通信的能力；采用诸如双绞线、同轴电缆、光缆、无线、红外线和电力线等传输介质作为通信总线；按照公开、规范的通信协议，在位于现场的多个设备之间以及现场设备与远程监控计算机之间，实现数据传输和信息交换，形成各种适应实际需要的自动化控制系统。

现场总线控制系统的结构示意图如图 1-3 所示。现场总线作为智能设备的纽带，将挂接在总线上，与作为网络节点的智能设备相互连接，构成相互沟通信息、共同完成自动控制功能的网络系统与控制系统。在生产现场控制设备之间、控制设备与控制管理层网络之间，通

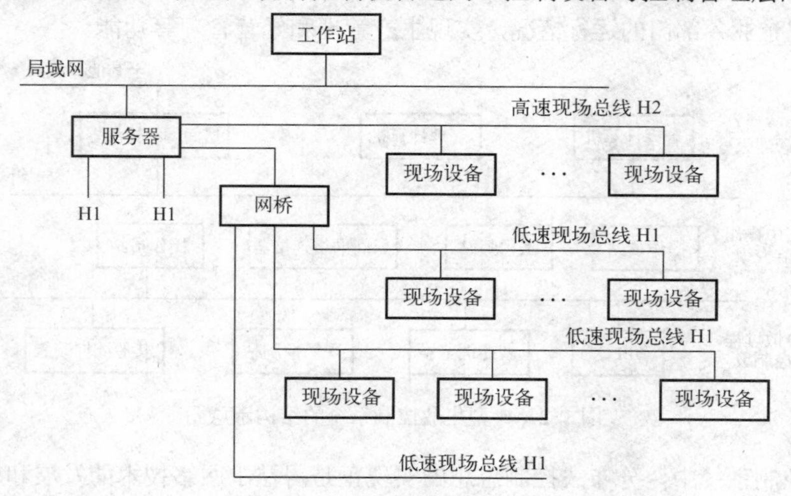

图 1-3　现场总线控制系统的结构示意图

过这样的结构，使得设备之间以及系统与外界之间的信息交换得以实现，促进了自动控制系统朝着网络化、智能化的方向发展。它给自动化领域带来的变化，如同计算机网络给计算机的功能、作用带来的变化一样。如果说计算机网络把人类引入到信息时代，那么现场总线则使自控系统与设备加入到信息网络的行列中，成为企业信息网络的底层，使企业信息沟通的范围延伸至生产现场。因此可以说，现场总线技术的出现标志着一个自动化新时代的开端。

1.1.2 现场总线的本质

根据国际电工委员会标准和现场总线基金会的定义，现场总线的本质主要体现在以下几个方面。

（1）现场设备互连

现场设备是指在生产现场安装的自动化仪器仪表，按功能可将其分为变送器、执行器、服务器和网桥等，这些现场设备通过双绞线、同轴电缆、光缆、红外线和无线电等传输介质进行相互连接、相互交换信息。

（2）现场通信网络

现场总线作为一种数字式通信网络一直延伸到生产现场设备，使得现场设备之间互连、现场设备与外界网络互连，从而构成企业信息网络，完成生产现场到控制层和管理层之间的信息传递。

（3）互操作性

现场设备种类繁多，这就要求不同厂家的产品能够实现交互操作与信息互换，避免因选择了某一品牌的产品而被限制选择使用设备的范围。用户把不同制造商的各种智能设备集成在一起，进行统一组态和管理，构成需要的控制回路。现场设备互连是最基本的要求，但只有实现设备的互操作性，才能使得用户能够根据需求自由集成现场总线控制系统。

（4）分散功能块

FCS 对 DCS 的结构进行了调整，摒弃了 DCS 的输入/输出单元和控制站，把 DCS 控制站的功能块分散到现场具有智能的芯片或功能块（FC）中，使控制功能彻底分散，直接面对对象。如图 1-4 所示，压差变送器用来测量模拟输入量；而处理后的模拟输出量用来控制调节阀；功能块 AI110 被置入变送器中，功能块 PID110、AO110 被置入调节阀中。由系统对这 3 个标准的功能块及其信号的连接关系进行组态，并通过通信调度执行控制系统的应用功能；将 AI 功能块的输出送给比例（P）、积分（I）和微分（D）——PID 功能块，把经过 PID 功能运算得到的输出送给 AO 功能块，由 AO 功能块的输出来控制阀门的开度，从而实现对被控流量的控制。

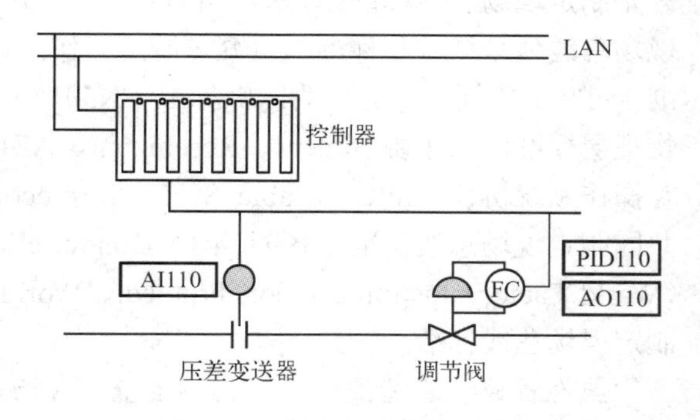

图 1-4 现场总线的分散功能块

由于将控制功能分散到多台现场仪表中，并可统一组态，所以用户可灵活选用各种功能块，构成所需的控制系统，实现系统彻底的分散控制。

（5）总线供电

总线在传输信息的同时，还给现场设备提供工作电源。这种供电方式用于要求本质安全（简称为本安）环境的低功耗现场仪表，为现场总线控制系统在易燃易爆环境中的应用奠定了基础。

本质安全技术是在爆炸性环境下使用电器设备时确保安全的一种方法。通常许多生产现场都有易燃易爆物质，为了确保设备及人身安全，必须采取安全措施，严格遵守安全防爆标准，以保证这些可燃性物质不被点燃。

本安电气设备与可燃性气体的接触将不会产生潜在的环境危险。整个系统的设计使得即使在设备或连接电缆出现故障的情况下，可能出现的电火花或热效应也不足以引起环境爆炸。本安技术仅适用于低电压和低功耗的设备。

（6）开放式互联网络

现场总线为开放式互联网络，它既可与同层网络互联，又可与不同层网络互联。其采用公开化、标准化、规范化的通信协议，只要符合现场总线协议，就可以把不同制造商的现场设备互连成系统，用户不需要在硬件或软件上花费太多精力，就可以实现网络数据库的共享。

1.1.3 现场总线的发展

1．现场总线的标准

现场总线的发展是与微处理器技术、通信技术和网络技术等高新技术的发展及自动控制技术的不断发展分不开的。Honeywell 公司在 1983 年推出了 Smart 智能变送器，在原有模拟仪表的基础上增加了复杂的计算功能，并采用模拟信号与数字信号叠加的方法，使现场与控制室之间的连接由模拟信号过渡到数字信号，为现场总线仪表提出了新的发展方向。其后世界上各大公司相继推出了具有不同特色的智能仪表，如 Rosemount 公司推出了 1151 智能变送器，Foxboro 公司推出了 820、860 智能变送器等，这些智能变送器带有微处理器和存储器，能够进行模拟信号到数字信号的转换处理，还可完成各种信号的滤波和预处理，给自动化仪表的发展带来了新的生机，为现场总线的产生奠定了一定基础。

美国仪表协会（Instrument Society of America，ISA）下属的 ISA/SP50 工作组于 1984 年开始制定现场总线标准；1985 年国际电工委员会（IEC）决定由 Proway Working Group 负责现场总线体系结构和标准的研究与制定工作；1986 年德国开始制定过程现场总线标准，该标准于 1990 年问世，并成为欧洲标准 EN50170。1992 年国际电工委员会批准了 ISA/SP50 的物理层标准，同年由 Simens、Rosemount、ABB、Foxboro 和 Fisher 等 80 家公司联合成立可互操作系统协议（Interoperable System Protocol，ISP）组织，在德国 Profibus 标准的基础上共同制定现场总线标准。1993 年由 Honeywell、Bailey 等百余公司成立了工厂仪表世界协议（World Factory Instrumentation Protocol，World FIP）组织，并以法国标准 FIP 为基础研究来制定现场总线标准。

虽然各仪表制造商已经看到制定统一现场总线标准的重要性，且现场总线控制系统有着广阔的应用前景，但现场总线标准在实际制订中并不顺利。受行业、应用地域的不同及产品推出的时间不同等多种因素的影响，加上各公司和企业集团受自身利益的驱使，致使现场总线标准的制定工作进展十分缓慢，直到 1993 年，现场总线物理层规范 IEC61158.2 才正式成为国际标准。

1994 年，ISA 的 ISP 组织和 World FIP 北美分部合并，成立了现场总线基金会（Fieldbus Foundation，FF），并制定针对过程工业而优化设计的现场总线标准，即基金会现场总线（the Foundation Fieldbus）。1996 年，现场总线基金会发布 H1 低速总线标准。1997 年，应用层服务定义 IEC61158.5 和应用层协议规范 IEC61158.6 成为国际标准最终草案，并发布对基金会现场总线性能实验和互操作性测试的结果。1998 年，现场总线的链路层服务定义 IEC61158.3 和链路层协议规范 IEC61158.4 成为国际标准最终草案，并通过放弃原定的高速 H2 现场总线开发计划，转而开发高速以太网 HSC 的高速现场总线方案。1999 年，高速以太网草案发布，并根据渥太华会议纪要，将原来的 IEC61158.3～IEC61158.6 技术规范作为新标准 IEC61158 的类型 1，而其他总线按原技术规范作为新标准的类型 2～类型 8。2000 年，由 8 种类型组成的 IEC61158 现场总线国际标准最终获得通过。类型 1～类型 8 的现场总线名称分别是，IEC61158 技术报告、Control Net、Profibus、P-Net、FF HSE、Swift Net、WorldFIP 及 Interbus，这 8 种类型的总线采用了完全不同的通信协议，且相互间是平等的。

为了进一步完善 IEC61158 标准，现场总线维护工作组（IEC/SC65C/MT9）在 8 种类型现场总线的基础上不断完善扩充，于 2001 年 8 月制定出由 10 种类型现场总线组成的第 3 版现场总线标准。2003 年 4 月，IEC61158 现场总线标准第 3 版正式成为国际标准，这 10 种类型的现场总线名称及说明见表 1-1。其中，IEC61158 类型 1 是 IEC 推荐的现场总线标准。根据使用场合和用途不同，现场总线又分为 H1 低速现场总线和 H2 高速现场总线。

表 1-1　IEC61158 现场总线标准第 3 版的现场总线名称及说明

类　型	名　称	说　明
1	TS 61158 现场总线	1999 年一季度出版的 IEC 61158 TS 技术规范全面定义的现场总线称做类型 1
2	Control Net 现场总线	由美国罗克韦尔公司于 1997 年推出的面向控制层的实时性现场总线
3	Profibus 现场总线	由德国西门子等公司于 1987 年推出，符合德国国家标准 DIN19245 和欧洲标准 EN50170 的现场总线
4	P-Net 现场总线	丹麦 Process-Data Sikebory Aps 公司 1983 年开始开发，1987 年成为丹麦的国家标准；1996 年成为欧洲总线标准的一部分（EN 50170V.1）
5	FF HSE 高速以太网	HSE 是现场总线基金会在摒弃了原有高速总线 H2 之后的新作。FF 现场总线基金会于 1998 年明确将 HSE 定位于实现控制网络与互联网的集成
6	Swift Net 现场总线	由美国 SHIP STAR 协会主持制定，得到了美国波音公司的支持，主要用于航空和航天等领域
7	WorldFIP 现场总线	由 World FIP 协会制定并大力推广。WorldFIP 协议是 EN50170 欧洲标准的第 3 部分
8	Interbus 现场总线	由德国 Phoenix Contact 公司开发，Interbus Club 俱乐部支持，适用于分散输入/输出以及不同类型控制系统间的数据传输
9	FF H1 现场总线	由 FF 现场总线基金会负责制定
10	Profinet 实时以太网	Profibus 用户组织 PNO 于 2001 年 8 月发表了 Profinet 规范。Profinet 将工厂自动化和企业信息管理层 IT 技术有机地融为一体，同时又完全保留了 Profibus 现有的开放性

长期以来，形成了多种总线并存的局面，并且每种总线在应用与发展中已形成自己的特点和应用领域。根据相关资料统计，已出现的现场总线有 100 多种，其中宣称为开放型的总线就有 40 多种。

现场总线的多样使得它在短时间内难以统一，设备的互连、互通与互操作问题很难解决，而以太网的优势使得其延伸至过程控制领域，并已逐渐被工业自动化系统接受。为了满足实时性能应用的需要，各大公司和标准组织提出了各种提升工业以太网实时性的技术解决方案，产生了实时以太网（Real Time Ethernet，RTE）。为了规范这部分工作，2003 年 5 月，实时以太网工作组（IEC/SC65C/WG11）负责制定 IEC61784-2“基于 ISO/IEC 8802.3 的实时应用系统中工业通信网络行规”国际标准，该标准包括 11 种实时以太网行规集。2007 年发布了第 4 版国际现场总线标准 IEC61158-6-20，标准采纳了经过市场考验的 20 种主要现场总线、工业以太网和实时以太网。IEC61158 Ed.4 现场总线类型如表 1-2 所示。其中类型 6 Swift Net 现场总线因市场推广应用不理想等原因被撤销。

表 1-2　IEC61158 Ed.4 现场总线类型

类　型	名　称	类　型	名　称
1	TS 61158 现场总线	11	TC-net 实时以太网
2	C IP 现场总线	12	Ether CAT 实时以太网
3	Profibus 现场总线	13	Ethernet PowerLink 实时以太网
4	P-Net 现场总线	14	EPA 实时以太网
5	FF HSE 高速以太网	15	Modbus-RTPS 实时以太网
6	Swift Net 现场总线	16	SERCOSI，II 现场总线
7	WorldFIP 现场总线	17	VNET/IP 实时以太网
8	Interbus 现场总线	18	CC-Link 现场总线
9	FF H1 现场总线	19	SERCOSIII 实时以太网
10	Profinet 实时以太网	20	HART 现场总线

由此可见，IEC61158 Ed.4 系列标准代表了现场总线技术和实时以太网技术的最新发展。各主要企业除了力推自己的总线产品以外，还都尽力开发接口技术，将自己的总线产品与其他总线相连接。目前，现场总线技术还处于发展和完善阶段，标准的完善和统一在短期内还很难实现。总的来说，现场总线将向着工业以太网以及统一的国际标准方向发展。

2．对自动控制系统的影响

现场总线的产生对自动控制系统的发展具有极大的推动作用和划时代的意义，主要表现在以下几个方面。

1）现场总线控制系统信号类型。现场信号由传统的模拟信号制转换为双向数字通信的现场总线信号制。

2）自动控制系统的体系结构。将由模拟与数字的混合控制转换为全数字现场总线控制系统，同时自动控制系统的设计方法和安装调试方式也将随着体系结构的变化而发生重大变化。

3）自动控制系统的产品结构。现场设备逐步向智能化方向发展，具有程序及参数存储、智能控制功能及现场总线接口，并在现场完成一定的控制功能。

4）现场总线为实现企业综合自动化提供了基础。现场总线把自动控制设备和系统带进了信息网络之中，避免了传统现场控制设备出现的信息孤岛。随着现场设备的智能化和自治化，大大提高了现场信息的集成能力，为企业的信息化建设和系统信息集成提供了强大的基础平台。

5）现场总线技术打破了传统垄断。现场总线采用标准化、开放性的解决方案，彻底打破了控制系统中产品和技术的垄断，同时各大企业为了推广自己的产品和提高市场占有率，也尽量公开有关的技术方案，用户对系统配置、设备选型有很大的自主权。

总之，现场总线技术为自动控制领域带来了新的发展机遇，对国产现有现场设备及仪表提出了新的要求和新的市场机会，且随着现场总线国际标准的颁布，国内外的企业处在了同一起跑线上。国内的系统集成商可利用通用化趋势降低成本，发挥系统设计和软件的优势参与竞争，开发出具有自主知识产权的、面向优势行业的、具有专家及智能控制功能的现场总线控制系统。

3．对自动化仪表的影响

现场总线技术的应用发展也推动了自动化仪表和装置的发展。对自动化仪表的影响主要表现在变送器和执行器的发展方面。

（1）现场总线技术对变送器的推动

1）传送和测量精度提高。采用数字量传递信号，可以减少传送和转换环节，提高仪表的传送精度和测量精度。

2）仪表功能增强。仪表具有自动补偿能力，通过软件可以对传感器的非线性、温漂和时漂等性能进行自动补偿；通电后可实现自检功能，检查传感器各部分是否正常，并作出相应判断；可根据内部程序自动进行统计和去除异常数值等数据处理。

3）可实现远程设定或远程修改组态数据，进行信息存储和记忆以及存储传感器的特征数据、组态信息和补偿特性等。

（2）现场总线技术对执行器在发展过程中的影响

1）提高调节阀控制性能，设定控制阀流量特性。在采用现场总线技术后，使具有固有特性的调节阀可以拥有多种输出特性，使不能进行阀芯形状修正（蝶阀）的阀也可改变流量特性，可以将非标准特性修正为标准特性等。

2）功能强大，使用方便。可以实现双向通信、PID 调节、在线自动标定、自校正与自诊断及行程保护、电动机过热保护、过力矩保护、输出现场阀位指示和故障报警等功能。

3）实现远程诊断和控制。对控制阀可以进行远程监控，在完成手动与自动之间无扰动切换；能预测控制阀故障，为设备的合理维护提供分析和建议。

4）降低安装与调试工作量。智能电动执行器一般将整个控制回路线装在一台现场仪表中，将伺服电动机、现场仪表控制器安装为一体，实现电动执行器一体化，使执行器的安装与调试工作都得到了简化。

由于现场总线适应了工业控制系统向网络化、智能化、分散化发展的需求，使传统的模拟仪表逐步向智能化数字仪表方向发展，并具有数字通信功能，因此它作为工业自动化技术的热点，受到了普遍的关注，且对企业的生产方式、管理模式都将产生深远的影响。

1.2 现场总线的结构及其特点

1.2.1 现场总线的结构

在传统的控制系统中，现场设备与控制器之间的连接采用一对一的设备连接，其示例如图 1-5 所示。即位于现场的测量设备与位于控制室的控制器之间，控制器与位于现场的执行器、开关、电动机之间均为一对一的物理连接；当所控制的元器件数量达到数十个甚至数百个时，整个系统的接线就显得十分复杂，施工和维护都十分不便。

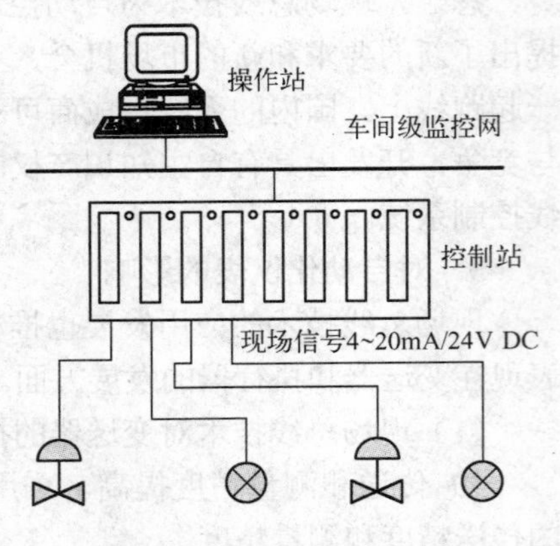

图 1-5　传统控制系统示例

现场总线控制系统打破了传统控制系统的结构形式，其示例如图 1-6 所示。它采用工作站-现场总线智能仪表的二层结构模式。由于采用了智能现场设备，能够把原先 DCS 系统中处于控制室的控制模块、各输入/输出模块置入现场设备中，使用一根电缆连接所有现场设备，采用数字信号代替模拟信号，因而可以实现在一对传输线上传输多个信号。而且现场设备具有通信能力，由现场的测量变送仪表与阀门等执行机构直接传送信号，因而现场总线控制系统功能能够不依赖控制室的计算机或控制仪表，直接在现场完成，实现了彻底的分散控制。

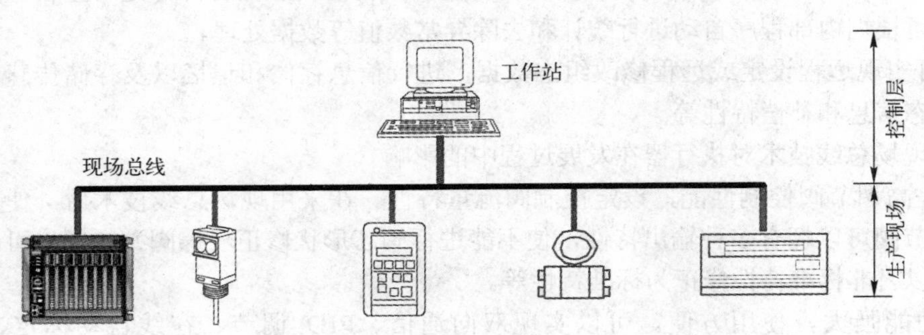

图 1-6　现场总线控制系统示例

由于现场总线控制系统采用数字信号取代设备级的模拟信号或开关量信号，不需要使用 A/D、D/A 转换器件；用一根电缆就可以连接所有现场设备，可以实现在一对传输线上传输现场设备运行状态、故障信息等多个信号，因而简化了系统结构，并节约硬件设备、连接电缆与各种安装、维护费用。FCS 与 DCS 性能的详细比较如表 1-3 所示。

表 1-3　FCS 和 DCS 性能的详细比较

项　目	FCS	DCS
控制结构	全分布，放弃了控制站。将控制功能下放到作为网络节点的智能仪表和设备中	半分布，现场控制依赖于控制站
信号类型	数字信号	模拟信号、数字信号
通信方式	半双工	单工
可靠性	不会产生转换误差，抗干扰能力强，精度高	有模拟信号，传输易受干扰且精度低
状态监控	能实现远程监控、参数调节、自诊断等功能	不能了解模拟仪表的工作状况，不能对其进行参数调整，且没有自诊断功能
开放性	通信协议公开，用户可自主进行设备选型、设备互换、系统配置	大部分技术参数由制造厂自定，导致不同品牌的设备和仪表无法互换
现场仪表	智能仪表具有通信、测量、计算、执行和报警等功能	模拟仪表只具有检测、变换和补偿等功能

1.2.2 现场总线的特点

现场总线技术具有以下几个特点。

1．开放性

现场总线的开放性主要包含两方面的含义：一方面其通信规约开放，也就是开发的开放性；另一方面能与不同的控制系统相连接，也就是应用的开放性。开放系统把系统集成的权利交给了用户，用户可按自己的需求，把来自不同的供应商产品组成大小随意、功能不同的系统。只有具备了开放性，才能使得现场总线技术适合先进控制的低成本、网络化和系统化的要求。

2．互操作性和互用性

互操作性是指实现生产现场设备与设备之间、设备与系统之间的信息传送与沟通；而互用性则意味着不同生产厂家的同类设备可以进行相互替换，从而实现设备的互用。

3．现场设备的智能化与功能自治性

现场总线将传感测量、补偿计算、工程量处理与控制等功能下放到现场设备中完成，因此，采用单独的现场设备，就可实现自动控制的基本功能，随时自我诊断运行状态。

4．系统结构的高度分散性

鉴于现场设备的智能化与功能自治性，使得现场总线构成了一种新的全分布式控制系统的体系结构，各控制单元高度分散、自成体系，有效简化了系统结构，提高了可靠性。

5．对现场环境的适应性

现场总线是专为工业现场设计的，它支持双绞线、同轴电缆、光缆、无线和红外线等传输介质，具有较强的抗干扰能力，可根据现场环境要求进行选择；能采用两线制实现通信与送电，可满足本质安全防爆要求。

鉴于现场总线本身所具有的技术特点，使得控制系统从设计、安装、投入运行到正常生产运行及检修维护都体现出了极大的优越性。现场总线技术使自动控制设备与系统步入了信息网络的行列，为其应用开拓了更为广阔的领域。

1.3 几种有影响的现场总线

1．FF

FF 是基金会现场总线（Foundation Fieldbus）的简称，该总线是为了适应自动化系统，特别是过程自动化系统在功能、环境与技术上的需要而专门设计的。它得到了世界上主要的自动化系统集成商的广泛支持，在北美、亚太、欧洲等地区具有较强的影响力。

基金会现场总线采用国际标准化组织（International Organization for Standardization，ISO）的开放系统互联（Open System Interconnection，OSI）参考模型的简化模型，只具备了OSI/ISO 参考模型 7 层中的 3 层，即物理层、数据链路层和应用层，另外增加了用户层。FF 分低速 H1 和高速 H2 两种通信速率：H1 用于过程自动化的低速总线，当其传输速率为31.25kbit/s 时，通信距离为 200～1 900m，可支持总线供电和适应本质安全防爆环境；H2 用于制造自动化的高速总线，当其传输速率为 1Mbit/s 时，传输距离为 750m，当其传输速率为2.5Mbit/s 时，传输距离为 500m。随着现场总线和以太网的发展，H2 已经逐渐被高速以太网

（HSE）取代，它迎合了控制仪器仪表的终端用户对现场总线的互操作性、高速度、低成本等要求，充分利用低成本的以太网技术，并以 100Mbit/s～1Gbit/s 或更高的速度运行，主要应用于制造业的自动化以及逻辑控制、批处理和高级控制等场合。FF 的物理传输介质支持双绞线、光缆、同轴电缆和无线发射，H1 每段节点数最多 32 个，HSC 每段节点数最多 124 个。

2．Profibus

Profibus 是 Process Fieldbus 的缩写，它是一种国际性的开放式现场总线标准，是由 Siemens 公司联合 E+H、Samson、Softing 等公司推出的，是德国标准 DIN 19245 和欧洲标准 EN 50179 的现场总线标准。

Profibus 总线采用了 OSI/ISO 模型中的 3 层，即物理层、数据链路层和应用层，另外还增加了用户层，由 Profibus-DP、Profibus-FMS、Profibus-PA 这 3 个版本组成，可根据各自的特点用于不同的场合。DP 主要用于分散外设间高速数据传输，适用于加工自动化领域；FMS 主要解决车间级通用性通信任务，完成中等速度的循环和非循环通信任务，适用于纺织、楼宇自动化等领域；PA 是专门为过程自动化设计的，可以通过总线供电、提供本质安全型，可用于危险防爆区域。Profibus 采取主站之间的令牌传递方式和主、从站之间的主-从通信方式。传输速率为 9.6kbit/s～12Mbit/s，最大传输距离可达到 1 200m，若采用中继器，则可延长至 10km。传输介质为双绞线或者光缆，最多可挂接 127 个站点。

3．CAN

CAN 是控制器局域网（Controller Area Network）的简称。它最早由德国 BOSCH 公司推出，用于汽车内部测量与执行部件之间的数据通信，其总线规范已被 ISO 国际标准组织制定为国际标准，得到了 Intel、Motorola、NEC 等公司的支持。

CAN 协议也是建立在国际标准组织的开放系统互连模型基础上的，其模型结构为物理层、数据链路层及应用层 3 层；其信号传输介质为双绞线和光缆。CAN 的信号传输采用短帧结构，传输时间短；具有自动关闭功能，以切断该节点与总线的联系，使总线上的其他节点及其通信不受影响，具有较强的抗干扰能力。CAN 支持多主工作方式，并采用了非破坏性总线仲裁技术，通过设置优先级来避免冲突，传输速率最高可达 1Mbit/s（40m），传输距离最远可达 10km（传输速率为 5kbit/s），网络节点数实际可达 110 个。目前已有多家公司开发了符合 CAN 协议的通信芯片。

4．LonWorks

LonWorks 是局部操作网络（Local Operating Networks）的缩写，由美国 Echelon 公司于 1992 年推出，并由 Motorola、Toshiba 公司共同倡导。最初主要用于楼宇自动化，但很快发展到工业现场控制网。

LonWorks 采用 ISO/OSI 模型的全部 7 层通信协议，并采用面向对象的设计方法，通过网络变量把网络通信设计简化为参数设置，其最高通信速率为 1.25Mbit/s，传输距离不超过 130m；最远通信距离为 2 700m，传输速率为 78kbit/s，节点总数可达 32 000 个。网络的传输介质可以是双绞线、同轴电缆、光纤、射频、红外线和电力线等多种通信介质，特别是电力线的使用，可将通信数据调制成载波信号或扩频信号，然后通过耦合器耦合到 220V 或其他交直流电力线上，甚至耦合到没有电力的双绞线上。电力线收发器提供了一种简单、有效的方法，将神经元结点加入到电力线中，这样就可以利用已有的电力线进行数据通信，大大减少了通信中遇到的布线复杂等问题，这也是 LonWorks 技术在楼宇自动化中得到广泛应用的重要原因。

5．CC-Link

CC-Link 是控制与通信链路系统（Control&Communication Link）的缩写，1996 年 11 月由三菱电机为主导的多家公司推出，目前在亚洲占有较大份额。在其系统中，可以将控制和信息数据同时以 10Mbit/s 高速传送至现场网络，在 10Mbit/s 的传输速率下最大传输距离可以达到 100m；而在 156kbit/s 的传输速率下，最大传输距离可以达到 1 200m。如果使用电缆中继器和光中继器，则可以更加有效的扩展整个网络的传输距离。一般情况下，CC-Link 整个一层网络可由一个主站和 64 个子站组成，它采用总线方式通过屏蔽双绞线进行连接，广泛应用于半导体生产线、自动化生产线等领域。

作为开放式现场总线，CC-Link 是唯一起源于亚洲地区的总线系统，CC-Link 的技术特点尤其适合亚洲人的思维习惯。2005 年 7 月 CC-Link 被中国国家标准委员会批准为中国国家标准指导性技术文件。

6．Modbus

Modbus 协议是应用于电子控制器上的一种通用语言，从功能上来看可以认为它是一种现场总线，通过此协议，在控制器相互之间、控制器经由网络和其他设备之间可以通信。Modbus 已经成为一种通用工业标准。

使用 Modbus 总线，可以将不同厂商生产的控制设备连成工业网络，进行集中监控。此协议定义了一个控制器能认识使用的消息结构，而不管它们是经过何种网络进行通信的。Modbus 的数据通信采用主-从方式，主设备可以单独与从设备通信，也可以通过广播方式与所有从设备通信。常用的传输速率为 9.6kbit/s，最远传输距离为 1 200m。Modbus 作为一种通用的现场总线，已经得到很广泛的应用，很多厂商的工控器、PLC、变频器、智能 I/O 与 A/D 模块等设备都具备 Modbus 通信接口。

1.4　现场总线面临的挑战

随着商用计算机领域的局域网逐步被以太网垄断，过程控制系统中的信息化通信也逐步统一向以太网和快速以太网的方向发展。由于因特网的快速发展和普及，人们通过互联网访问控制系统，进行远程诊断、维护和服务的愿望越来越强烈，因此 TCP/IP 协议也进入过程控制领域。

对于过程控制系统，一方面是现场总线有越来越多的信息需要与信息管理层交互，另一方面计算机通信技术越来越向底层设备延伸，因此包括 Internet 技术在内的现代计算机通信技术是否能最终延伸到工业现场并取代现场总线，是又一个人们关注、研究的热点问题。

从目前的技术发展和认识来看：第一，现场总线不仅要求经济、可靠地传递信息，而且要求及时处理所传递的信息；第二，现场总线不仅要求传输速度快，而且要求响应时间短、循环时间短；第三，计算机通信系统的结构是网络状的，而大部分现场总线的结构是线状的，线状网络结构有利于解决网络供电、本安防爆等问题。

响应时间是指当控制系统出现意外事件时，从仪表将事件传输到网络上或执行器上接收信息到马上执行动作所需的时间；循环时间是指系统与所有通信对象都至少完成一次通信所需要的时间。响应时间和循环时间反映了控制系统的实时性要求，而实时性与通信协议有很密切的关系，现场总线采用两种技术来实现实时性：一种技术是将通信模型简化，以便提高节点访问速度和通信传递速度，同时降低总线通信成本；另一种技术是采用网络管理和数据链路调度技术来实现系统的实时性。

上述情况说明，现场总线并不只是通信技术、网络技术、智能仪表技术及自动控制技术的结合产物，而是在系统的实时性、快速性和确定性等方面有特殊的要求。虽然已有很多计算机网络用于工业控制系统，但它们都是一些对实时性、快速性等没有严格要求的系统。

因此，现场总线的应用会进一步扩大和渗透到不同的应用领域。现场总线被视为基于计算机、特别是基于工业计算机的控制技术。各种工业计算机、测量控制板卡的开发和供应是现场总线技术发展的重要力量；进一步改善以太网的实时性、减少响应时间的不确定性是现场总线技术的重要发展方向；注重控制网络与公用数据网络的结合、注重使测控设备具备网络浏览功能、注重多种通信方式下的数据传输与数据集成等是现场总线应用发展的趋势。

1.5 小结

本章主要介绍现场总线的产生、发展和特点。现场总线综合运用了微处理技术、网络技术、通信技术和自动控制等技术，是一种应用于生产现场，在现场设备之间、现场设备与控制装置之间实行双向、串行、多节点数字通信的技术，具有开放性、互操作性和互用性以及功能自治等特点。

1.6 思考与练习

1．过程控制系统的发展经历了哪几代控制系统？
2．阐述 DDC 控制系统的结构及工作过程。
3．计算机在 DDC 控制系统中起什么作用？
4．DDC 控制系统的输入、输出通道各起什么作用？
5．计算机的软件包括哪两大类？各起什么作用？
6．什么是集散控制系统？其基本设计思想是什么？
7．简述集散控制系统的层次结构及各层次所起的作用。
8．生产过程包括哪些装置？
9．什么是现场总线？现场总线有哪些特点？
10．现场总线的本质含义表现在哪些方面？
11．比较集散控制系统与现场总线控制系统的优缺点。
12．常用现场总线有哪些？它们各有什么特点？
13．归纳现场总线技术的现状，并展望其发展趋势。
14．你认为现场总线对自动控制系统会产生怎样的影响？
15．谈谈你对现场总线的理解和看法。

第2章　现场总线通信基础

学习目标

1）掌握数据通信及计算机网络的基本知识。

2）熟悉ISO/OSI分层通信模型的名称和功能。

3）了解数据封装和拆分的过程。

4）了解现场总线控制网络的特点和主要任务。

重点内容

1）数据传输技术和数据交换技术。

2）现场总线通信模型的主要特点。

3）现场总线控制网络的任务。

2.1　总线的概念

2.1.1　基本术语

1．总线与总线段

总线是多个系统功能部件之间传输信号或信息的公共路径，是遵循同一技术规范的连接与操作方式；使用统一的总线标准，不同设备之间的互连将更容易实现。通过总线相互连接在一起的一组设备称为总线段（Bus Segment）。总线段之间可以相互连接构成一个网络系统。

2．总线主设备与总线从设备

总线主设备（Bus Master）是指能够在总线上发起信息传输的设备，其具备在总线上主动发起通信的能力。总线从设备（Bus Slaver）是挂接在总线上、不能在总线上主动发起通信，只能对总线信息接收查询的设备。

总线上可以有多个设备，这些设备可以作为主站也可以作为从站；总线上也可以有多个主设备，这些主设备都具有主动发起信息传输的能力，但某一设备不能同时既作为主设备又作为从设备。被总线主设备连接上的从设备通常称为响应者，参与主设备发起的数据传送。

3．总线的控制信号

总线上的控制信号通常有3种类型，分别为：

1）控制设备的动作与状态。完成诸如设备清零、初始化、启动和停止等所规定的操作。

2）改变总线操作方式。例如，改变数据流的方向，选择数据字段和字节等。

3）表明地址和数据的含义。例如对于地址，可以用于指定某一地址空间或表示出现了广播操作；对于数据，可以用于指定它能否转译成辅助地址或命令。

4．总线协议

总线协议（Bus Protocol）是管理主、从设备工作的一套规则，是事先规定的、共同遵守的规约。

2.1.2 总线操作的基本内容

1．总线操作

一次总线操作是指总线上主设备与从设备之间通过建立连接、数据传送、接收到脱开这一操作过程。所谓脱开（Disconnected）是指完成数据传送操作以后，断开主设备与从设备之间的连接。主设备可以在执行完一次或多次总线操作后放弃总线占有权。

2．通信请求

通信请求是由总线上某一设备向另一设备发出的传送数据或完成某种动作的请求信号，要求后者给予响应并进行某种服务。

总线的协议不同，通信请求的方式也就不同。最简单的方法是，要求通信的设备发出服务请求信号，相应的通信处理器检测到服务请求信号时就查询各个从设备，识别出是哪一个从设备要求中断并发出应答信号的。该信号依次通过以菊花链方式连接的各个从设备，当请求通信的设备收到该应答信号时，就把自己的标识码放在总线上，同时该信号不再往后传递，这样通信处理设备就知道哪一个设备是服务请求者。这种传送中断信号的工作方式通常不够灵活，不适合总线有多个能进行通信处理设备的场合。

3．总线仲裁

系统中可能会出现多个设备同时申请对总线的使用权，为避免产生总线“冲突”（Contention），需要由总线仲裁机构合理地控制和管理系统中需要占用总线的申请者，在多个申请者同时提出使用总线请求时，以一定的优先算法仲裁哪个申请者应获得对总线的使用权。

总线仲裁用于裁决哪一个主设备是下一个占有总线的设备。某一时刻只允许某一个主设备占有总线，只有在它完成总线操作、释放总线占有权后，其他总线设备才允许使用总线。总线主设备为获得总线占有权而等待仲裁的时间叫做访问等待时间（Access Latency）。主设备占有总线的时间叫做总线占有期（Bus Tenancy）。

总线仲裁操作和数据传送操作是完全分开且并行工作的，因此总线占有权的交接不会耽误总线操作。

4．寻址

寻址是主设备与从设备建立联系的一种总线操作，通常有物理寻址、逻辑寻址及广播寻址 3 种方式。

物理寻址用于选择某一总线段上某一特定位置的从设备作为响应者。由于大多数从设备都包含有多个寄存器，因此物理寻址常常有辅助寻址，以选择响应者的特定寄存器或某一功能。

逻辑寻址用于指定存储单元的某一个通用区，而不顾及这些存储单元在设备中的物理分布。某一设备监测到总线上的地址信号，看其是否与分配给它的逻辑地址相符，如果相符，它就成为响应者。

物理寻址与逻辑寻址的区别在于前者是选择与位置有关的设备，后者是选择与位置无关的设备。

广播寻址用于选择多个响应者。主设备把地址信息放在总线上，从设备将总线上的地址信息与其内部的有效地址进行比较，如果相符，则该从设备被“连上”（Connect）。能使多个从设备连上的地址称为广播地址（Broadcast Addresses）。为了确保主设备所选的全部从设备都能响应，系统需要有适应这种操作的定时机构。

每种寻址方式各有其特点和适用范围。逻辑寻址一般用于系统总线，物理寻址和广播寻址多用于现场总线。有的系统总线包含上述两种、甚至3种寻址方式。

5. 数据传送

如果主设备与响应者连接上，就可以进行数据的读/写操作。读/写操作需要在主设备和响应者之间传递数据。“读”（Read）数据操作是读取来自响应者的数据；“写”（Write）数据操作是向响应者发送数据。为了提高数据传送的速度，总线系统可以采用块传送等方式，以加快长距离的数据传送速度。

6. 出错检测及容错

当总线传送信息时，有时会因传导干扰、辐射干扰等而出现信息错误，使得“1”变成“0”，“0”变成“1”，影响到现场总线的性能，甚至使现场总线不能正常工作。除了在系统的设计、安装、调试时采取必要的抗干扰措施以外，在高性能的总线中一般还设有出错码产生和校验机构，以实现传送过程的出错检测。例如，当传送数据时发生有奇偶错误，通常是再发送一次信息。也有一些总线可以保证很低的出错率而不设检错机构。

减少设备在总线上传送信息出错时故障对系统的影响，提高系统的重配置能力是十分重要的。例如，故障对分布式仲裁的影响要比菊花式仲裁小，菊花式仲裁在设备故障时会直接影响它后面设备的工作。现场总线系统能支持其软件利用一些新技术降低故障影响，如自动把故障隔离开来、实现动态重新分配地址、关闭或更换故障单元等。

7. 总线定时

主设备获得总线控制权以后，就进入总线操作，即进行主设备和响应者之间的信息交换，这种信息可以是地址，也可以是数据。定时信号用于指明总线上的数据和地址何时有效。大多数总线标准都规定主设备可发起“控制”（Control）信号，指定操作的类型和从设备状态响应信号。

2.2 通信系统的组成

通信的目的是传送消息。实现消息传递所需的一切设备和传输媒质的总和称为通信系统，它一般由信息源、发送设备、传输介质、接收设备及信息接收者等几部分组成，如图2-1所示。

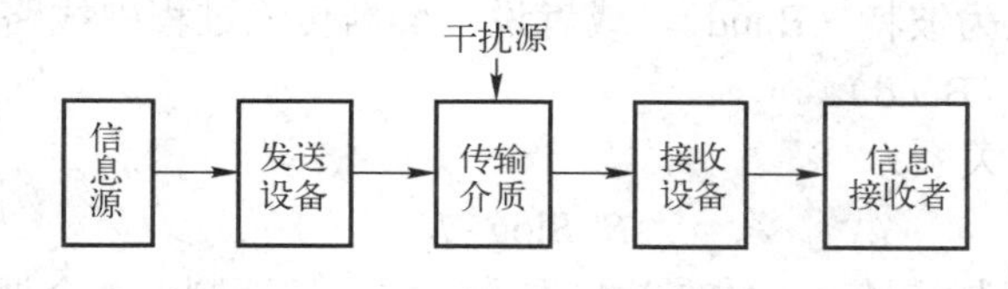

图2-1 通信系统的组成

其中信息源是产生消息的来源，其作用是把各种消息转换成原始电信号；信息接收者是信息的使用者，其作用是将复原的原始信号转换成相应的消息。

发送设备的基本功能是将信息源产生的消息信号变换成适合在传输介质中传输的信号，使信息源和传输介质匹配起来，发送设备的变换方式是多种多样的，对数字通信系统而言，发送设备常常包括编码器与调制器；接收设备的基本功能是完成发送设备的反变换，即对信息进行解调、译码和解码等，它的任务是从带有干扰的接收信号中正确恢复出相应的原始基带信号来，对于多路复用信号而言，还包括解除多路复用，实现正确分路。

传输介质是指发送设备到接收设备之间信号传递所经的媒介。它可以是电磁波、红外线等无线传输介质，也可以是双绞线、电缆和光缆等有线传输介质。

干扰源是通信系统中各种设备以及信道中所固有的、且是人们所不希望的。干扰的来源是多样的，可分为内部干扰和外部干扰。外部干扰往往是从传输介质引入的。在进行系统分析时，为了方便，通常把各种干扰源的集中表现统一考虑加入到传输介质中。

2.3 数据通信基础

2.3.1 数据通信的基本概念

所谓数据通信是指依据通信协议、利用数据传输技术在两个功能单元之间传递数据信息的技术，它可以实现计算机与计算机、计算机与终端、终端与终端之间的数据信息传递。

1．数据与信息

数据分为模拟数据和数字数据两种。模拟数据是指在时间和幅值上连续变化的数据，如由传感器接收到的温度、压力、流量和液位等信号；数字数据是指在时间上离散的、幅值经过量化的数据，它一般是由二进制代码 0、1 组成的数字序列。

数据是信息的载体，它是信息的表示形式，可以是数字、字符和符号等。单独的数据并没有实际含义，但如果把数据按一定规则、形式组织起来，就可以传达某种意义，这种具有某种意义的数据集合就是信息，即信息是对数据的解释。

2．数据传输率

数据传输率是衡量通信系统有效性的指标之一，其含义为单位时间内传送的数据量，常用比特率 S 和波特率 B 来表示。

比特率 S 是一种数字信号的传输速率，表示单位时间（1s）内所传送的二进制代码的有效位（bit）数，用每秒比特数（bit/s）、每秒千比特数（kbit/s）或每秒兆比特数（Mbit/s）等单位来表示。

波特率 B 是一种调制速率，指数据信号对载波的调制速率，用单位时间内载波调制状态改变次数来表示，单位为波特（Baud）。或者说，数据传输过程中线路上每秒钟传送的波形个数就是波特率 $B=1/T$（Baud）。

比特率和波特率的关系为

$$S=B\log_2 N$$

式中，N 为一个载波调制信号表示的有效状态数；如二相调制，单个调制状态对应一个二进制位，表示 0 或 1 两种状态；四相调制，单个调制状态对应两个二进制位，有 4 种状态；八相调制，对应 3 个二进制位；依次类推。

例如，单比特信号的传输速率为 9 600bit/s，则其波特率为 9 600Baud，它意味着每秒钟可传输 9 600 个二进制脉冲；如果信号由两个二进制位组成，当传输速率为 9 600bit/s 时，则其波特率为 4 800Baud。

3．误码率

误码率是衡量通信系统线路质量的一个重要参数。误码率越低，通信系统的可靠性就越高。它的定义为：二进制符号在传输系统中被传错的概率，近似等于被传错的二进制符号数与所传二进制符号总数的比值。

在计算机网络通信系统中，误码率要求低于 10^{-6}，即平均每传输 1Mbit/s 才允许错 1bit/s 或更低。

4．信道容量

信道是以传输介质为基础的信号通路，是传输数据的物理基础。信道容量是指传输介质能传输信息的最大能力，以传输介质每秒钟能传送的信息比特数为单位，常记为 bit/s，它的大小由传输介质的带宽、可使用的时间、传输速率及传输介质质量等因素决定。

2.3.2 数据编码

计算机网络系统的通信任务是传送数据或数据化的信息，这些数据通常以离散的二进制 0、1 序列的方式来表示。由于数字信号被传输时是以高电平或低电平的形式进行传输的，所以需要将二进制数转换为高电平或低电平。数据编码技术就是研究在信号传输过程中如何进行编码的。

计算机数据在传输过程中的数据编码类型，主要取决于它采用的通信信道所支持的数据通信类型。根据数据通信类型，可将网络中常用的通信信道分为两类，即模拟通信信道与数字通信信道。还可将相应的用于数据通信的数据编码方式也分为两类，即模拟数据编码和数字数据编码。模拟数据编码是用模拟信号的不同幅度、不同频率和不同相位来表达数据的 0、1 状态的；数字数据编码是用高低电平的矩形脉冲信号来表达数据的 0、1 状态的。

采用数字数据编码，如果在基本不改变数据信号频率的情况下直接传输数字信号，则称为基带传输方式。这是一种最为简单和经济的传输方式，即在线路中直接传送数字信号的电脉冲，不需要使用调制解调器，就可以达到很高的数据传输速率和系统效率，是目前应用较广的数据通信方式。

数字数据常采用不归零码、曼彻斯特编码和差分曼彻斯特编码等方式。

1．不归零码

不归零码（Non-Return to Zero，NRZ）的波形如图 2-2a 所示，用两种电平分别表示二进制信息“1”和“0”，这种编码方式信息密度高，但不能提取同步信息且有误码积累。如果重复发送信息“1”，就会出现连续发送正电流的现象；如果重复发送信息“0”，就会出现持续不送电流或持续发送负电流的现象，使得信号中含有直流成分，这是数据传输中不希望存在的分量。因此，NRZ 码虽然简单，但只适用于极短距离传输，在实际中应用并不多。

2．曼彻斯特编码

曼彻斯特编码方式对于每个码元都用两个连续且极性相反的脉冲表示，其波形如图 2-2b 所示。每一位的中间都有一个跳变，这个跳变既作为时钟信号，又作为数据信号。其含义为：从高到低的跳变表示“1”，从低到高的跳变表示“0”。这种编码的特点是无直流分量，且有较尖锐的频谱特性；连续“1”或连续“0”信息仍能显示码元间隔，有利于码同步的提取，但带宽大。

3．差分曼彻斯特编码

差分曼彻斯特编码用码元开始处有无跳变来表示数据“0”和“1”，有跳变表示“0”，无跳变表示“1”，每位中间的跳变仅提供时钟信号，其波形如图 2-2c 所示。在每个比特周期中间产生跳变用以产生时钟，这个跳变与数据无关，只是为了方便同步。

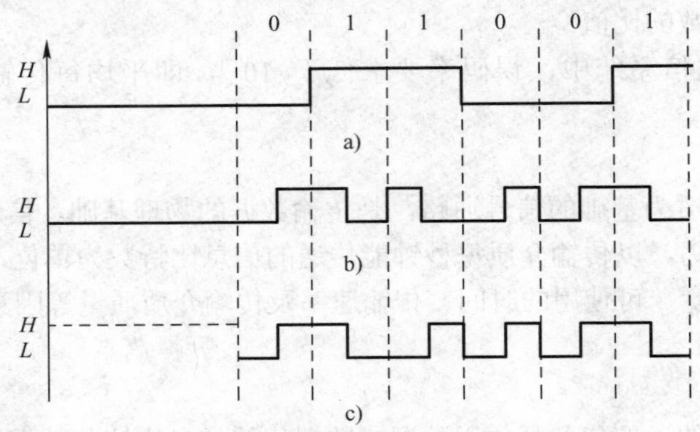

图 2-2　3 种编码方式的波形

a) 不归零码（NRZ）波形　b) 曼彻斯特编码波形　c) 差分曼彻斯特编码波形

曼彻斯特编码和差分曼彻斯特编码方法都是将时钟和数据包含在信号流中，在传输代码信息的同时，也将时钟同步信号一起传输到对方，所以这种编码也称为自同步编码。

2.3.3　数据传输技术

数据传输的方式根据不同的分类可以分为串行传输和并行传输、单向传输和双向传输、异步传输和同步传输，通过传输介质采用 RS-232C、RS-422A 及 RS-485 等通信接口标准进行信息交换。

1．传输方式

（1）串行传输和并行传输

1）串行传输。串行通信时，数据的各个不同位分时使用同一条传输线，从低位开始一位接一位按顺序传送，数据有多少位就需要传送多少次，如图 2-3 所示。串行通信多用于可编程序控制器与计算机之间、多台可编程序控制器之间的数据传送。串行通信虽然传输速度较慢，但传输线少、连线简单，特别适合多位数据的长距离通信。

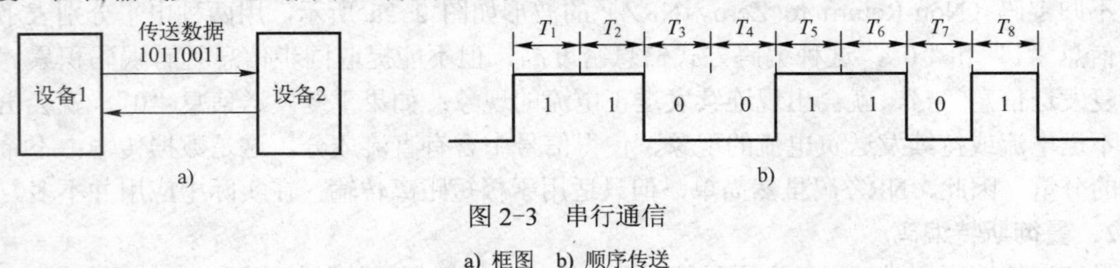

图 2-3　串行通信

a) 框图　b) 顺序传送

2）并行传输。并行通信时，一个数据的所有位被同时传送，因此每个数据位都需要一条单独的传输线，信息有多少个二进制位组成就需要多少条传输线，如图 2-4 所示。并行通信方式一般用于在可编程序控制器内部的各元件之间、主机与扩展模块或近距离智能模块之间的数据处理。虽然并行传送数据的速度很快，传输效率高，但若数据位数较多、传送距离较远时，则线路复杂，成本较高且干扰大，不适合远距离传送。

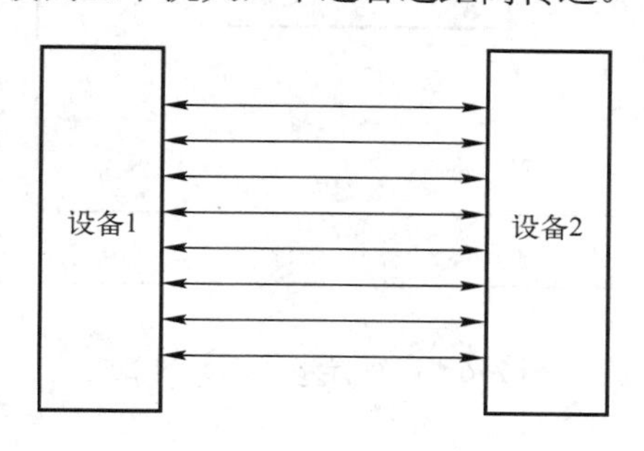

图 2-4　并行通信

（2）单向传输和双向传输

串行通信按信息在设备间的传送方向可分为单工、半双工和全双工 3 种方式，分别如图 2-5 a、b 和 c 所示。

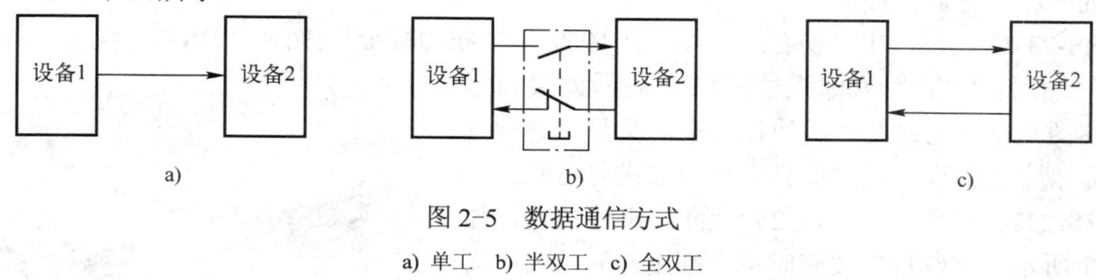

图 2-5　数据通信方式

a) 单工　b) 半双工　c) 全双工

单工通信是指信息的传递始终保持一个固定的方向，不能进行反方向传送，线路上任一时刻总是一个方向的数据在传送，例如无线广播；半双工是在两个通信设备中的同一时刻只能有一个设备发送数据，而另一个设备接收数据，没有限制哪个设备处于发送或接收状态，但两个设备不能同时发送或接收信息，例如无线对讲机；全双工是指两个通信设备可以同时发送和接收信息，线路上任一时刻可以有两个方向的数据在流动，例如电话。

（3）异步传输和同步传输

串行通信按时钟可分为异步传输和同步传输两种方式。

在异步传输中，信息以字符为单位进行传输，每个信息字符都有自己的起始位和停止位，每个字符中的各个位是同步的，相邻两个字符传送数据之间的停顿时间长短是不确定的，它是靠发送信息时同时发出字符的开始和结束标志信号来实现的，如图 2-6 所示。

同步通信的数据传输是以数据块为单位的，字符与字符之间、字符内部的位与位之间都同步；每次传送 1～2 个同步字符、若干个数据字节和校验字符；同步字符起联络作用，用它来通知接收方开始接收数据。在同步通信中，发送方和接收方要保持完全的同步，即发送方和接收方应使用同一时钟频率。

由于同步通信方式不需要在每个数据字符中加起始位、校验位和停止位，只需要在数据块之前加一两个同步字符，所以传输效率高，但对硬件要求也相应提高，主要用于高速通信。采用异步通信方式传送数据，每传一个字节都要加入起始位、校验位和停止位，传送效率低，主要用于中、低速数据通信。

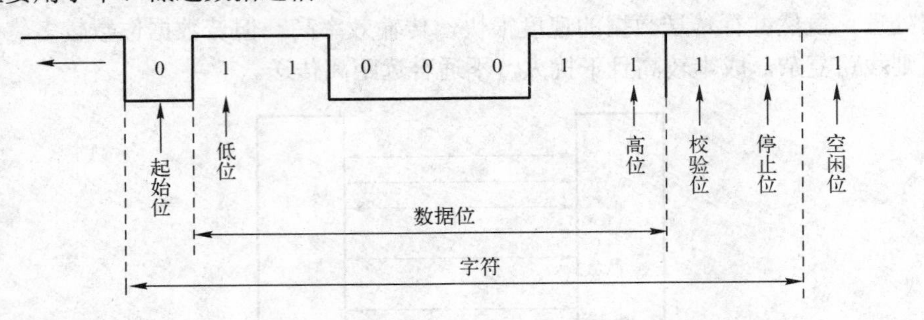

图 2-6 串行异步传送数据格式

2．接口标准

（1）RS-232C 通信接口

串行通信时要求通信双方都采用标准接口，以便将不同的设备方便地连接起来进行通信。RS-232C 接口（又称为 EIA RS-232C）是目前计算机与计算机、计算机与 PLC 通信中常用的一种串行通信接口。

RS-232C 是美国电子协会（EIA）于 1969 年公布的标准化接口。“RS”是英文“推荐标准”的缩写；“232”为标识号；“C”表示此接口标准的修改次数。它既是一种协议标准，又是一种电气标准，规定通信设备之间信息交换的方式与功能。

RS-232C 可使用 9 针或 25 针的 D 型连接器，如图 2-7 所示。这些接口线有时不会都用，简单的只需 3 条接口线，即发送数据（TxD）、接收数据（RxD）和信号地（GND）。常用的 RS-232C 接口引脚名称、功能及其引脚号如表 2-1 所示。

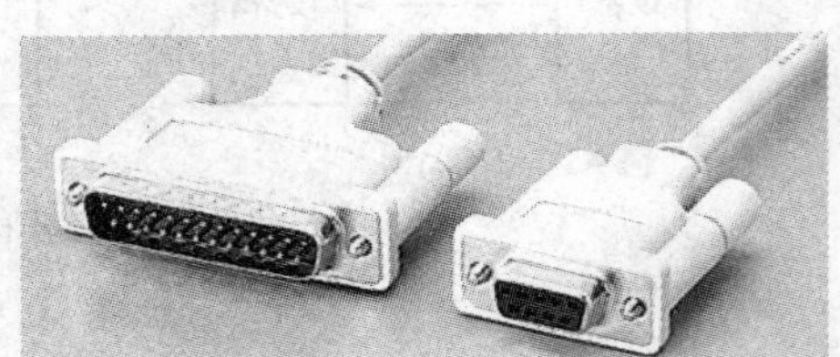

图 2-7 D 型连接器

表 2-1 常用的 RS-232C 接口引脚名称、功能及其引脚号

引 脚 名 称	功 能	25 芯连接器引脚号	9 芯连接器引脚号
DCD	载波检测	8	1
RxD	接收数据	3	2
TxD	发送数据	2	3
DTR	数据终端设备准备就绪	20	4
GND	信号公共参考地	7	5
DSR	数据通信设备准备就绪	6	6
RTS	请求传送	4	7
CTS	清除传送	5	8
RI	振铃指示	22	9

在电气特性上，RS-232C 中任何一条信号线的电压均为负逻辑关系：逻辑“1”为－（5～15）V；逻辑“0”为+（5～15）V，噪声容限为 2V，即接收器能识别低至+3V 的信

号作为逻辑“0”，高到−3V 的信号作为逻辑“1”。电气接口采用单端驱动、单端接收电路，容易受到公共地线上的电位差和外部引入的干扰信号的影响。

RS-232C 只能进行一对一的通信，其驱动器负载为 3～7kΩ，所以 RS-232C 适合本地设备之间的通信。传输率为 19 200bit/s、9 600bit/s、4 800bit/s 等几种，最高通信速率为 20kbit/s，最大传输距离为 15m，通信速率和传输距离均有限。

（2）RS-422A 通信接口

针对 RS-232C 的不足，美国电子协会于 1977 年推出了串行通信接口 RS-499，对 RS-232C 的电气特性作了改进；RS-422A 是 RS-499 的子集，它定义了 RS-232C 所没有的 10 种电路功能，规定用 37 脚连接器。

在电气特性上，由于 RS-422A 采用差动发送、差动接收的工作方式并使用+5V 电源，因此通信速率、通信距离、抗共模干扰等方面较 RS-232C 接口有较大的提高，最大传输率可达 10Mbit/s，传输距离为 12～1 200m。

（3）RS-485 通信接口

RS-485 是 RS-422A 的变形。RS-422A 是全双工通信，两对平衡差分信号线分别用于发送和接收，所以采用 RS-422A 接口通信时最少需要 4 根线。RS-485 为半双工通信，只有一对平衡差分信号线，不能同时发送和接收，最少时只需两根连线。

在电气特性上，RS-485 的逻辑“1”以两线间的电压差为+(2～6)V 表示，逻辑“0”以两线间的电压差为−(2～6)V 表示。接口信号电平比 RS-232C 低，不易损坏接口电路的芯片。

由于 RS-485 接口能用最少的信号连线完成通信任务，且具有良好的抗噪声干扰性、高传输速率（10Mbit/s）、长的传输距离（1 200m）和多站功能（最多 128 站）等优点，所以在工业控制中广泛应用，例如西门子 S7 系列 PLC 采用的就是 RS-485 通信口。

3．传输介质

传输介质也称为传输媒质或通信介质，是指通信双方用于彼此传输信息的物理通道。通常分为有线传输介质和无线传输介质两大类。有线传输介质使用物理导体提供从一个设备到另一个设备的通信通道；无线传输介质不使用任何人为的物理连接，而通过空间来广播传输信息。图 2-8 所示是传输介质的分类框图。在现场总线控制系统中，常用的传输介质为双绞线、同轴电缆和光缆等，其外形结构分别如图 2-9 所示。

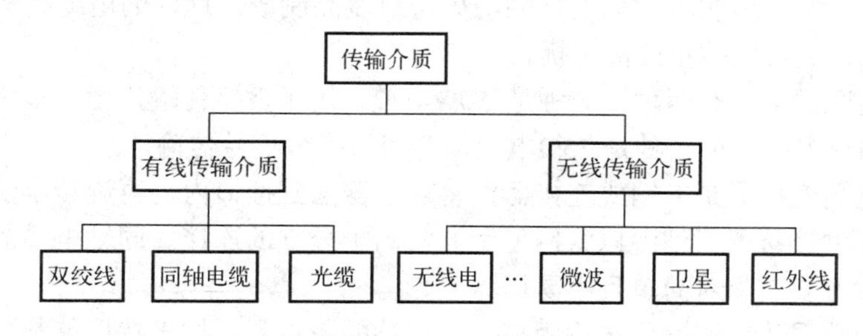

图 2-8　传输介质的分类框图

（1）双绞线

双绞线是目前最常见的一种传输介质，用金属导体来接收和传输通信信号，可分为非屏蔽双绞线（Unshielded Twisted Pair，UTP）和屏蔽双绞线（Shielded Twisted Pair，STP）。

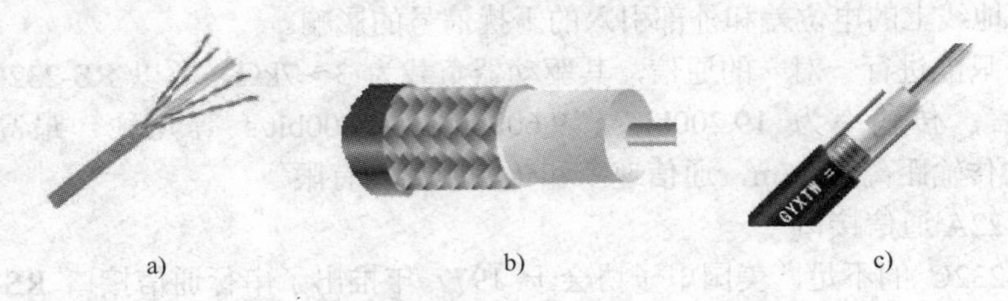

a) b) c)

图 2-9 常用传输介质的外形结构

a) 双绞线 b) 同轴电缆 c) 光缆

每一对双绞线由绞合在一起的相互绝缘的两根铜线组成。把两根绝缘的铜线按一定密度互相绞在一起，可降低信号干扰的程度，每一根导线在传输中辐射的电波也会被另一根导线上发出的电波抵消。如果把一对或多对双绞线放在一个绝缘套管中便成了双绞线电缆，如在局域网中常用的 5 类、6 类、7 类双绞线就是由 4 对双绞线组成的。

屏蔽双绞线有较好的屏蔽性能，所以也具有较好的电气性能。但由于屏蔽双绞线的价格较非屏蔽双绞线贵，且非屏蔽双绞线的性能对于普通的企业局域网来说影响不大，甚至说很难察觉，所以在企业局域网组建中所采用的通常是非屏蔽双绞线。

双绞线既可以传输模拟信号又可以传输数字信号。对于模拟信号，每 5～6km 需要一个放大器；对于数字信号，每 2～3km 需一个中继器。使用时，在每条双绞线两端都需要安装 RJ-45 连接器才能与网卡、集线器或交换机相连接。

虽然双绞线与其他传输介质相比，在数据传输速度、传输距离和信道宽度等方面均受到一定的限制，但在一般快速以太网应用中影响不大，而且价格较为低廉，所以目前双绞线仍是企业局域网中首选的传输介质。

（2）同轴电缆

同轴电缆如图 2-9b 所示。其结构分为 4 层。内导体是一根铜线，铜线外面包裹着泡沫绝缘层，再外面是由金属或者金属箔制成的导体层，最外面由一个塑料外套将电缆包裹起来。其中铜线用来传输电磁信号；网状金属屏蔽层一方面可以屏蔽噪声，另一方面可以作为信号地；绝缘层通常由陶制品或塑料制品组成，它将铜线与金属屏蔽层隔开；塑料外套可使电缆免遭物理性破坏，通常由柔韧性好的防火塑料制品制成。这样的电缆结构既可以防止自身产生的电干扰，又可以防止外部干扰。

经常使用的同轴电缆有两种，一种是 50Ω电缆，用于数字传输，由于多用于基带传输，所以也叫基带同轴电缆；另一种是 75Ω电缆，多用于模拟信号传输。

常用同轴电缆连接器是卡销式连接器，将连接器插到插口内，再旋转半圈即可，因此安装十分方便。T 型连接器（细缆以太网使用）常用于分支的连接。同轴电缆的安装费用低于 STP 和 5 类 UTP，安装相对简单且不易损坏。

同轴电缆的数据传输速度、传输距离、可支持的节点数、抗干扰性能都优于双绞线，成本也高于双绞线，但低于光缆。

（3）光缆

光导纤维是目前网络介质中最先进的技术，用于以极快的速度传输巨大信息的场合。它是一种传输光束的细微而柔韧的媒质，简称为光纤；在它的中心部分包括了一根或多根玻璃纤维，通过从激光器或发光二极管发出的光波穿过中心纤维来进行数据传输。

光导纤维电缆由多束纤维组成，简称为光缆。光缆是数据传输中最有效的一种传输介质，它有以下几个特点。

1）抗干扰性好。光缆中的信息是以光的形式传播的，由于光不受外界电磁干扰的影响，而且本身也不向外辐射信号，所以光缆具有良好的抗干扰性能，适用于长距离的信息传输以及要求高度安全的场合。

2）具有更宽的带宽和更高的传输速率，且传输能力强。

3）衰减少，无中继时传输距离远。这样可以减少整个通道的中继器数目，而同轴电缆和双绞线每隔几千米就需要接一个中继器。

4）光缆本身费用昂贵，对芯材纯度要求高。

在使用光缆互联多个小型机的应用中，必须考虑光纤的单向特性，如果要进行双向通信，那么就应使用双股光纤，一个用于输入，一个用于输出。由于要对不同频率的光进行多路传输和多路选择，因此又出现了光学多路转换器。

光缆连接采用光缆连接器，安装要求严格，如果两根光缆间任意一段芯材未能与另一段光纤或光源对正，就会造成信号失真或反射；而连接过分紧密，则会造成光线改变发射角度。

2.3.4 网络拓扑结构与网络控制方法

1. 网络拓扑结构

网络拓扑结构是指用传输介质将各种设备互连的物理布局。将在局域网（Local Area Network，LAN）中工作的各种设备互连在一起的方法有多种，目前大多数 LAN 使用的拓扑结构有星形、环形及总线型这 3 种网络拓扑结构。

星形拓扑结构如图 2-10a 所示。其连接特点是端用户之间的通信必须经过中心站，这样的连接便于系统集中控制、易于维护且网络扩展方便，但这种结构要求中心系统必须具有极高的可靠性，否则中心系统一旦损坏，整个系统便趋于瘫痪，对此中心系统通常采用双机热备份，以提高系统的可靠性。

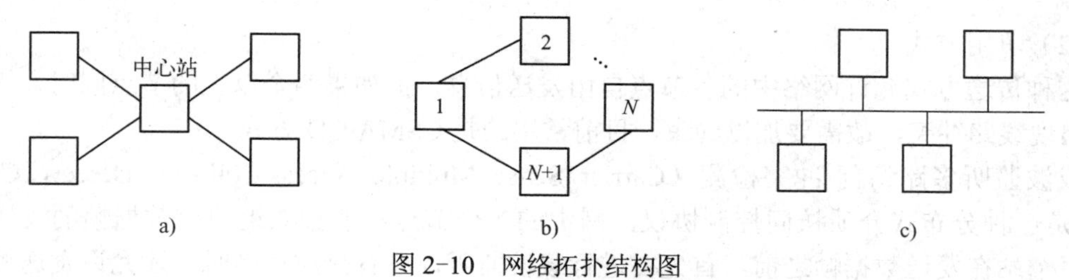

图 2-10　网络拓扑结构图

a) 星形拓扑结构　b) 环形拓扑结构　c) 总线型拓扑结构

环形拓扑结构在 LAN 中使用较多，如图 2-10b 所示。其连接特点是每个端用户都与两个相邻的端用户相连，直到将所有端用户连成环形为止。这样的点到点链接方式使得系统总是以单向方式操作，出现了用户 N 是用户 $N+1$ 的上游端用户，用户 $N+1$ 是用户 N 的下游端用户，如果 $N+1$ 端需将数据发送到 N 端，则几乎要绕环一周才能到达 N 端。这种结构容易安装和重新配置，接入和断开一个节点只需改动两条连接即可，可以减少初期建网的投资费用；每个节点只有一个下游节点，不需要路由选择；可以消除端用户通信时对中心系统的依赖性，但某一节点一旦失效，整个系统就会瘫痪。

总线型拓扑结构在 LAN 中使用最普遍，如图 2-10c 所示。其连接特点是端用户的物理媒体由所有设备共享，各节点地位平等，无中心节点控制。这样的连接布线简单，容易扩充，成本低廉，而且某个节点一旦失效也不会影响其他节点的通信，但使用这种结构必须解决的一个问题是，要确保端用户发送数据时不能出现冲突。

2．网络控制方法

网络控制方法是指在通信网络中使信息从发送装置迅速而正确地传递到接收装置的管理机制。常用的网络控制方法有以下几种。

（1）令牌方式

这种传送方式对介质访问的控制权是以令牌为标志的。只有得到令牌的节点，才有权控制和使用网络，常用于总线型网络和环形网络结构。

令牌是一组特定的二进制代码，它按照事先排列的某种逻辑顺序沿网络而行，令牌有空、忙两种状态，开始时为空闲；节点只有得到空令牌时才具有信息发送权，同时将令牌置为忙。令牌沿网络而行，当信息被目标节点取走后，令牌被重新置为空。

令牌传送实际上是一种按预先的安排让网络中各节点依次轮流占用通信线路的方法，传送的次序由用户根据需要预先确定，而不是按节点在网络中的物理次序传送。令牌传递过程示意图如图 2-11 所示，令牌传送次序为节点 1→节点 3→节点 4→节点 2→节点 1。

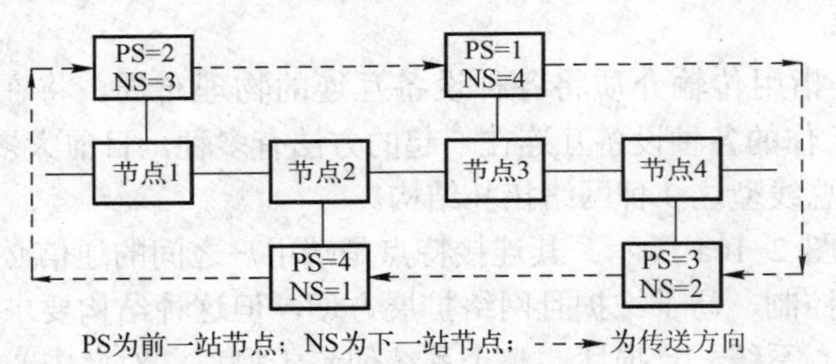

图 2-11　令牌传递过程示意图

（2）争用方式

这种传送方式允许网络中的各节点自由发送信息，但如果两个以上的节点同时发送信息就会出现线路冲突，故需要加以约束，目前常用的是 CSMA/CD 方式。

载波监听多路访问/冲突检测（Carrier Sense Multiple Access/Collision Derect，CSMA/CD）是一种分布式介质访问控制协议，网中的各个节点都能独立地决定数据帧的发送与接收。每个站在发送数据帧之前，首先要进行载波监听，只有介质空闲时，才允许发送帧。如果两个以上的站同时监听到介质空闲并发送帧，则会产生冲突现象，会使发送的帧都成为无效帧，发送随即宣告失败。每个站必须有能力随时检测冲突是否发生，一旦发生冲突，则应停止发送（以免介质带宽因传送无效帧而被白白浪费），然后随机延时一段时间后，再重新争用介质，重发送帧。

在点到点链路配置时，如果这条链路是半双工操作，只需使用很简单的机制便可保证两个端用户轮流工作；在一点到多点方式中，对线路的访问依靠控制端的探询来确定；然而，在总线型网络中，由于所有端用户都是平等的，不能采取上述机制，因此可以采用CSMA/CD控制方式来解决端用户发送数据时出现冲突的问题。

CSMA/CD 控制方式原理比较简单，技术上容易实现；网络中各工作站处于平等地位，不需集中控制，不提供优先级控制；但在网络负载增大时，冲突概率增加，发送效率急剧下降；因此CSMA/CD控制方式常用于总线型网络、且通信负荷较轻的场合。

（3）主从方式

在这种传送方式中，网络中有主站，主站周期性地轮询各从站节点是否需要通信，被轮询的节点允许与其他节点通信。这种方式多用于信息量少的简单系统，适合于星形网络结构或总线型主从方式的网络拓扑结构。

2.3.5 数据交换技术

数据交换技术是网络的核心技术。在数据通信系统中通常采用线路交换、报文交换和分组交换的数据交换方式。

1. 线路交换方式

线路交换是通过网络中的节点在两个站之间建立一条专用的通信线路，从通信资源的分配角度来看，交换就是按照某种方式动态地分配传输线路的资源。图 2-12 为电话系统线路连接示意图。如果主叫端拨号成功，在两个站之间就建立了一条物理通道。具体过程如下。

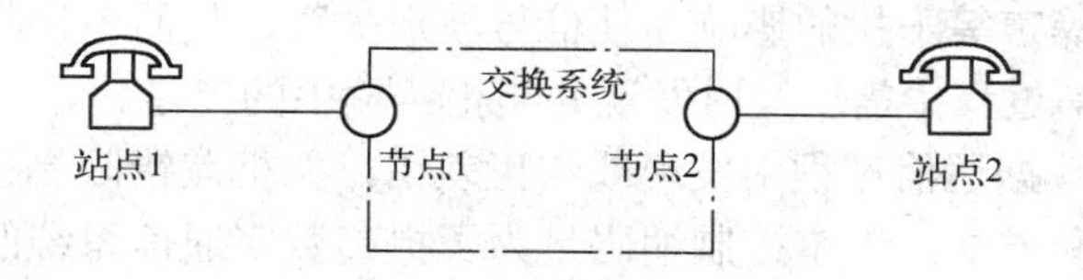

图 2-12　电话系统线路连接示意图

1）建立电路。如果站点 1 发送一个请求到节点 2，请求与站点 2 建立一个连接，那么站点 1 到节点 1 就是一条专用线路。在交换机上分配一个专用的通道连接到节点 2、再到站点 2 的通信。至此就建立了一条从站点 1、经过节点 1、再到站点 2 的通信物理通道。

2）传输数据。电路建立成功以后就可以在两个站点之间进行数据传输，将话音从站点 1 传送到站点 2。这种连接是全双工的，可以在两个方向传输信息。

3）拆除通道。在数据传送完成后，就要对建立好的通道进行拆除，可以由这两个站中的任何一个来完成，以便释放专用资源。

线路交换数据的优点是数据传输迅速可靠，并能保持原有序列。缺点是一旦通信双方占有通道后，即使不传送数据，其他用户也不能使用，造成资源浪费。这种方式适用于时间要求高、且连续的批量数据传输。

2. 报文交换方式

报文交换方式的传输单位是报文，长度不限且可变。报文中包括要发送的正文信息和指明收发站的地址及其他控制信息。数据传送过程采用存储—转发的方式，不需要在两个站之间提前建立一条专用通路。在交换装置控制下，报文先存入缓冲存储器中并进行一些必要的处理，当指定的输出线空闲时，再将数据转发出去，例如电报的发送。

报文交换数据的优点是效率高，信道可以复用且需要时才分配信道；可以方便地把报文发送到多个目的节点；建立报文优先权，让优先级高的报文优先传送。缺点是延时长，不能满足实时交互式的通信要求；有时节点收到的报文太多，以致不得不丢弃或阻止某些报文；对中继节点存储容量要求较高。

3．分组交换方式

分组交换与报文交换类似，只是交换的单位为报文分组，而且限制了每个分组的长度，即将长的报文分成若干个报文组。在每个分组的前面加上一个分组头，用以指明该分组发往何地址，然后由交换机根据每个分组的地址标志，将它们转发至目的地，这些分组不一定按顺序抵达。这样处理可以减轻节点的负担，改善网络传输性能，例如互联网。

分组交换的优点是转发延时短，数据传输灵活。由于分组是较小的传输单位，只有出错的分组会被重发而非整个报文，因此大大降低了重发比例，提高了交换速度，而且每个分组可按不同路径不同顺序到达。缺点是在目的结点要对分组进行重组，增加了系统的复杂性。

2.3.6 差错控制

计算机网络要求高速并且无差错地传递数据信息，但这只是一种比较理想的考虑。一方面网络是由一个个的实体构成，这些实体从制造到装配等一系列的过程是很复杂的，在这个复杂的过程中无法保证各个部分都能达到理想的理论值；另一方面信息在传输过程中会受到诸如突发噪声、随机噪声等干扰的影响而使信号波形失真，从而使接收解调后的信号产生差错。因此，在数据通信过程中需要及时发现并纠正传输中的差错。

差错控制是指在数据通信过程中发现或纠正差错，并把差错限制在尽可能小的、允许的范围内而采用的技术和方法。差错控制编码是为了提高数字通信系统的容错性和可靠性，对网络中传输的数字信号进行抗干扰编码。其思路是在被传输的信息中增加一些冗余码，利用附加码元和信息码元之间的约束关系进行校验，以检测和纠正错误。冗余码的个数越多，检错和纠错能力就越强。在差错控制码中，检错码是能够自动发现出现差错的编码；纠错码是不仅能发现差错而且能够自动纠正差错的编码。检错和纠错能力是用冗余的信息量和降低系统的效率为代价来换取的。

下面介绍差错控制中常用的几个概念。

1）码长。编码码组的码元总位数称为码组的长度，简称为码长。

2）码重。码组中“1”码元的数目称为码组的重量，简称为码重。

3）码距。在两个等长码组之间对应位上不同的码元数目称为这两个码组的距离，简称为码距，又称为汉明（Hamming）距离。

4）最小码距。某种编码中各个码组间距离的最小值称为最小码距。

5）编码效率 R。用差错控制编码提高通信系统的可靠性，是以降低有效性为代价换来的。定义编码效率 $R=d/(d+r)$来衡量有效性。其中，d 是信息元的个数，r 为校验码个数。

差错控制方法分两类，一类是自动重发 ARQ，另一类是前向纠错 FEC。在 ARQ 方式中，当接收端经过检查发现差错时，就会通过一个反馈信道将接收端的判决结果发回给发送端，直到接收端返回接收正确的信号为止，ARQ 方式只使用检错码。在 FEC 方式中，接收端不但能发现差错，而且能确定二进制码元发生错误的位置，从而加以纠正。FEC 方式必须使用纠错码。下面介绍几种常见的差错控制码。

1．常用的简单编码

（1）奇偶校验码

奇偶校验码是一种通过增加冗余位使得码字中“1”的个数为奇数或偶数的编码方法，它是一种检错码。其方法为低 7 位为信息字符，最高位为校验位；这种检错码检错能力低，只能检测出奇/偶个数错误，但不能纠正。在发现错误后，只能要求重发，但由于其实现简单，得到了广泛的应用。

在奇校验法中，校验位使字符代码中“1”的个数为奇数（例如：1 1010110），接收端按同样的校验方式对收到的信息进行校验，如发送时收到的字符及校验位中“1”的数目为奇数，则认为传输正确，否则认为传输错误。

在偶校验法中，校验位使字符代码中“1”的个数为偶数（例如：0 1010110），接收端按同样的校验方式对收到的信息进行校验，如发送时收到的字符及校验位中“1”的数目为偶数，则认为传输正确，否则认为传输错误。

（2）二维奇偶监督码

二维奇偶监督码又称为方阵码。它不仅对水平（行）方向的码元而且还对垂直（列）方向的码元实施奇偶监督，可以检错也可以纠正一些错误。

方阵码示例如图 2-13 所示。将信息码组排列成矩阵，每一个码组写成一行，然后根据奇偶校验原理在垂直和水平两个方向进行校验。

0	1	1	0	1	0	0	1	0	1	1
1	0	0	0	1	0	1	1	0	1	1
1	0	0	1	1	0	0	0	1	0	0
1	1	0	0	1	1	0	1	1	0	0
1	1	0	1	1	0	0	0	0	1	1
0	1	1	0	1	1	1	1	0	1	1

图 2-13　方阵码示例

（3）恒比码

码字中 1 数目与 0 数目保持恒定比例的码称为恒比码。由于恒比码中，每个码组均含有相同数目的 1 和 0，因此恒比码又称为等重码。这种码在检测时，只要计算接收码元中 1 的个数是否与规定的相同，就可判断有无错误。

该码的检错能力较强，除不能发现对换差错（1 和 0 成对的产生错误）外，对其他各种错误均能发现。例如，国际上通用的电报通信系统采用 7 中取 3 码。

2．线性分组码——汉明码

在线性码中，信息位和监督位由一些线性代数方程联系着，或者说，线性码是按一组线性方程构成的。

汉明码也叫做海明码，是一种可以纠正一位错的高效率线性分码组。其基本思想是，将待传信息码元分成许多长度为 k 的组，其后附加 r 个用于监督的冗余码元（也称为校验位），构成长为 $n=k+r$ 位的分组码。在前面介绍的奇偶校验码中，只有一位是监督位，它只能代表有错或无错两种信息，不能指出错码位置。如果选择监督位 $r=2$，则其能表示 4 种状态，其中一种状态用于表示信息是否传送正确，另外 3 种状态就可能用来指示一位错码的 3

种不同位置，r 个监督关系式能指示一位错码的（2^r-1）个可能位置。

一般来说，若码长为 n，信息位数为 k，则监督位数 $r=n-k$。如果希望用 r 个监督位构造出 r 个监督关系式来指示一位错码的 n 种可能位置，则要求满足以下条件，即

$$2^r-1 \geqslant n \quad 或者 \quad 2^r \geqslant r+k+1$$

汉明码是一种具有纠错功能的纠错码，它能将无效码字恢复成距离它最近的有效码字，但不是百分之百的正确。前面已提到，两个码字的对应位取值不同的位数称为这两个码字的汉明距离。一个有效编码集中，任意两个码字的汉明距离的最小值称为该编码集的汉明距离。如果要纠正 d 个错误，则编码集的汉明距离至少应为 $2d+1$。

2.4 通信模型

2.4.1 ISO/OSI 参考模型

为了实现不同设备之间的互联与通信，1978 年国际标准化组织（ISO）提出了一个试图使各种计算机在世界范围内互联为网络的标准框架，即开放式通信系统互联参考模型（Open System Interconnect Reference Mode，OSI），1983 年它成为正式国际标准（ISO 7498）。

OSI 参考模型是计算机通信的开放式标准，是用来指导生产厂家和用户共同遵循的规范，任何人均可免费使用，而使用这个规范的系统也必须向其他使用这个规范的系统开放。OSI 参考模型并没有提供一个可以实现的方法，它是一个在制定标准时所使用的概念性框架，设计者可根据这一框架，设计出符合各自特点的网络。

OSI 参考模型将计算机网络的通信过程分为 7 个层次，每层执行部分通信功能，其分层简况如表 2-2 所示。“层”这个概念包含了两个含义，即问题的层次及逻辑的叠套关系。这种关系有点像信件中采用多层信封把信息包装起来：发信时要由里往外包装；收信后要由外到里拆封，最后才能得到所传送的信息。每一层都有双方相应的规则，相当于每一层信封上都有相互理解的标志，否则信息传递不到预期的目的地。每一层依靠相邻的低一层完成较原始的功能，同时又为相邻的高一层提供服务；邻层之间的约定称为接口，各层约定的规则总和称为协议，只要相邻层的接口一致，就可以进行通信。第 1 层～3 层为介质层，负责网络中数据的物理传输；第 4 层～7 层为高层或主机层，用于保证数据传输的可靠性。

表 2-2 OSI 参考模型分层简况

层 号	层 名	英 文 名	接 口 要 求	工 作 任 务
第 1 层	物理层	Physical layer	物理接口定义	比特流传输
第 2 层	数据链路层	Data Link	介质访问方案	成帧、纠错
第 3 层	网络层	Network	路由器选择	选线、寻址
第 4 层	传输层	Transport	数据传输	收发数据
第 5 层	会话层	Session	对话结构	同步
第 6 层	表示层	Presentation	数据表达	编译
第 7 层	应用层	Application	应用操作	协调、管理

在模型的 7 层中，物理层是通信的硬设备，由它完成通信过程；从第 7 层～2 层的信息

并没有进行传送，只是为传送做准备，这种准备由软件进行处理，直到第 1 层才靠硬件真正进行信息的传送。下面简单介绍 OSI 参考模型的 7 个层次的功能或工作任务。

1．物理层

物理层是必需的，它是整个开放系统的基础，负责设备间接收和发送比特流，提供为建立、维护和释放物理连接所需要的机械、电气、功能与规程的特性。例如，使用什么样的物理信号来表示数据“0”和“1”、数据传输是否可同时在两个方向上进行等。

2．数据链路层

数据链路层也是必需的，它被建立在物理传输能力的基础上，以帧为单位传输数据。它负责把不可靠的传输信道改造成可靠的传输信道，采用差错检测和帧确认技术，传送带有校验信息的数据帧。

3．网络层

网络层提供逻辑地址和路由选择。网络层的作用是确定数据包的传输路径，建立、维持和拆除网络连接。

4．传输层

传输层属于 OSI 中的高层，解决的是数据在网络之间的传输质量问题，提供可靠的端到端的数据传输，保证数据按序可靠、正确的传输。这一层主要涉及网络传输协议，提供一套网络数据传输标准，如 TCP、UDP 协议。

5．会话层

会话是指请求方与应答方交换的一组数据流。会话层用来实现两个计算机系统之间的连接，建立、维护和管理会话。

6．表示层

表示层主要处理数据格式，负责管理数据编码方式，是 OSI 参考模型的翻译器，该层从应用层取得数据，然后把它转换为计算机的应用层能够读取的格式，如 ASCII、MPEG 等格式。

7．应用层

应用层是 OSI 参考模型中最靠近用户的一层，提供应用程序之间的通信，其作用是实现应用程序之间的信息交换、协调应用进程和管理系统资源，如 QQ、MSN 等。两个相互通信的系统应该具有相同的层次结构，不同节点的同等层次具有相同的功能，并按照协议实现同等层之间的通信。如果把要传送的信息称为报文，则每一层上的标记称为报头，数据封装和拆封过程如下。

当信息发送时，从第 7 层～2 层都在进行软件方面的处理，直到第 1 层才靠传输介质将信息传送出去，即物理层把封装后的信息放到通信线路上进行传输；在信息到达接收站后，按照与封装相反的顺序进行数据解封，每经过一层就去掉一个报头，到第 7 层之后，所有的报头报尾都去掉了，只剩数据或报文本身；至此，站与站之间的通信结束。

OSI 通信模型是一个理论模型，在实际环境中并没有一个真实的网络系统与之完全相对应，它更多地被用于作为分析、判断通信网络技术的依据。多数应用只是将 OSI 模型与应用的协议进行大致的对应，对应于 OSI 的某层或包含某层的功能。

图 2-14 为局域网体系结构 IEEE802 与 OSI/ISO 参考模型的对应关系。它只定义了数据链路层和物理层，而数据链路层又分为两个子层，即介质访问控制层（MAC）和逻辑链路

控制层（LLC）。MAC 子层解决网络上所有节点共享一个信道所带来的信道争用问题；LLC 子层把要传输的数据组帧，并解决差错控制和流量控制问题，从而实现可靠的数据传输。

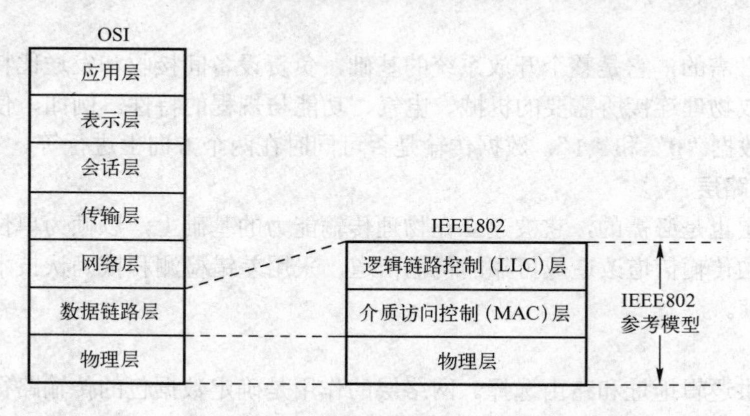

图 2-14　IEEE802 与 OSI/ISO 参考模型的对应关系

图 2-15 为 TCP/IP 与 OSI/ISO 参考模型的对应关系。传输控制协议/互联网协议（Transmission Control Protocol/Internet Protocol，TCP/IP）是针对 Internet 开发的一种体系结构和协议标准，目的在于解决异构计算机网络的通信问题。TCP/IP 协议模型采用 4 层的分层体系结构，由下向上依次是网络接口层、网际层、传输层和应用层。其中 TCP 协议提供了一种可靠的数据交互服务；IP 协议规定了数据包传送的格式。TCP/IP 是互联网上事实上的标准协议。

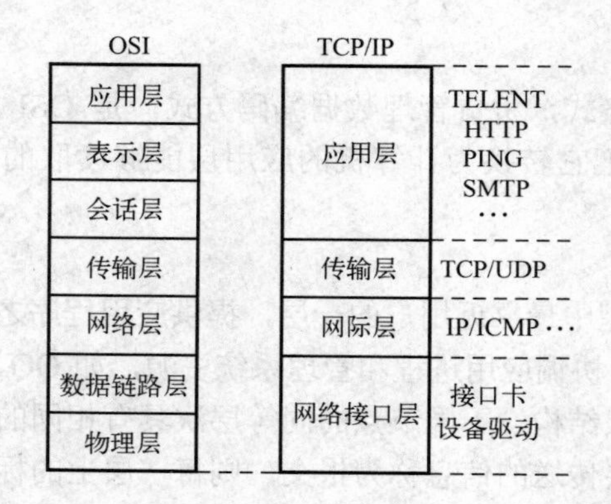

图 2-15　TCP/IP 与 OSI/ISO 参考模型的对应关系

2.4.2　现场总线通信模型

现场总线是工业控制现场的底层网络。工业生产现场存在大量的传感器、控制器和执行器等设备，并被零散地分布在一个较大的工作范围内。由这些设备组成的工业控制底层网络，某个节点面向控制的信息量并不大，信息传输的任务也相对比较简单，但系统对实时性、快速性的要求较高。对于这样的控制系统要构成开放式的互联系统，需要考虑以下几个重要问题。

1）采用什么样的通信模型合适？是采用 ISO/OSI 的完全模型还是在此基础上做进一

步的简化？

2）采用什么样的协议合适？是否需要实现 OSI 的全部功能？

3）所选择的通信模型能适应生产现场的环境要求和系统性能要求吗？

虽然 7 层结构的 OSI 参考模型支持的通信功能相当强大，但对于只需要完成简单通信任务的工业控制底层网络而言，完全模型显得过于复杂，不仅网络接口造价高，而且会由于层间操作与转换复杂导致通信时间响应过长。因此，现场总线系统为了满足生产现场的实时性和快速性要求，也为了实现工业网络的低成本，对 ISO/OSI 参考模型进行了简化和优化，除去了实时性不高的中间层，并增加了用户层，构成了现场总线通信系统模型。

目前，各个公司生产的现场总线产品虽然采用了不同的通信协议，但是各公司在制定自己的通信协议时，都参考了 ISO/OSI 的 7 层模式。典型的现场总线通信模型如图 2-16 所示，采用 OSI 模型中的 3 个典型层，即物理层、数据链路层和应用层，省去了中间的 3～6 层部分，同时考虑到现场设备的控制功能和具体应用，增设了第 8 层，即用户层。这种模型具有结构简单、执行协议直观、价格便宜等优点，也能满足工业现场应用的性能要求。它是 OSI 模型的简化形式，流量与差错控制都在数据链路层中进行，因而与 OSI 模型不完全一致。

8	用户层
7	应用层
6	未使用
5	
4	
3	
2	数据链路层
1	物理层

图 2-16　典型的现场总线通信模型

现场总线通信模型的主要特点如下。

1）简化了 ISO/OSI 参考模型。通常只采用 ISO/OSI 参考模型的第 1 层（物理层）、第 2 层（数据链路层）及最高层（应用层），以便简化通信模型结构，缩短通信开销，降低系统成本，提高系统的实时性。

2）采用相应的补充方法实现被删除的 OSI 各层功能，并增设了用户层。

3）现场总线通信模型通信数据的信息量较小。相对于其他通信网络而言，通信模型相对简单，但结构更加紧凑，实时性更好，通信速率更快。

4）多种现场总线并存，并采用不同的通信协议。但在应用与发展中都已形成自己的特点和应用领域。

总之，开放系统互联模型是现场总线技术的基础，现场总线参考模型既要遵循开放系统集成的原则，又要充分兼顾现场总线控制系统应用的特点和不同控制系统提出的相应要求。

2.5　网络互联设备

网络互联是将两个以上的网络系统，通过一定的方法，用一种或多种网络互联设备相互连接起来，构成更大规模的网络系统，以便更好地实现网络数据资源共享。相互连接的网络可以是同种类型的网络，也可以是运行不同网络协议的异型系统。网络互联不能改变原有网络内的网络协议、通信速率和软硬件配置等，但通过网络互联技术可以使原先不能相互通信和共享资源的网络之间有条件实现相互通信和信息共享。

采用中继器、集线器、网卡、交换机、网桥、路由器、防火墙和网关等网络互联设备，可以将不同网段或子网连接成企业应用系统。对于一般异种设备连接，采用直连线；对于同种设备连接，采用交叉线。

1．中继器

中继器工作在物理层，是一种最为简单但也是用得最多的互联设备。它负责在两个节点的物理层上按位传递信息，完成信号的复制、调整和放大功能，以此来延长网络的长度。中继器由于不对信号作校验等其他处理，因此即使是差错信号，中继器也照样整形放大。

中继器一般有两个端口，用于连接两个网段，且要求两端的网段具有相同的介质访问方法。

2．集线器

集线器（HUB）工作在物理层，是对网络进行集中管理的最小单元，对传输的电信号进行整型、放大，相当于具有多个端口的中继器。

3．网络接口卡

网络接口卡，简称为网卡。它工作在数据链路层，不仅实现与局域网通信介质之间的物理连接和电信号匹配，而且负责实现数据链路层数据帧的封装与拆封、数据帧的发送与接收、物理层的介质访问控制、数据编码与解码以及数据缓存等功能。

网卡的序列号是网卡的物理地址，即 MAC 地址，用以标识该网卡在全世界的唯一性。

4．交换机

交换机工作在数据链路层，可以识别数据包中的 MAC 地址信息，根据 MAC 地址进行数据转发，并将 MAC 地址与对应的端口记录在自己内部的一个地址表中；在数据帧转发前先送入交换机的内部缓冲，可对数据帧进行差错检查。

5．网桥

网桥也叫做桥接器。它工作在数据链路层，根据 MAC 地址对帧进行存储转发。它可以有效地连接两个局域网（Local Area Network，LAN），使本地通信限制在本网段内，并转发相应的信号至另一网段。网桥通常用于连接数量不多的、同一类型的网段。网桥将一个较大的 LAN 分成子段，有利于改善网络的性能、可靠性和安全性。

网桥一般有两个端口，每个端口均有自己的 MAC 地址，分别桥接两个网段。

6．路由器

路由器工作在网络层，在不同网络之间转发数据单元。因此，路由器具有判断网络地址和选择路径的功能，能在多网络互联环境中建立灵活的连接。

路由器最重要的功能是路由选择，为经由路由器转发的每个数据包寻找一条最佳的转发路径。路由器比网桥更复杂、管理功能更强大，同时更具灵活性，经常被用于多个局域网、局域网与广域网以及异构网络的互联。

7．防火墙

防火墙一方面阻止来自因特网的对受保护网络的未授权或未验证的访问，另一方面允许内部网络的用户对互联网进行 Web 访问或收发 E-mail 等，还可以作为访问互联网的权限控制关口，如允许组织内的特定人员访问互联网。

8．网关

网关工作在传输层或以上层次，是最复杂的网络互联设备。网关就像一个翻译器，当对使用不同的通信协议、不同的数据格式甚至不同的网络体系结构的网络互联时，需要使用这样的设备，因此它又被称做协议转换器。与网桥只是简单地传达信息不同，网关对收到的信息需要要重新打包，以适应目的端系统的需求。

网关具有从物理层到应用层的协议转换能力，主要用于异构网络的互联、局域网与广域网的互联，不存在通用的网关。

2.6 现场总线控制网络

现场总线控制网络用于完成各种数据采集和自动控制任务，是一种特殊的、开放的计算机网络，是工业企业综合自动化的基础。从现场控制网络节点的设备类型、传输信息的种类、网络所执行的任务、网络所处的环境等方面来看，都有别于其他计算机构成的数据网络。

现场总线控制网络可以通过网络互联技术实现不同网段之间的网络联接与数据交换，包括在不同传输介质、不同传输速率、不同通信协议的网络之间实现互联，从而更好地实现现场检测、采集、控制和执行以及信息的传输、交换、存储与利用的一体化，以满足用户的需求。

2.6.1 现场总线网络节点

现场总线网络的节点常常分散在生产现场，大多是具有计算与通信能力的智能测控设备。它们可能是普通计算机网络中的 PC 或其他种类的计算机、操作站等设备；也可能是具有嵌入式 CPU，但功能比较单一、计算或其他能力远不及普通计算机，且没有键盘、显示等人机交互接口；也有的设备甚至不带有 CPU，只带有简单的通信接口。

例如具有通信能力的现场设备有：条形码阅读器、各类智能开关、可编程序控制器、监控计算机、智能调节阀、变频器和机器人等，这些都可以作为现场总线控制网络的节点使用。受到制造成本等因素的影响，作为现场总线网络节点的设备，在计算能力等方面一般比不上普通的计算机。

现场总线控制网络就是把单个分散的、有通信能力的测控设备作为网络节点，按照总线型、星形、树形等网络拓扑结构连接而成的网络系统。图 2-17 为现场总线控制网络联接示意图。由图可见，各个节点之间可以相互沟通信息、共同配合完成系统的控制任务。

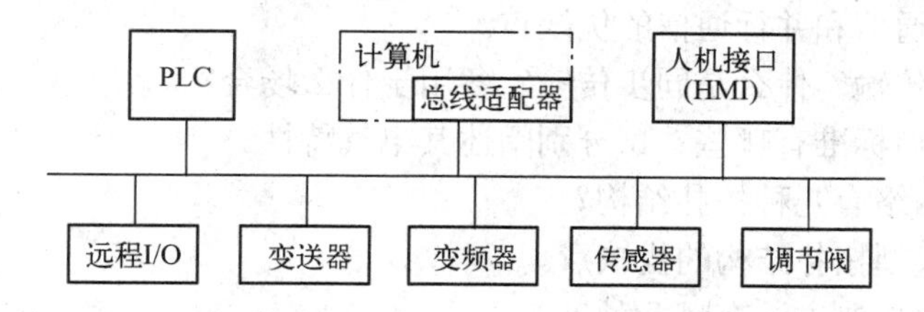

图 2-17　现场总线控制网络联接示意图

2.6.2 现场总线控制网络的任务

现场总线控制网络主要完成以下任务。

1）将控制系统中现场运行的各种信息（例如，在控制室监视生产现场阀门的开度、开关的状态、运行参数的测量值及现场仪表的工作状况等）传送到控制室，使现场设备始终处于远程监视之中。

2）控制室将各种控制、维护、参数修改等命令送往位于生产现场的测量控制设备中，使得生产现场的设备处于可控状态之中。

3）与操作终端、上层管理网络实现数据传输与信息共享。

此外，现场总线控制网络还要面临工业生产的高温高压、强电磁干扰、各种机械振动及其他恶劣工作环境，因此要求现场总线控制网络能适应各种可能的工作环境。由于现场总线控制网络要完成的工作任务和所处的工作环境，使得它具有许多不同于普通计算机网络的特点。

影响控制网络性能的主要因素有网络的拓扑结构、传输介质的种类与特性、介质访问方式、信号传输方式以及网络监控系统等。为了适应和满足自动控制任务的需求，在开发控制网络技术及设计现场总线控制网络系统时，应该着重于满足控制的实时性要求、可靠性要求以及工业环境下的抗干扰性等控制要求。

2.7 小结

本章主要介绍现场总线通信系统的组成、数据通信的基础及其通信模型。现场总线控制网络用于完成各种数据采集和自动控制任务，是一种特殊的、开放的计算机网络，是工业企业综合自动化的基础。由于现场总线通信模型通信数据的信息量较小，因此简化了 ISO/OSI 参考模型，采用相应的补充方法以实现被删除的 OSI 各层功能，并增设了用户层。

2.8 思考与练习

1．什么是总线？总线主设备和从设备各起什么作用？

2．总线上的控制信号有哪几种？各起什么作用？

3．总线的寻址方式有哪些？各有什么特点？

4．数据通信系统由哪些设备组成？各起什么作用？

5．试举例说明数据与信息的区别。

6．什么是数据传输率？它的单位是什么？

7．试比较串行通信和并行通信的优缺点。

8．什么是异步传输？什么是同步传输？各用于什么场合？

9．串行通信接口标准有哪些？试分别阐述其电气特性。

10．工业通信网络有几种拓扑结构？

11．试分析总线型拓扑结构的优缺点。

12．常用的网络控制方法有哪几种？

13．试阐述以令牌传递方式发送数据和接收数据的过程。

14．在 CSMA/CD 中，什么情况会发生信息冲突？如何解决？

15．通常使用的数据交换技术有几种？各有什么特点？

16．曼彻斯特波形的跳变有几层含义？

17．有一比特流 10101101011，画出它的曼彻斯特波形。

18．有一比特流 10101101011，画出它的差分曼彻斯特波形。

19．什么是差错控制？列举两种基本的差错控制方式。

20．简要说明光缆传输信号的基本原理。
21．采用光缆传输数据有哪些优势？
22．试比较双绞线与同轴电缆的传输性能。
23．为什么要引进 ISO/OSI 参考模型？它能解决什么问题？
24．对 ISO/OSI 参考模型划分层次的原则是什么？
25．简述 ISO/OSI 7 层模型的结构和每一层的作用。
26．试描述 ISO/OSI 参考模型中数据传输的基本过程。
27．列出几种网络互联设备，并说明其功能。
28．集线器、交换机和路由器分别工作在 ISO/OSI 参考模型的哪一层？
29．什么是防火墙？它在网络系统中起什么作用？
30．现场总线通信模型有什么特点？
31．现场总线通信模型的用户层起什么作用？
32．试阐述现场总线控制网络的特点和它承担的主要任务。

第3章　Profibus现场总线及其应用

学习目标

1）了解Profibus总线的概念、分类及传输技术。

2）学会Profibus控制系统的硬件配置及组态。

3）掌握简单Profibus控制系统的设计与实现方法。

重点内容

1）现场设备的分类。

2）RS-485传输设备的安装要点。

3）Profibus控制系统的设计与实现方法。

3.1　Profibus现场总线基础

Profibus是过程现场总线（Process Field Bus）的简称，是1987年由SIEMENS、ABB等13家公司和5家研究机构按照ISO/OSI参考模型联合开发并制定的一种现场总线标准，符合德国国家标准DIN19245和欧洲标准EN50170，也是国际标准IEC61158的组成部分（Type3）。2001年成为我国机械行业推荐标准JB/T10308-2001，2006年成为我国第一个工业通信领域现场总线技术国家标准GB/T20540-2006。

Profibus产品在欧洲市场占有份额居首位，占有率超过40%；在世界市场份额超过20%，居于所有现场总线之首。根据用户组织（Profibus Nutzer Organisation，Profibus PNO）最新发布的数字，截止2008年，Profibus全球安装节点总数已超过2 800万，预测2012年将突破5 000万大关。目前世界上许多自动化设备制造商都为他们生产的设备提供了Profibus接口，Profibus现场总线已广泛应用于加工制造、过程控制、楼宇自动化和交通电力等应用领域。

Profibus是一种应用广泛的、开放的和不依赖于设备生产商的现场总线标准，适合于快速、时间要求严格的应用和复杂的通信任务。系统由主站和从站组成，主站能够控制总线、决定总线的数据通信，当主站得到总线控制权时，没有外界请求也可以主动发送信息；从站没有控制总线的权力，但可以对接收到的信息给予确认或者当主站发出请求时向主站回应信息。

3.1.1　Profibus现场总线的分类

Profibus现场总线根据应用的特点和用户不同的需要，可分为Profibus-DP、Profibus-FMS、Profibus-PA 3个互相兼容版本的通信协议，其中Profibus-DP的应用最广。

1）分布I/O系统（Distributed Periphery，Profibus-DP）是一种经过优化的、高速且廉价

的通信连接，主要用于自动化系统中单元级和现场级通信。可取代价格昂贵的 4～20mA 或 24VDC 并行信号线，实现自控系统和分散外围 I/O 设备及智能现场仪表之间的高速数据通信，传输速率达 12Mbit/s，一般构成单主站系统，适合于加工自动化领域的应用。

2）现场总线信息规范（Fieldbus Message Specification，Profibus-FMS）可以用于车间级监控网络，主要解决车间级通用性通信任务，提供大量的通信服务，完成中等速度的循环和非循环通信任务，多用于纺织工业、楼宇自动化、电气传动、传感器和执行器、PLC 等自动化控制，一般构成实时多主站网络系统，是一种令牌结构、实时的多主网络。对于 FMS 而言，它考虑的主要是系统功能而不是响应时间，主要用于大范围的、复杂的通信系统。

3）过程自动化（Process Automation，Profibus-PA）是应用于工业现场控制的过程自动化，遵从 IEC1158-2 标准，提供标准的、本质安全的传输技术，一般用于安全性要求较高的场合及由总线供电的站点。

采用 Profibus 标准系统，不同制造商所生产的设备不需对其接口进行特别调整就可实现通信。Profibus 可用于高速并对时间苛求的数据传输，也可用于大范围的复杂通信场合，其应用范围示意图如图 3-1 所示。其中现场级由现场智能设备、现场智能仪表以及 DP/PA 耦合器等设备构成，涉及 Profibus-DP 和 Profibus-PA 两种通信协议。

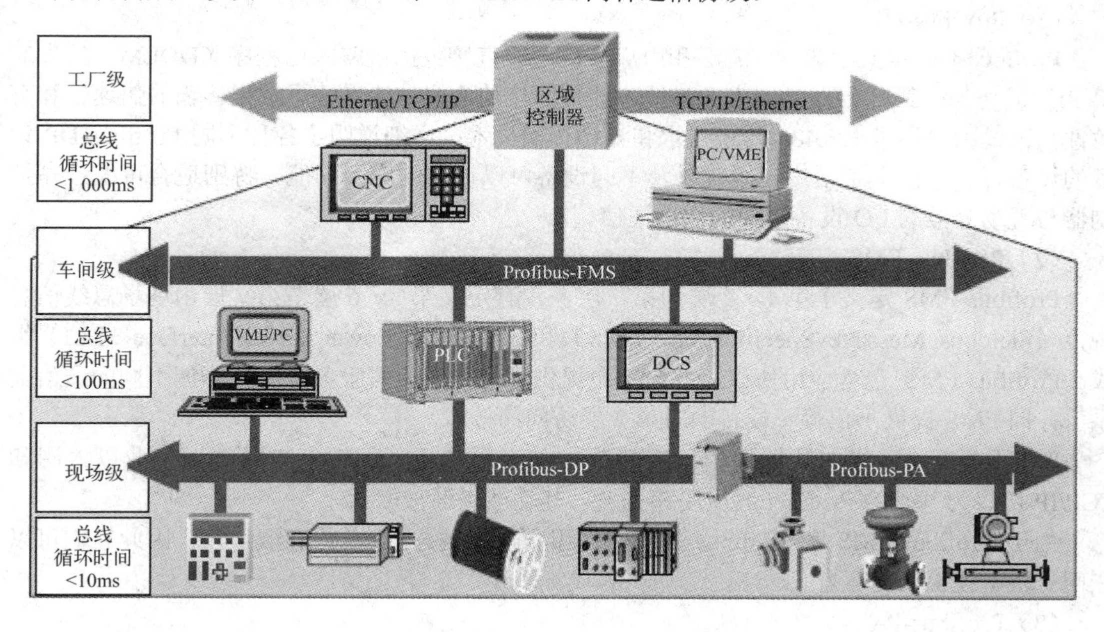

图 3-1　Profibus 应用范围示意图

3.1.2　Profibus 的通信协议

1．Profibus 的协议结构

Profibus 是根据 ISO7498 国际标准，以 OSI 参考模型为基础的。第 1 层为物理层，用来定义物理传输特性；第 2 层为数据链路层，用来解决两个相邻节点之间的通信问题；第 3～6 层 Profibus 未使用；第 7 层为应用层，用来定义应用功能。Profibus 协议结构示意图如图 3-2 所示。

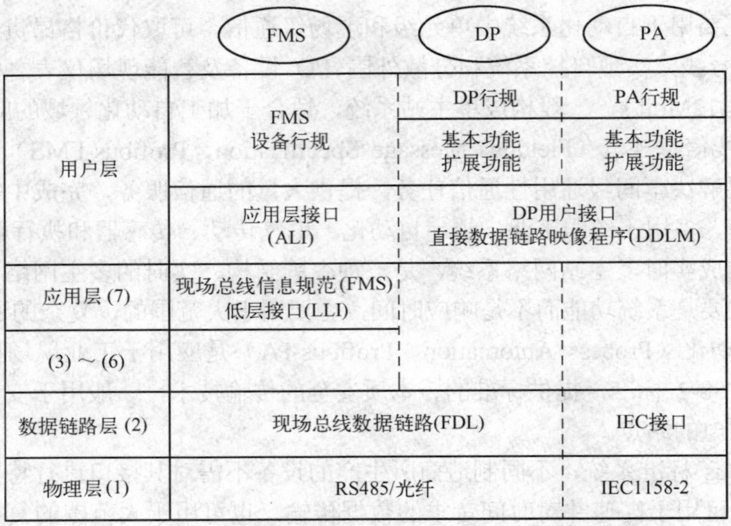

	FMS	DP	PA
用户层	FMS 设备行规	DP行规 基本功能 扩展功能	PA行规 基本功能 扩展功能
	应用层接口 (ALI)	DP用户接口 直接数据链路映像程序(DDLM)	
应用层 (7)	现场总线信息规范(FMS) 低层接口(LLI)		
(3) ～ (6)			
数据链路层 (2)	现场总线数据链路(FDL)		IEC接口
物理层 (1)	RS485/光纤		IEC1158-2

图 3-2　Profibus 协议结构示意图

（1）Profibus-DP

Profibus-DP 定义了第 1、2 层和用户接口层。直接数据链路映像程序（DDLM）提供对第 2 层的访问，第 3 层～7 层未加描述，这种简化的协议结构保证了数据传输的快速性和有效性。该模型提供了 RS-485 传输技术和光纤传输技术；详细说明了各种不同 Profibus-DP 设备的设备行为；定义了用户、系统以及不同设备可以调用的应用功能。特别适合可编程序控制器与现场分散的 I/O 设备之间的快速通信。

（2）Profibus-FMS

Profibus-FMS 定义了第 1、2 层和第 7 层，没有定义第 3～6 层。第 7 层由现场总线信息规范（Fieldbus Message Specification，FMS）和低层接口（Lower Layer Interface，LLI）组成。Profibus-FMS 包含应用协议，并向用户提供强有力的通信服务；LLI 协调不同的通信关系，并向 FMS 提供不依赖于设备的对第 2 层访问的接口。

FMS 处理单元级的数据通信，功能强大，应用广泛，但近年来随着以工业以太网和 TCP/IP 协议为基础的 Profinet 的应用和普及，其功能逐渐被取代。

由于 Profibus-FMS 和 Profibus-DP 使用相同的传输技术和总线存取协议，因此它们可以在同一根电缆上同时运行。

（3）Profibus-PA

Profibus-PA 除了采用扩展的 Profibus-DP 协议进行数据传输，还使用了描述现场设备行为的 PA 规范。根据 IEC1158-2 标准，这种传输技术可确保其本质安全，并使现场设备通过总线供电。使用 DP/PA 耦合器和 DP/PA LINK 连接器，Profibus-PA 设备能很方便地集成到 Profibus-DP 网络上。

Profibus-PA 是为满足需要本质安全或总线供电的设备之间进行数据通信的协议，其数据传输速率是固定的。

2．现场总线数据链路层

从图 3-2 可以看到，Profibus 协议的第 2 层为现场总线数据链路层（Fieldbus Data

Link，FDL）。该层协议处理两个由物理通道直接相连的邻接站之间的通信，定义为数据安全性、传输协议、报文处理及总线访问控制层。协议目的在于提高数据传输的效率，为其上层提供透明的、无差错的通道服务。

数据链路层的报文格式保证了传输的高度安全性。所有报文均具有海明距离 HD=4，其含义是在数据报文中能同时发送 3 种错误位，这符合国际标准 IEC870.5.1 的规则，数据报文选择特殊的开始和结束标识符，并运用无间隙同步、奇偶校验位和控制位；可检测下列差错类型：

1）字符格式错误（奇偶校验、溢出、帧错误）。

2）协议错误。

3）开始和结束标识符错误。

4）帧检查字节错误。

5）报文长度错误。

在第 2 层中，除传输逻辑上点到点的数据之外，还允许用广播和群波通信的多点传送。广播通信是一个主站点把信息发送到其他所有站点，收到数据后不需要应答；多点传送通信是一个主站点把信息发送到一组站点，收到数据后也不需要应答。

3．总线存取协议

Profibus-DP、Profibus-FMS 和 Profibus-PA 均使用一致的总线存取协议，通过 OSI 参考模型的第 2 层数据链路层来实现。介质存取控制（Medium Access Control，MAC）必须确保在任何时刻只能由一个站点发送数据。Profibus 协议的设计要满足介质控制的两个基本要求：其一，同一级的 PLC 或主站之间的通信必须使每一个主站在确定的时间范围内能获得足够的机会来处理它自己的通信任务；其二，主站和从站之间应尽可能快速而又简单地完成数据的实时传输。为此，Profibus 使用混合的总线存取控制机制来实现上述目标，包括用于主站之间通信的令牌传送方式和用于主站与从站之间通信的主从方式。

当一个主站获得了令牌时，它就可以拥有主从站通信的总线控制权，而且此地址在整个总线上必须是唯一的。在一个总线内，最大可使用的站地址范围是在 0～126 之间，也就是说，一个总线系统最多可以有 127 个节点。

这种总线存取控制方式可有以下 3 种系统配置，即纯主-主系统（令牌传送方式）、纯主-从系统（主从方式）和两种方式的组合。

Profibus 的总线存取控制符合欧洲 EN50170 V.2 中规定的令牌总线程序和主-从程序，与所使用的传输介质无关。

（1）令牌总线通信过程

连接到 Profibus 网络的主站按其总线地址的升序组成一个逻辑令牌环。Profibus 系统的多主结构示意图如图 3-3 所示。在逻辑令牌环中，控制令牌按照事先给定的顺序从一个站传递到下一个站，令牌提供控制总线的权力，并用特殊的令牌帧在主站点间进行传递。具有最高站地址（Highest Address Station，HAS）的主站点例外，它只把令牌传递给具有最低总线地址的主站点，以此使逻辑令牌环闭合。令牌环调度要保证每个主站有足够的时间来完成它的通信任务。令牌经过所有主站点轮转一次所需时间叫做实际令牌循环时间（TRR），每一次令牌交换都会计算产生一个新的 TRR；用目标令牌时间（TTR）来规定现场总线系统中令牌轮转一次所允许的最大时间，这个时间是可以调整的；一个主站在获得令牌后，就是通过计算 TTR-TRR 来确定自己持有令牌的时间（TTH）。

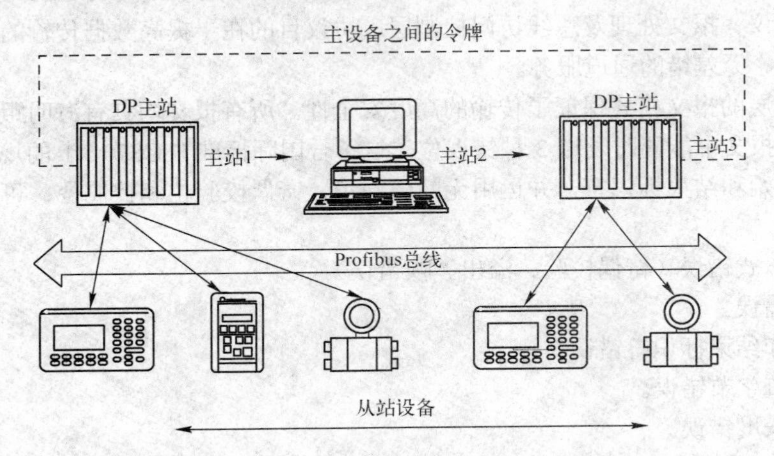

图 3-3　Profibus 系统的多主结构示意图

在总线初始化和启动阶段，MAC 通过辨认主站点来建立令牌环。为了管理控制令牌，MAC 程序首先自动地判定总线上所有主站点的地址，并将这些节点及它们的节点地址都记录在活动主站表（List of Active Master Stations，LAS）中。对于令牌管理而言，有两个地址概念特别重要：一个是前一站（Previous Station，PS）节点的地址，即下一站是从此站接收到令牌的；另一个是下一站（Next Station，NS）节点的地址，即令牌传递给此站。

在运行期间，为了从令牌环中去掉有故障的主站点或增加新的主站点到令牌环中而不影响总线上的数据通信，也需要用到 LAS。若一个主站从 LAS 中自己的 PS 站收到令牌，则保留令牌并使用总线；若主站收到的令牌帧不是 PS 站发出的，则认为是一个错误而不接收令牌；如果此令牌帧被再次收到，该主站将认为令牌环已修改，接收令牌并修改自己的 LAS。

（2）主从通信过程

一个网络中有若干个从站，而它的逻辑令牌环只含一个主站，这样的网络就称为纯主-从系统。Profibus 主从通信过程如图 3-4 所示，此系统不存在令牌的传递。主从（Master/Slave，MS）通信允许主站控制它自己所控制的从站，使得从站做出相应的响应；主站要与每一个从站建立一条数据链路；主站可以发送信息给从站或者获取从站信息。

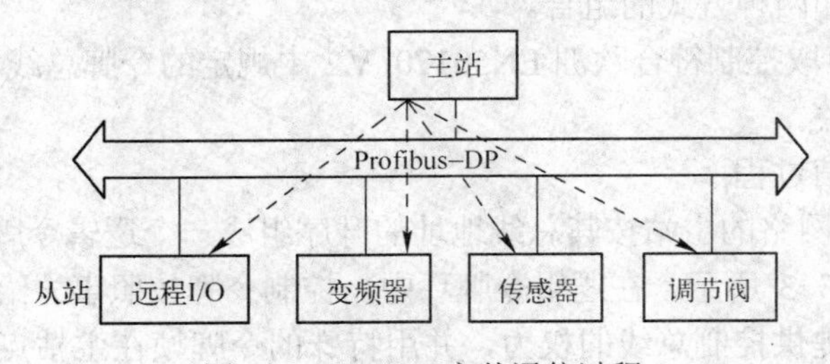

图 3-4　Profibus 主从通信过程

主从通信方式是 Profibus-DP 主站与智能从站之间的数据交换方式，可以由 PLC 的操作系统周期性的自动完成，不需要用户程序进行控制。但用户必须对主站和智能从站之间的通信连接和数据交换区进行配置。

在分布式 PLC 系统中，PLC 可以被设为主站，通过 Profibus-DP 总线连接分布式 I/O

从站，如 ET200B 紧凑型 DP 从站、ET200M 模块式 DP 从站等，这些从站实质上只是带有 Profibus-DP 通信处理器的 I/O 模块，称为标准从站或普通从站。标准从站的 I/O 被直接并入 DP 主站的 I/O 地址区，使用时可以像主站本身的 I/O 模块一样直接访问标准从站的输入/输出。

但是，对于有些控制系统，可能带有多台 PLC 或其他带有 CPU、存储器等部件的独立控制设备，以实现不同子任务的独立和有效处理。同时，整个控制系统为了实现分散控制、集中管理，将这些设备都挂接在 Profibus-DP 网络上。这些独立的控制设备在 DP 网络中被称为智能从站。智能从站本身具有独立的 I/O 地址区，这些地址可能会与主站的 I/O 地址相同，因此，DP 主站不能直接访问智能从站的输入/输出，而是需要建立输入/输出地址的传输空间，并由智能从站的 CPU 负责处理地址转换工作。在通信配置时需要注意，被指定用于主站和从站之间交换数据的输入/输出区，不能占据主站安装有 I/O 模块的物理地址区。

（3）两种方式的组合

一个 DP 系统可能是多主结构，这意味着一条总线上连接几个主站节点，主站间采用逻辑令牌环、主从站间采用主从通信的方式传输。

令牌传递程序保证每个主站在一个确切规定的时间内得到总线存取权；当主站得到总线控制权时，可与从站进行主从通信，对从站进行分时轮询传输信息。

在图 3-3 中，总线系统由 3 个主站、5 个从站构成。3 个主站之间构成令牌逻辑环：主站 1→主站 2→主站 3→主站 1，在其中一个主站得到令牌报文后，该主站就在一定时间内执行主站工作；在这段时间内，它可依照主从关系通信表与所有从站通信，也可依照主-主通信关系表与所有主站通信。如果主站 1 需要向主站 3 发送数据，当令牌传递到主站 1 时，主站 1 将要发送的数据按照一定的格式发往主站 2，主站 2 将本站地址与接收到的帧信息中的目的地址进行比较，地址不同则主站 2 将帧信息继续传递到主站 3；主站 3 将本站地址与接收到的帧信息中的目的地址进行比较，比较后由于地址相同，则主站 3 获得了总线控制权，此时主站 3 与主站 1 进行数据传递，同时也可以与它所挂接的两个从设备进行通信。当主站 3 没有需要发送的帧或在规定时间内发送完了所需发送的帧，或者主站 3 的控制时间终了时，它就将主站令牌传递给主站 1。

3.2 Profibus 的传输技术

现场总线系统的应用在较大程度上取决于采用哪种传输技术，不仅要考虑传输的拓扑结构、传输速率、传输距离和传输的可靠性等通用要求，而且要兼顾成本低廉、使用方便，为了满足本质安全的要求，数据和电源还必须在同一根传输媒介上传输，因此单一的传输技术不可能满足以上所有要求。

在通信模型中，物理层直接与传输介质相连，规定了线路传输介质、物理连接的类型以及电气、功能等特性，提供了以下 3 种数据传输类型。

1）用于 DP 和 FMS 的 RS-485 传输技术。

2）用于 DP 和 FMS 的光纤传输技术。

3）用于 PA 的 IEC1158-2 传输技术。

3.2.1 DP/FMS 的 RS-485 传输技术

1. RS-485 传输技术的特点

RS-485 是一种简单的、低成本的传输技术，其传输过程是建立在半双工、异步和无间隙同步化基础上的，数据的发送采用 NRZ 编码，这种传输技术通常称之为 H2。使用中继器连接各总线段如图 3-5 所示。具有以下特点。

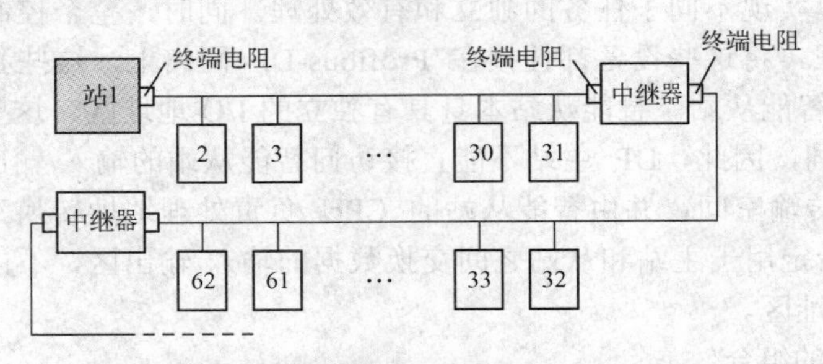

图 3-5 使用中继器连接各总线段

1）网络拓扑。将所有设备都连接在总线结构中，每个总线段的开头和结尾均有一个终端电阻。为确保操作运行不发生误差，两个总线终端电阻必须要有电源。

2）传输介质。双绞屏蔽电缆，也可取消屏蔽，取决于电磁干扰环境即电磁兼容性（Electro Magnetic Compatibility，EMC）的条件。

3）站点数。每个总线段最多可以连接 32 个站，如果站数超过 32 个或需要扩大网络区域，则需要使用中继器来连接各个总线段。当使用中继器时最多可用到 127 个站，串联的中继器一般不超过 3 个。

4）插头连接。采用 9 针 D 型插头，插座被安装在设备上。9 针 D 型插头和插座外观如图 3-6 示。如果其他连接器能提供表 3-1 的必要的命令信号，则也可以被使用。

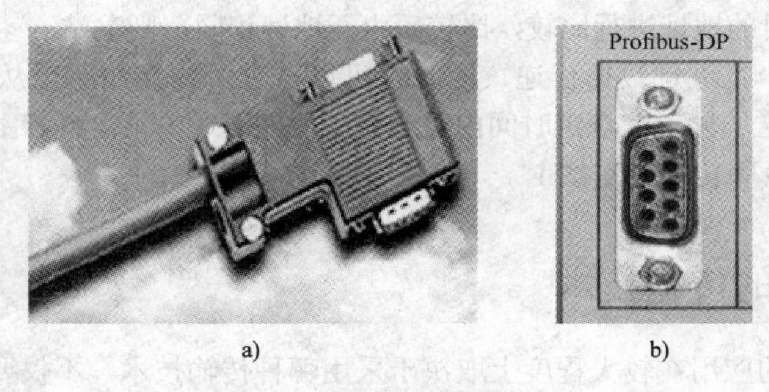

a)　　b)

图 3-6 9 针 D 型插头和插座外观图

a) 9 针 D 型插头　b) 插座外观

表 3-1 9 针 D 型连接器的针脚分配

针 脚 号	信 号	信 号 含 义
1	Shield	屏蔽/保护地
2	M24	24V 输出电压的地
3	RxD/TxD-P	接收数据/发送数据（正）

（续）

针 脚 号	信 号	信 号 含 义
4	CNTR-P	中继器控制信号（方向控制）
5	DGND	数据基准电压
6	VP	供电电压
7	P24	输出电压 24V
8	RxD/TxD-N	接收数据/发送数据（负）
9	CNTR-N	中继器控制信号（方向控制）

5）传输速率。可以在 9.6 kbit/s～12 Mbit/s 之间选择各种传输速率。

6）传输距离。总线的最大传输距离取决于传输速率，范围为 100～1 000m。

传输速率所对应的最大允许段长度如表 3-2 所示。若有中继器距离，则可延长到 10km。

表 3-2 传输速率所对应的最大允许段长度

波特率/（kbit/s）	9.6	19.2	93.75	187.5	500	1 500	12 000
段长度/m	1 200	1 200	1 200	1 000	400	200	100

2．RS-485 的数据传输过程

RS-485 传输的数据位格式如图 3-7 所示。

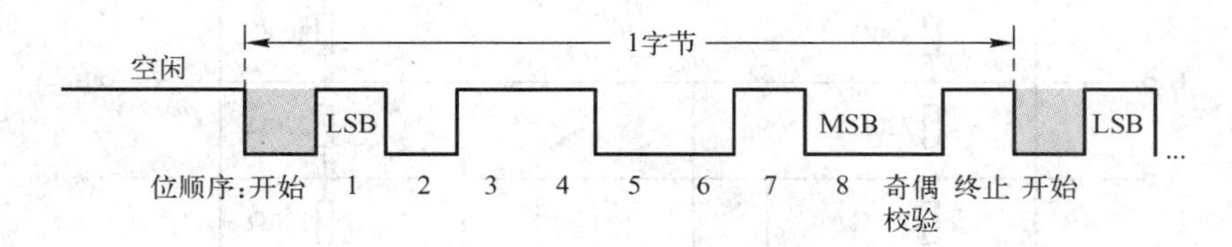

图 3-7 RS-485 传输的数据位格式

数据的发送采用 NRZ 编码方式，一个字符帧为 11 位。每个 8 位二进数字节按最小的有效位（Least Significant Bit ，LSB）先发送，最高的有效位（Most Significant Bit，MSB）最后被发送的顺序传输；每个 8 位二进数都补充 3 位，即开始、奇偶校验和终止位。用高电位表示“1”，零电位表示“0”；表示“1”的高电位脉冲中途不归零。

站与站数据线的连接方式如图 3-8a 所示，两根 Profibus 数据线也常被称为 A 导线和 B 导线，A 导线对应于 RxD/TxD-N 信号，B 导线对应于 RxD/TxD-P 信号。A 导线电缆总线终端电阻的连接结构如图 3-8b 所示，包括一个相对于 DGND 数据参考电势的下拉电阻和一个相对于输入正电压 VP 的上拉电阻；当总线上没有发送数据（即在两个报文之间总线处于空闲状态）时，这两个电阻也能确保在总线上有一个确定的空闲电位。

在数据传输期间，二进制“1”对应于 RXD/TXD-P 线上的正电位，而在 RXD/TXD-N 线上则相反；各报文间的空闲状态对应于二进制“1”信号，如图 3-9 所示。

RS-485 总线的连接结构如图 3-10 所示。根据 EIA RS-485 标准，在数据线 A 和 B 导线的两端均要连接总线终端器，几乎在所有标准的 Profibus 总线连接器上都组合了所需要的总线终端器，可以由跳接器或开关来启动。

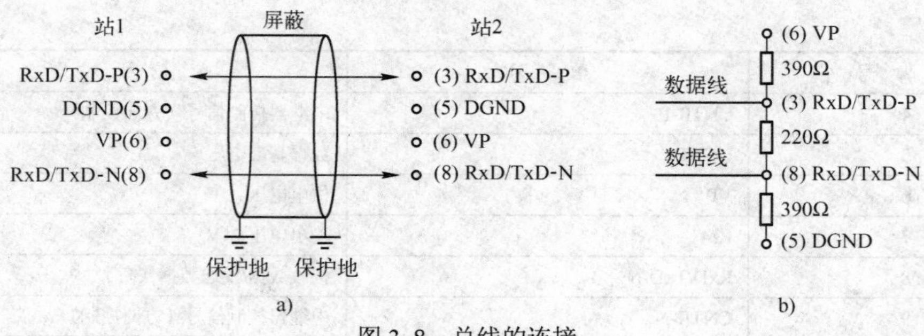

图 3-8　总线的连接

a) 站与站数据线的连接方式　b) A 导线电缆总线终端电阻的连接结构

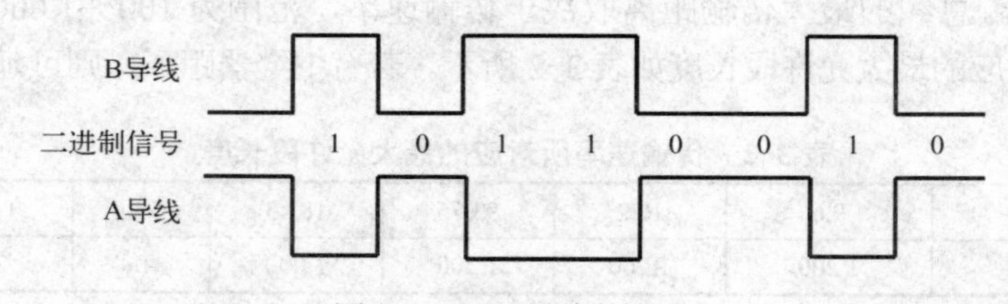

图 3-9　A/B 导线的电位

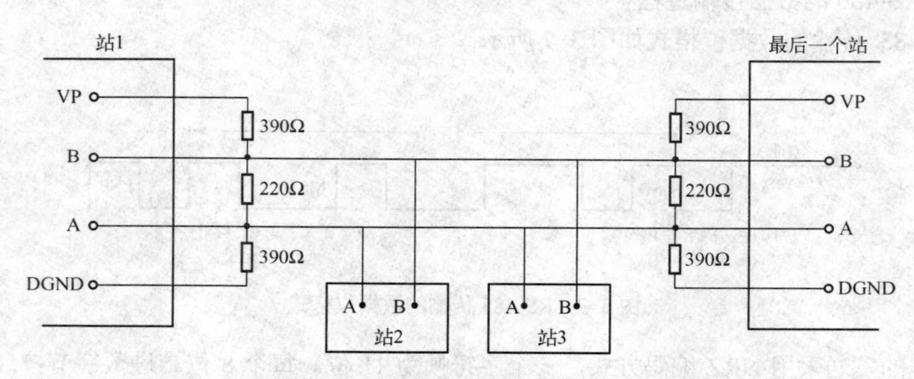

图 3-10　RS-485 总线的连接结构

3.2.2　DP/FMS 的光纤传输技术

在电磁干扰很大的环境或需要覆盖很远的传输距离的网络应用中，可使用光纤传输技术。光纤是一种采用玻璃作为波导，以光的形式将信息从一端传送到另一端的技术。光纤电缆对电磁干扰不敏感，并能保证总线上站与站的电气隔离，允许 Profibus 系统站与站之间的距离最大为 15km。

现在的低损耗玻璃光纤相对于早期发展的传输介质，几乎不受带宽限制，且传输距离远、衰减小；点到点的光学传输系统由 3 个基本部分构成，即产生光信号的光发送机、携带光信号的光缆和接收光信号的光接收机。

许多厂商提供专用总线插头可将 RS-485 信号转换成光纤信号，或者将光纤信号转换成 RS-485 信号，这使得在同一系统中，可同时使用 RS-485 传输技术和光纤传输技术。为了使光纤导体与总线站连接，可以采用光纤链接模块（Optical Link Module，OLM）技术、光缆连接插头（Optical Link Plug，OLP）技术和集成的光缆连接等技术。

3.2.3 PA 的 IEC1158-2 传输技术

1．IEC1158-2 传输技术的特点

IEC1158-2 传输技术能满足化工、石化等工业对环境的要求，可保证本质安全性和现场设备通过总线供电。这是一种位同步协议，可进行无电流的连续传输，通常称为 H1，采用曼彻斯特编码，能进行本质及非本质安全操作；每段只有一个电源作为供电装置，当站收发信息时，不向总线供电。具体特性如下。

1）数据传输。数字式、位同步、曼彻斯特编码。

2）传输速率。通信速率为 31.25kbit/s，与系统结构和总线长度无关。

3）数据可靠性。前同步信号，采用起始和终止限定符，以避免误差。

4）传输介质。可以采用屏蔽双绞线电缆，也可以采用非屏蔽式双绞线电缆。

5）远程电源供电。为可选附件，可通过数据总线供电。

6）防爆型。能进行本征及非本征安全操作。

7）站点数。每段最多有 32 个站；使用中继器最多可到 127 个站。

8）拓扑结构。采用总线型、树形或混合型网络拓扑结构。

2．PA 总线结构

PA 总线电缆的终端各有一个无源 RC 线路终端器，PA 总线的结构如图 3-11 所示。一个 PA 总线上最多可连接 32 个站点，总线的最大长度取决于电源、传输介质的类型和总线站点的电流消耗。

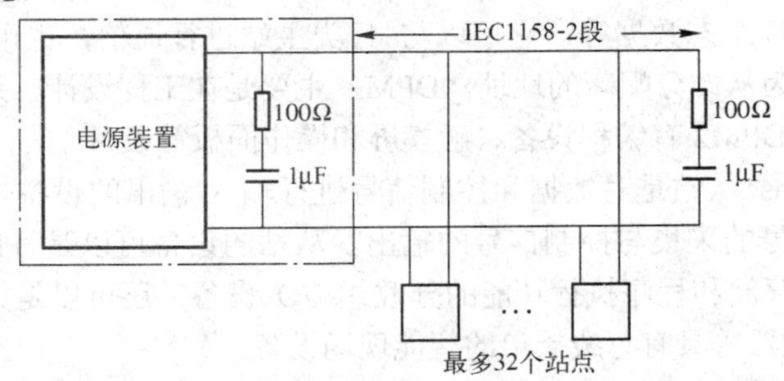

图 3-11　PA 总线的结构

3.3 Profibus 控制系统的配置

Profibus 网络的硬件由主站、从站、网络部件和网络工具等组成。其中网络部件包括通信介质（例如电缆、光缆等）、总线连接器（例如中继器、RS-485 总线连接器等），以及用于连接串行通信、以太网、传感器/执行器接口（Actuator Sensor Interface，AS-I）、电气安装总线（Electrical Installation Bus，EIB）等网络系统的网络转换器。网络工具包括 Profibus 网络配置、诊断的软件与硬件，用于网络的安装与调试。

1．现场设备的分类

（1）根据现场设备是否具有 Profibus 接口划分

根据现场设备是否具有 Profibus 接口，可对现场设备进行如下分类。

1）现场设备不具备 Profibus 接口。采用分布式 I/O 作为现场设备与总线连接的接口，这种形式在应用现场总线技术初期容易推广。目前多数国产现场设备不具有现场总线通信的能力，不能直接接入现场总线系统。例如对于企业现有设备进行技术改造，由于系统大量采用非智能仪表和执行机构，全面更换或者更新设备造价太高，所以可以采用远程 I/O 作为总线接口，将现役的非智能输入、输出设备信号与远程 I/O 相连，将远程 I/O 通过现场总线与中央控制器相连；如果现场设备能分组，组内设备又相对集中，选用这种模式就能更好地发挥现场总线技术的优点。

2）部分现场设备具有 Profibus 接口。这是目前现场总线系统中普遍存在的形式，系统可以采用具有 Profibus 接口的现场设备与分布式 I/O 混合使用的办法。

3）现场设备都有 Profibus 接口。这是一种理想状况，可以使现场设备直接通过 Profibus 接口接入现场总线系统，从而形成完全的分布式结构。但采用这种方案，设备和系统成本都会增高。

无论是旧系统改造还是新建项目，全部使用具备 Profibus 接口的现场设备的场合都可能不多，因此，将分布式 I/O 作为通用的现场总线接口，是一种灵活的系统集成方案。

（2）根据现场设备在控制系统中所分工的作用划分

根据现场设备在控制系统中所起的作用不同，可进行如下分类。

1）1 类主站（DPM1）设备。1 类主站（DPM1）是中央控制器，完成总线通信控制、管理及周期性数据访问。无论 Profibus 的网络采用何种结构，1 类主站都是系统必需的。比较典型的 DPM1 有 PLC、PC、支持主站功能的各种通信处理器模块等设备。

2）2 类主站（DPM2）。2 类主站（DPM2）完成非周期性数据访问，如数据读写、系统配置、故障诊断及管理组态数据等，它可以与 1 类主站进行通信，也可以与从站进行输入/输出数据的通信，并为从站分配新的地址。DPM2 主要是在工程设计、系统组态或操作设备时使用，比较典型的 DPM2 有编程设备、触摸屏和操作面板等设备。

3）从站。Profibus 从站是对数据和控制信号进行输入/输出的设备。从站在主站的控制下，进行现场输入信号的采集与控制信号的输出。从站的设备可以是 PLC 一类的控制器，也可以是不具有程序存储和程序执行功能的分散式 I/O 设备，还可以是如 SITRANS 现场仪表、MicroMaster 变频器等具有总线接口的智能现场设备。

2．Profibus 控制系统的配置形式

根据实际应用需要，Profibus 控制系统的配置可分为以下几种结构类型。

1）PLC 或其他控制器作为 1 类主站，不设监控站。在这种结构类型中，在调试阶段需要配置一台编程设备，PLC 或其他控制器完成总线通信管理、从站数据读写、从站远程参数化工作。

2）以 PLC 或其他控制器作为 1 类主站，监控器通过串口与 PLC 连接。在这种结构类型中，监控站不是 2 类主站，不能直接读取从站数据和完成远程参数化工作。监控站所需数据只能从 PLC 控制器中读取。

3）以 PLC 或其他控制器作为 1 类主站，将监控站连接在 Profibus 总线上。在这种结构类型中，监控站作为 2 类主站运行，可完成远程编程、参数设置及在线监控功能。

4）使用 PC+Profibus 网卡作为 1 类主站。在这种结构类型中，PC 既作为主站又作为监控站，是个低成本的配置方案；但需要选用具有高可靠性、能长时间连续运行的工业级

PC，因为一旦 PC 发生故障，将会导致整个系统瘫痪。

5）工业控制 PC +Profibus 网卡+SoftPLC。SoftPLC 是一种软件产品，可以将通用型 PC 改造成一台由软件实现的 PLC；将 PLC 的编程功能、应用程序运行功能、操作员监控站的图形监控开发功能都集成到一台 PC 上，形成 PLC 与监控站于一体的控制器工作站。

3. 混合系统的构建

（1）DP 与 PA 的连接

用耦合器转换协议如图 3-12 所示。采用 DP/PA 耦合器可将两段不同协议的总线互连。DP 网段的传输速率可变，而 PA 网段的传输速率为固定值 31.25kbit/s。DP/PA 耦合器用于在 DP 与 PA 之间传递物理信号，适用于简单网络与运行时间要求不高的场合，分为两种类型，即非本质安全型和本质安全型。

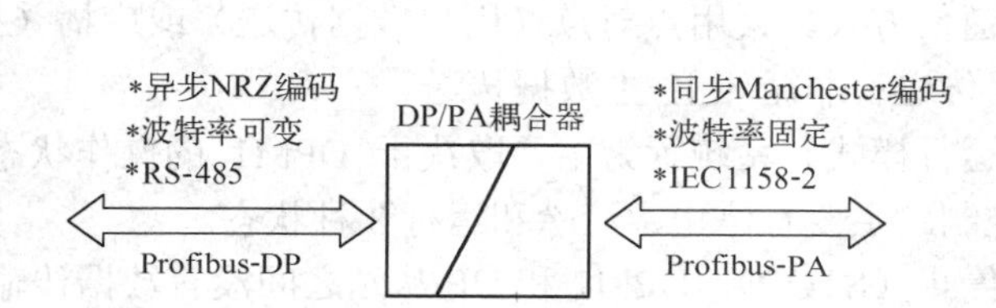

图 3-12　用耦合器转换协议

PA 现场设备还可以通过 DP/PA 链路设备连接到 DP 网络上。DP/PA 链路设备应用在大型网络时，依赖网络复杂程度和处理时间要求的不同，会有不止一个链路设备连接到 DP。DP/PA 链路设备既作为 DP 网段的从站又作为 PA 网段的主站，与耦合网络上的所有数据通信；这意味着在不影响 DP 性能的情况下，DP/PA 链路设备将 DP 和 PA 结合起来，由于每个链路设备可以连接多台设备，而链路设备只占用 DP 的一个站地址，因此使整个网络所能容纳的设备数量大大增加。

（2）DP 和 FMS 的混合

前已述及，Profibus-DP 和 Profibus-FMS 使用相同的传输技术和总线存取协议，不同的应用功能是通过第 2 层不同的服务访问点分开的。因此，DP 与 FMS 这两个协议既可以在同一条总线上进行混合操作（如图 3-13 所示），也可以在同一台设备上执行。

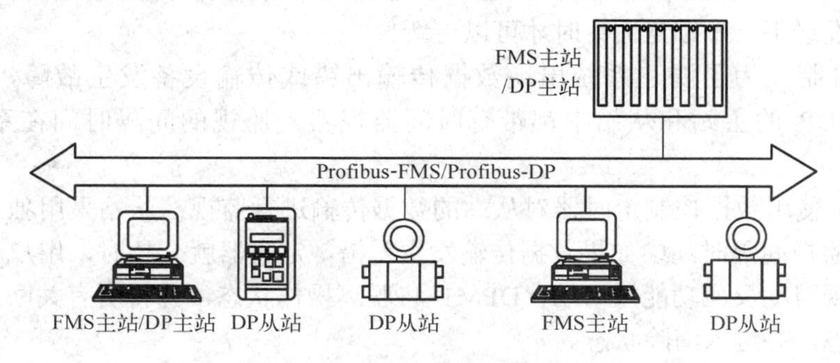

图 3-13　DP 与 FMS 的混合操作

3.4 Profibus-DP 控制系统

3.4.1 Profibus-DP 的基本性能

主设备周期地读取从设备的输入信息，并周期地向从设备发送输出信息，总线循环时间必须要比主站程序循环时间短。除周期性用户数据传输外，Profibus-DP 还提供了智能化现场设备所需的非周期性通信，以进行组态、诊断和报警处理。

现将 Profibus-DP 的基本性能总结如下。

1）传输技术。可选用 RS-485 双绞线或光缆，波特率从 9.6kbit/s～12Mbit/s。

2）总线存取。各主站间为令牌传递，主站与从站间为主从传送；支持单主或多主系统；总线上最多站点（主-从设备）数为 127。

3）通信方式。采用点对点（用户数据传送）或广播（控制指令）方式通信；循环主-从用户数据传送和非循环主-主数据传送。

4）运行模式。系统行为主要取决于 DPM1 的操作状态，这些状态由本地或总线的配置设备所控制。主要有停止、清除和运行 3 种状态。

① 停止（STOP）。DPM1 和 DP 从站之间没有数据传输。

② 清除（CLEAR）。DPM1 读取 DP 从站的输入信息，并使从站的输出信息保持在故障安全状态。

③ 运行（OPEARATE）。DPM1 处于数据传输阶段，DPM1 从 DP 从站读取输入信息，并向从站写入输出信息。

DPM1 和 DP 从站之间的数据传输分为参数设定、组态配置和数据交换 3 个阶段。首先是 DPM1 通过现行总线参数、监控时间等参数对从站进行参数化，然后 DPM1 对从站所需配置和现行配置进行比较，只有当设备类型、数据格式、长度以及输入/输出数量与实际组态一致时，DP 从站才进入用户数据交换阶段。

5）同步和锁定模式。主站发送同步命令后，所选的从站进入同步模式，将所编址的从站输出数据锁定在当前状态下；在这之后的用户数据传输周期中，从站存储接收到输出的数据，但它的输出状态保持不变；当接收到下一同步命令时，将所存储的输出数据发送到外围设备上。锁定控制命令使得编址的从站进入锁定模式，将从站的输入数据锁定在当前状态下，直到主站发送下一个锁定命令时才可以更新。

6）保护机制。为了防止系统出现数据传输出错或传输设备发生故障，保证系统安全可靠运行，DP 的主站和从站中都带有时间监视器，监视的间隔时间在系统组态时可以确定。

DP 主站上使用数据控制定时器对从站的数据传输进行监视；从站采用独立的控制定时器，在规定的监视间隔时间中如果数据传输发生差错，定时器就会超时，用户就会得到这个消息；如果错误自动反应功能被启动，DPM1 将脱离操作状态，并将所有关联从站的输出置于故障安全状态，并进入清除状态。

DP 从站使用看门狗控制器检查主站和传输线路的故障，如果在一定的时间间隔中没有发现主站的通信信息，则从站将其输出进入故障安全状态。

7）诊断功能。经过扩展的 Profibus-DP 诊断功能是对故障进行快速定位，诊断信息在总线上传输并由主站采集。诊断信息分为以下 3 级。

① 站诊断信息。表示本站设备的一般运行状态，如温度过高、压力过低。

② 模块诊断信息。表示设备中相关模块的信息，如输入、输出模块故障。

③ 通道诊断信息。表示一个单独输入位或输出位的故障，如输出通道 1 短路。

由 Profibus-DP 构成的系统可分为单主站系统和多主站系统。单主站系统是指在总线系统的运行阶段，只有一个活动主站（如图 3-4 所示），从站通过传输介质分散地与主站连接，这种系统能获得最短的循环时间。多主站系统是指总线上连接有若干个主站，这些主站与各自从站构成相互独立的子系统；每个子系统包括一个 DPM1、指定的若干从站及可能的 DPM2 设备（如图 3-3 所示）；任何一个主站均可读取 DP 从站的输入、输出映像，但只有一个 DP 主站允许对 DP 从站写入数据；多主站系统的总线循环时间比单主站系统要长些。

3.4.2 GSD 文件

1．GSD 文件简介

GSD 文件用来描述 Profibus-DP 设备的特性。为了将不同厂商生产的 Profibus 产品集成在一起，生产厂商必须为其产品提供电子设备数据库文件，即 GSD 文件。该文件对 Profibus 设备的特性（诸如波特率、信息长度和诊断信息等）进行了详细说明；标准化的 GSD 数据将通信扩大到操作员控制级；使用基于 GSD 的组态工具，可将不同厂商生产的设备集成在同一总线系统中，既操作简单又界面友好。

2．GSD 文件的组成

GSD 文件包含通信通用的和设备专用的规范，其文件结构可以分为以下 3 个部分。

1）一般规范。这部分包括制造商的信息、设备的名称、硬件和软件的版本状况、所支持的传输速率、可能的监视时间间隔以及在总线连接器上的信号分配等。

2）与 DP 主站有关的规范。这部分包含所有与主站有关的参数，如最大可连接的从站个数、上装和下载选项等。这部分内容不能用于从站设备。

3）与 DP 从站有关的规范。这部分包括与从站有关的信息，如输入/输出通道的数量和类型、中断测试的规范、输入/输出数据一致性的信息等。

3．GSD 文件格式

GSD 是可读的 ASCII 文本文件，可以用任何一种 ASCII 编辑器编辑（如记事本、UltraEdit 等），也可使用 Profibus 用户组织提供的编辑程序（GSDEdit）编辑。GSD 文件由若干行组成，每行都用一个关键字开头，包括关键字及参数（无符号数或字符串）两部分。借助于关键字，组态工具从 GSD 读取用于设备组态的设备标识、可调整的参数、相应的数据类型和所允许的界限值。GSD 文件中的关键字有些是强制性的，例如 VendorName，有些关键字是可选的，例如 SyncMode Supp。GSD 代替了传统的手册，并在组态期间支持对输入错误及数据一致性的自动检查。

如下是一个 GSD 文件的例子。

```
#Profibus DP                          ; DP 设备的 GSD 文件均以此关键词存在
GSD Revision=1                        ; GSD 文件版本
VendorName="Meglev"                   ; 设备制造商
Model Name="DP Slave"                 ; DP 设备类型
Revision="Version 01"                 ; DP 设备版本号
⋮
EndModule
```

通过读 GSD 到组态程序中，用户可以获得最适合使用的设备的专用通信特性。为了支持设备商，Profibus 网站上有专用的 GSD 编辑/检查程序可供下载，便于用户创建和检查 GSD 文件，也有专用的 GSD 文件库供相关设备的用户下载使用。

3.4.3 Profibus-DP 系统工作过程

Profibus-DP 系统从上电启动到进入数据交换的正常工作状态，可分为 4 个阶段。

1．主站和从站的初始化

系统上电后，主站和从站进入 Offline 状态进行自检。主站需要加载总线参数集、从站需要加载相应的诊断数据等信息。在初始化完成以后，主站开始监听总线令牌，从站开始等待主站对其设置参数。

2．令牌环的建立

主站准备好进入总线令牌环，处于听令牌状态。在一定时间内，主站如果没有听到总线上有信号传递，就开始自己生成令牌并初始化令牌环；然后该主站对全体可能的主站地址进行一次状态询问，根据收到应答的结果确定 LAS 和本站所管辖站地址范围 GAP。GAP 是指从本站地址（This Station，TS）到令牌环中的后继站地址（NS）之间的地址范围，LAS 的形成标志着逻辑令牌初始化的完成。

3．主站与从站通信的初始化

在主站与 DP 从站交换用户数据之前，必须设置 DP 从站的参数并配置从站的通信接口。为此主站先检查 DP 从站是否在总线上，如果在，DP 主站就通过请求从站的诊断数据来检查从站的准备情况；DP 从站如果回应已准备就绪，则主站给从站设置参数数据，并检查通信接口的配置，从站将分别给予确认；收到从站的确认回答后，主站再请求从站诊断数据，以查明从站是否准备好进行用户数据交换。只有这些工作正确完成以后，DP 主站才会循环地与从站交换用户数据。主从站通信初始化流程如图 3-14 所示。

在主从站通信初始化过程中，实际上交换了参数数据、通信接口配置数据以及诊断数据，这 3 种数据的交换过程如图 3-15 所示。将这 3 种数据说明如下。

（1）参数数据（Set_Prm）

参数数据包括预先给 DP 从站的一些本地、全局参数以及一些特征和功能。参数报文的长度不超过 244B，重要的参数包括状态参数、看门狗定时器参数、从站制造商的标识符、从站分组及用户定义的从站参数等。

（2）通信接口配置数据（Chk_Cfg）

DP 从站使用标识符来描述输入/输出数据。标识符规定了在用户数据交换时输入/输出字节或字的长度以及数据的一致刷新要求。在检查通信接口配置时 DP 主站发送标识符给从站，以检查从站中实际存在的输入/输出区域是否与标识符所设定的一致。如果检查通过，则进入主从用户数据交换阶段。

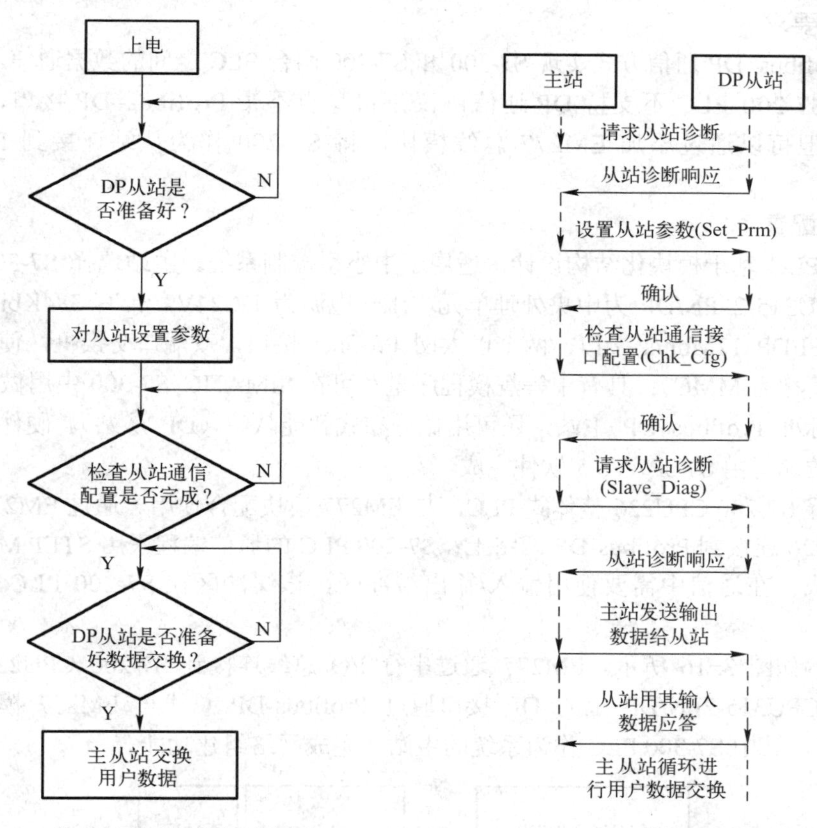

图 3-14　主从站通信初始化流程图　　　　图 3-15　三种数据交换过程

（3）诊断数据（Slave_Diag）

在启动阶段，DP 主站使用诊断请求报文来检查是否存在 DP 从站和从站是否准备接收参数报文。从站提交的诊断数据包括符合 EN50170 标准的诊断部分以及该从站专用的外部诊断信息。DP 从站发送诊断信息告知主站它的运行状态、出错时间以及出错原因等。

4．交换用户数据通信

当 DP 从站发送诊断数据报告主站已做好循环交换用户数据准备时，DP 主从站进入循环交换用户数据阶段。在交换用户数据期间，DP 从站只响应对其设置参数和通信接口配置检查正确的主站发来的用户数据（Data_Exchange）请求帧报文，主从站可以双向交换最多 244 个字节的用户数据。在此阶段，如果从站出现故障或其他诊断信息，就会中断正常的用户数据交换；DP 从站使用将应答时的报文服务级别从低优先级改变为高优先级来告知主站，当前有诊断报文中断或其他状态信息；然后 DP 主站发出诊断请求，请求从站的实际诊断报文或状态信息；处理后，DP 从站和主站返回到交换用户数据状态。

3.5 S7-300 与 S7-200 PLC 之间的 Profibus-DP 通信

1．控制要求

采用 Profibus- DP 通信方式实现 S7-300 和 S7-200 两台 PLC 之间的数据通信。

分析：S7-200 PLC 不支持 DP 通信协议，自身也不带 Profibus–DP 接口，不能直接作为从站，但可以通过添加 EM277 总线模块，将 S7-200 作为从站连接到 Profibus-DP 网络中。

2．设备配置

S7-300 PLC 基于模块化结构设计，适用于中小型控制系统。主站选择 S7-300 CPU315-2PN/DP。CPU315-2 PN/DP 为中央处理单元，工作电源为 DC24V，带有 384Kbite 工作存储器，一个 MPI/DP 12Mbit/s 接口，两个以太网 Profinet 接口，双端口交换机，使用时需要微型存储卡（简称为 MMC）；具有中等规模程序量，可在 SIMATIC S7-300 中用做 Profinet IO 控制器以及标准 Profibus DP 主站，还可用做分布式智能从站（DP 从站）。硬件组态、参数配置及程序的编写由 STEP7 V5.5 软件完成。

从站选择 S7-200 CPU226 整体式 PLC，与 EM277 模块配合使用。通过 EM277 模块可将 S7-200 CPU226 连接到 Profibus-DP 网络上；S7-200 PLC 的通信编程采用 STEP Micro/Win 4.0 SP5 软件完成；在通信中需要使用输入/输出缓冲区，该缓冲区在 S7-200 PLC 的变量存储器 V 中。

系统结构如图 3-16 所示。EM277 通过串行 I/O 总线连接到 S7-200 CPU226 的扩展口上，S7-300 CPU315-2PN/DP 上的 DP 接口通过 Profibus-DP 总线与 EM277 模块相连构成 Profibus 网络，其中 S7-300 PLC 作为系统的主站，完成网络组建功能。

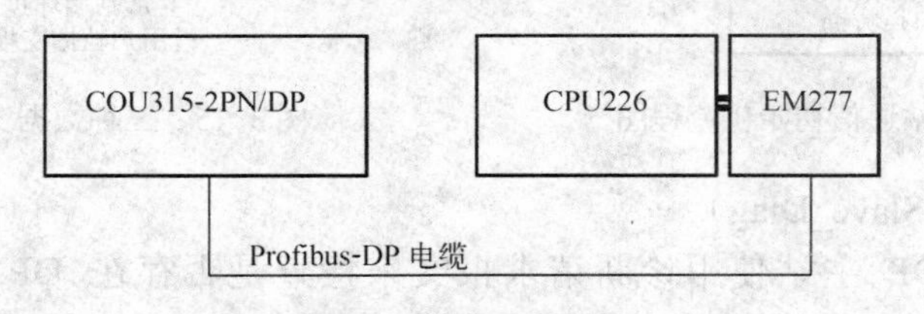

图 3-16　系统结构图

EM277 模块是智能模块，其 RS-485 接口是隔离型的，端口波特率为 9.6kbit/s～12Mbit/s，能自适应系统的通信速率。作为 DP 从站，EM277 接受来自主站的 I/O 组态，向主站发送和接收数据；主站可以读写 S7-200 PLC 的 V 存储区，每次可以与 EM277 交换 1～128B。

3．从站的设置

Profibus-DP 的所有组态工作由主站完成，不需要在 S7-200 PLC 一侧对 Profibus-DP 通信组态和编程，只需将要进行通信的数据整理并存放在主站组态时为其指定的 V 存储区地址里即可。在从站方面，主要是设置从站设备的硬件地址，该地址必须与主站中的组态地址相匹配。具体设置步骤如下。

1）关闭模块的电源。

2）在 EM277 模块上设置已经定义的 Profibus-DP 地址，如图 3-17 所示。假设主站组态时将从站地址设为“5”，则转动图 3-17 的箭头的地址开关，使箭头指向从站所需的数字“5”。

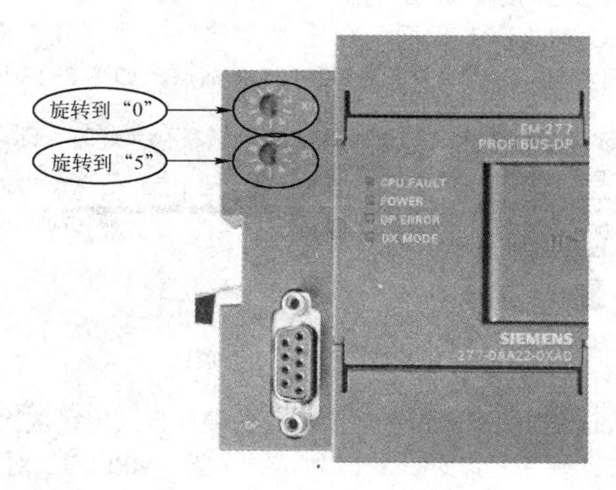

图 3-17　设置已经定义的 Profibus-DP 地址

3）打开模块电源。只有在重新打开电源之后，系统才能识别新设置的 Profibus-DP 从站地址。

4．主站的硬件组态

（1）有关硬件组态

运行 Profibus 系统之前，需要先对系统及各站点进行硬件配置和相关参数设置，即对系统进行硬件组态。这项工作可以由 Step7 编程软件实现，该软件集成了 Profibus 系统中主要设备的所有 Profibus 通信功能，可完成以下工作。

1）在 Step7 编程软件中生成一个与实际的硬件系统完全相同的系统，包括生成机架和模块、CPU 型号/参数设置、网络参数配置、远程从站硬件配置、模块的地址分配、主-从站进行数据传输时的输入/输出字（或字节）数及通信映像区地址、系统故障模式设定等内容。

2）设置系统诊断。通过设置系统诊断，可以实现在线检测系统并找到故障点，读到故障的提示信息，通过以下两种方式进行信息显示。

① 快速浏览 CPU 的数据和用户编写的程序在运行中的故障原因。

② 用图形方式显示硬件配置。例如，显示模块的一般信息和模块的状态、显示模块故障、显示诊断缓冲区的信息等。

CPU 也可以显示循环周期、已占用和未占用的存储区、通信的容量和利用率及显示性能数据等众多信息。

3）第三方设备集成及 GSD 文件。当 Profibus 系统中需要使用第三方设备时，应该得到设备厂商提供的 GSD 文件。将 GSD 文件 Copy 到 Step7 或 COM Profibus 软件指定目录下，使用 Step7 或 COM Profibus 软件可在友好的界面指导下完成第三方产品在系统中的配置及参数设置等工作。

（2）硬件组态的操作过程

此处要完成的任务是对S7-300 PLC和通信模块EM277构成的系统进行硬件配置、参数设置，然后在主站和从站之间组态通信数据。

1）进入SIMATIC Manager界面，单击“文件”→“新建”菜单项，创建新项目“S7200-DP”，在新项目中插入一个CPU 315-2PN/DP站点，如图3-18所示。

图3-18　创建一个新项目

2）打开“HW Config”编辑器，在界面右边的硬件目录中，依次查找，并插入机架、CPU315-2 PN/DP PLC，硬件配置如图3-19所示。设置“MPI/DP”对象属性，如图3-20所示，将CPU连接到Profibus网络中。

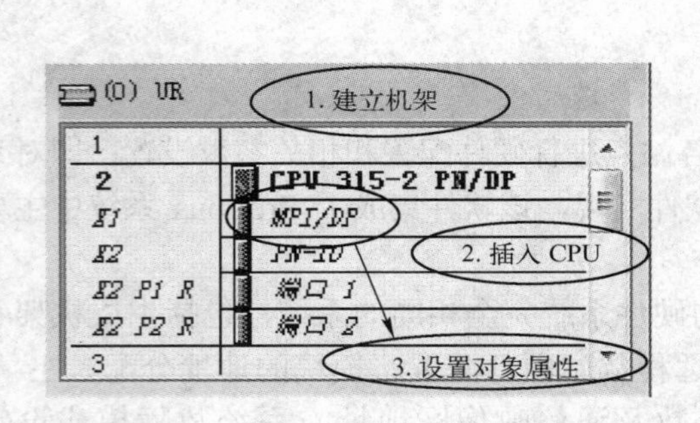

图3-19　硬件配置

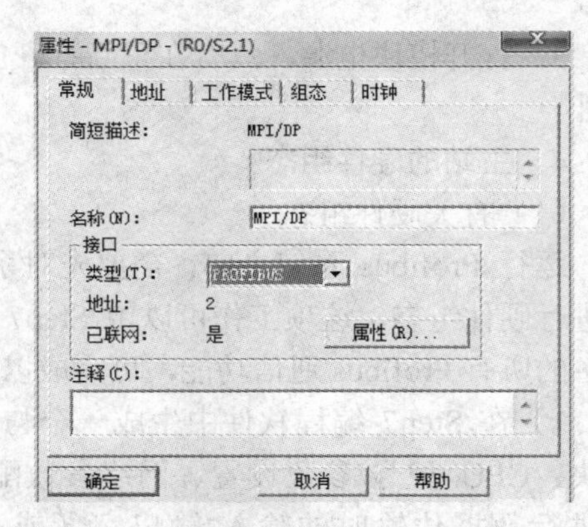

图3-20　设置“MPI/DP”对象属性

3）安装GSD文件。如图3-21所示，进入“选项”→“安装GSD文件”，弹出图3-22所示的对话框。

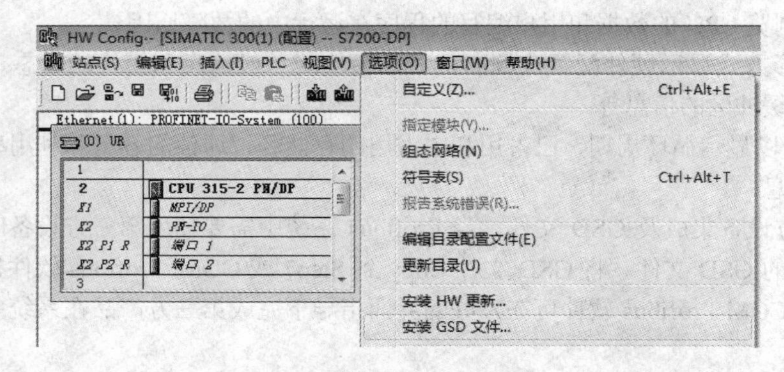

图3-21　安装GSD文件1

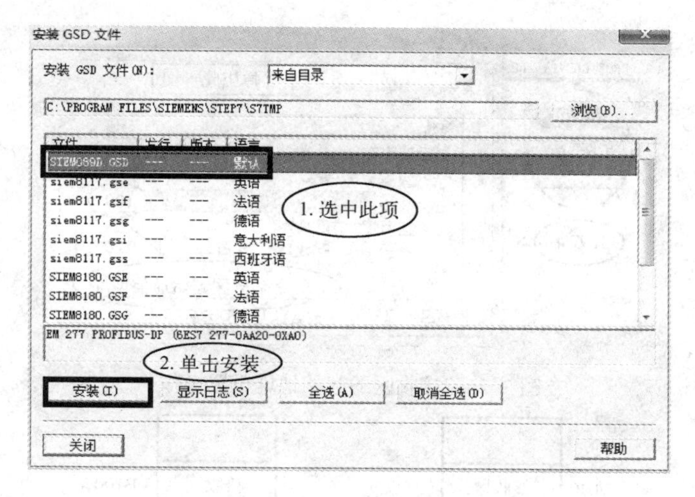

图 3-22　安装 GSD 文件 2

EM277 模块的 GSD 文件名为 SIEM089D.GSD。Step7 编程软件在默认情况下，硬件目录中是不包含此硬件的，可以通过西门子官网或其他 SIMATIC 客户支持网站下载。通过 GSD 文件将 EM277 集成到 STEP7 软件的硬件目录下，以便下一步对从站进行组态。

4）如果将 GSD 文件安装成功，则在“HW Config”界面的右侧设备“目录”中可以找到 EM277 模块信息。操作步骤如图 3-23 所示，将 EM277 模块添加到 Profibus-DP 网段，然后设置该从站地址，地址要与实际 EM277 上的拨码开关设定的地址值一致（根据前面 EM277 上的拨位开关设定的从站地址，组态地址设为“5”；根据系统需要的通信字节数，选择通信方式，例如操作步骤 2 中选择“2B 入/2B 出”的数据交换方式。图 3-24 为配置完成的系统硬件组态图。

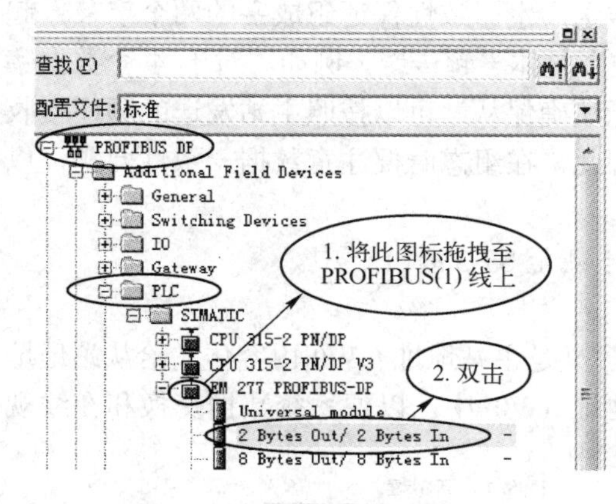

图 3-23　选择 EM277 的通信方式

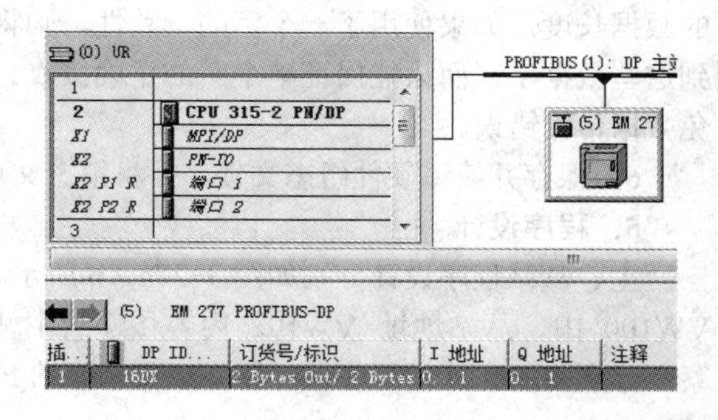

图 3-24　配置完成的系统硬件组态图

5）要完成主站和从站之间的数据通信，需要在通信两端为接收和发送数据定义变量存储区地址。本系统接收和发送数据各定义了两个字节长度，根据图 3-24 所示，S7-300 PLC 的数据接收区地址为 IB0、IB1，发送区地址为 QB0、QB1；如果设定 S7-200 PLC 的数据接收区地址为 VB100、VB101，发送区地址为 VB102、VB103，则其地址设置操作如图 3-25 所示。系统数据的交换情况如图 3-26 所示。

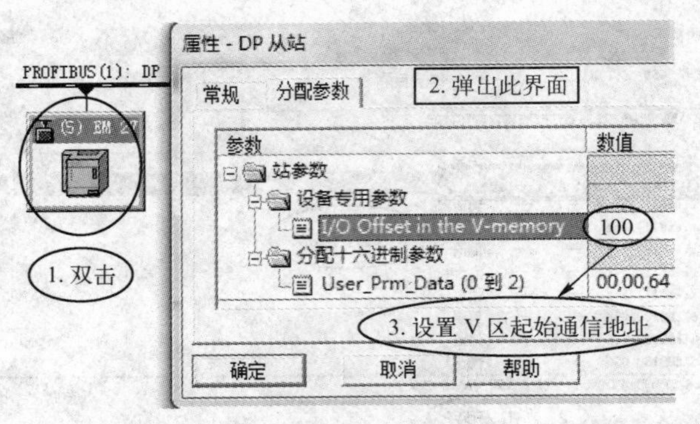

图 3-25　接收区的起始地址设置操作

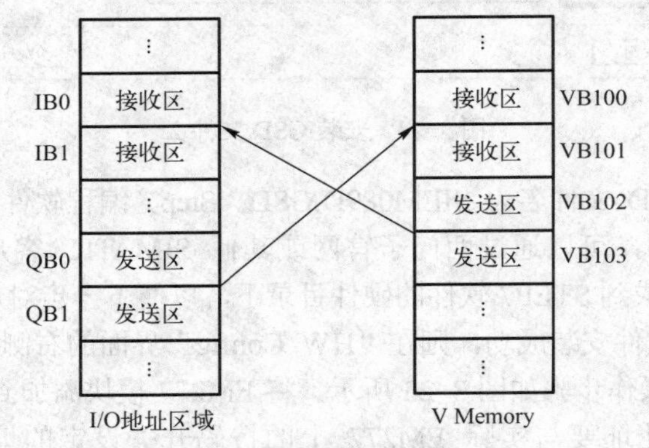

图 3-26　系统数据的交换情况

需要注意的是，在硬件组态时，要保持已指定数据通信所使用的数据类型的一致性。所谓数据的一致性是指在 Profibus-DP 数据传输时，数据的各个部分不会割裂开来传输，保证同时更新，即字节一致性保证字节作为整个单元传送，字一致性保证组成字的两个字节一起传送，缓冲区一致性保证数据的整个缓冲区作为一个整体一起传送。例如，对于 4 个数据字的数据长度，如果使用了一个字的一致性，则将无法确保从站可以按照主站发送的顺序接收到这些数据字，而只能保证单个字的正确接收。因此，在组态时要注意数据一致性问题，以免数据传输错误。

6）保存并编译硬件组态文件，并将组态文件下载至 S7-300 PLC 中。

5．程序设计

主、从站程序设计分别如图 3-27a、b 所示。含义是主站地址 QW0 内容传递给从站地址 VW100 中，从站地址 VW102 内容传递给主站地址 IW0 中，以便系统数据交换和在线观察；分别将主、从站程序保存和下载至相应的 PLC 中。

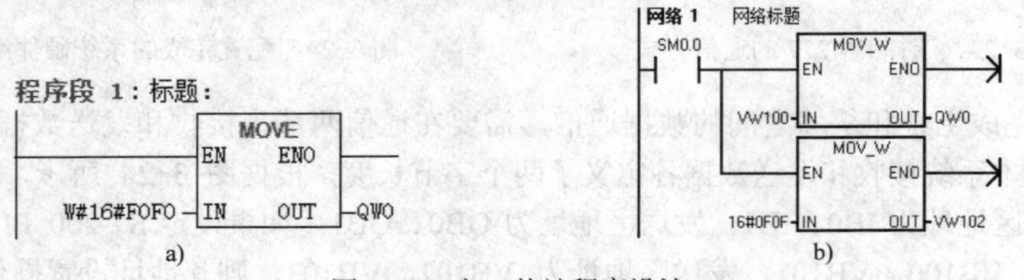

图 3-27　主、从站程序设计

a) 主站程序　b) 从站程序

6．系统联调

将系统投入运行，分别观察主从站变量的变化情况，如图 3-28a、b 所示。主站变量 IB0、IB1 接收来自从站 VB102、VB103 发送的值；从站变量 VB100、VB101 接收来自主站变量 QB0、QB1 发送的值。

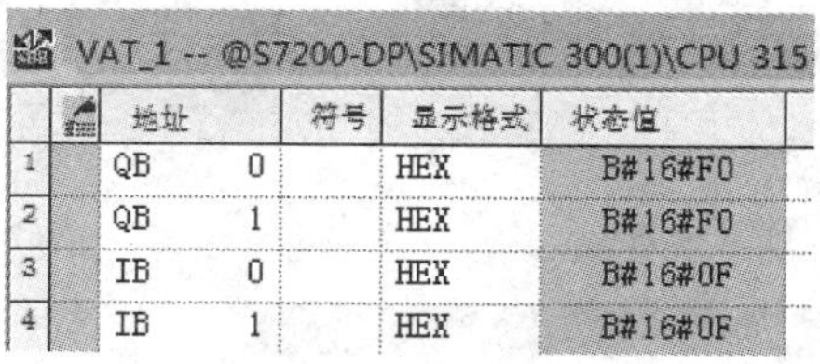

VAT_1 -- @S7200-DP\SIMATIC 300(1)\CPU 315

	地址		符号	显示格式	状态值
1	QB	0		HEX	B#16#F0
2	QB	1		HEX	B#16#F0
3	IB	0		HEX	B#16#0F
4	IB	1		HEX	B#16#0F

a)

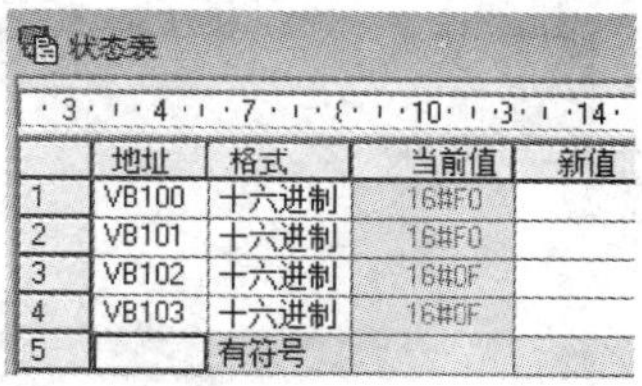

状态表

	地址	格式	当前值	新值
1	VB100	十六进制	16#F0	
2	VB101	十六进制	16#F0	
3	VB102	十六进制	16#0F	
4	VB103	十六进制	16#0F	
5		有符号		

b)

图 3-28　主从站变量观察

a) 主站变量观察　b) 从站变量观察

7．注意事项

1）在数据通信中，主从站发送的数据分别存储在各自的接收区中，必须将接收的数据“转移”到其他数据区，否则这些数据将在下一次数据发送时被覆盖。

2）在硬件组态中需要注意数据的一致性问题，以免数据传输混乱。

3.6　S7-300 与 S7-300 PLC 之间的 Profibus-DP 通信

1．控制要求

采用 Profibus-DP 通信方式，完成 S7-300 PLC 之间的信息交换和控制功能。要求如下。

1）主站控制从站电动机的运行和停止。

2）从站控制主站电动机的运行和停止。

3）按下起动按钮 3s 后电动机运行，同时电动机运行 5s 后停止，3s 后继续运行，如此循环。

2．控制系统硬件配置及结构图

根据系统控制要求，系统配置如下：CPU313C-2DP PLC 两台；PC 一台；PC/Adapter 编程电缆一根；Profibus-DP 通信电缆一根。

CPU313C-2DP PLC 是紧凑型 CPU，适合安装在分布式结构中，集成的数字量 I/O 可直接与过程系统相连接，Profibus DP 主站/从站接口允许连接独立的 I/O 单元，可以用来建立高速、易用的分布式自动化系统。系统结构如图 3-29 所示。

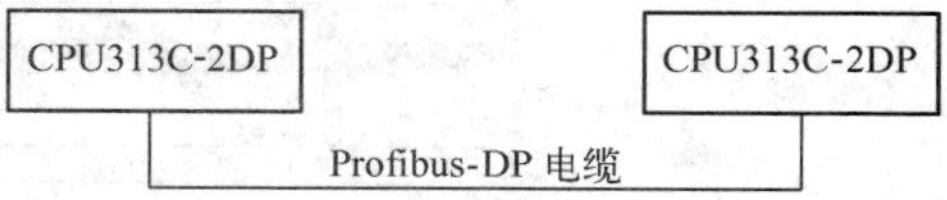

CPU313C-2DP　CPU313C-2DP

Profibus-DP 电缆

图 3-29　系统结构图

3．硬件组态

（1）新建项目

进入 SIMATIC Manager 界面，单击“文件”→“新建”菜单项，创建新项目“profibus”；然后单击“插入”→“站点”→“SIMATIC 300 Station”菜单项，插入两个 S7-300 站，分别命名 master 和 slave，建立项目如图 3-30 所示；然后分别组态主站和从站，在对两个 CPU 主从通信硬件组态时，原则上先组态从站。

（2）从站组态

在 SIMATIC Manager 对话框内，用鼠标双击“slave”图标，然后在右视窗内用鼠标双击“slave”图标，进入硬件组态窗口。在工具栏内单击工具打开硬件目录，进行机架的建立，如图3-31所示。

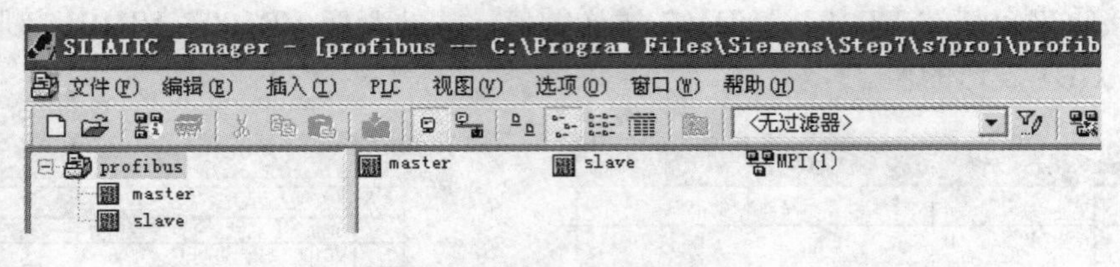

图3-30　建立项目

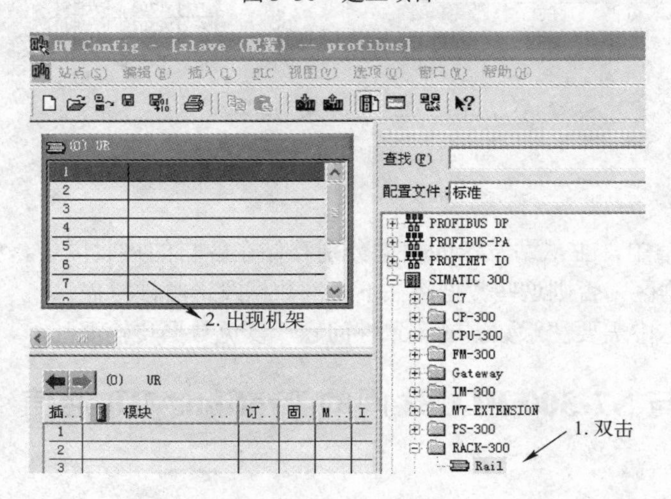

图3-31　建立机架

机架的1号插槽为电源模块，本系统中PLC采用外部开关电源供电，因此1号插槽不用，2号插槽为CPU模块，其配置步骤如图3-32所示。CPU313C-2DP PLC集成了16个数字量输入点，16个数字量输出点，系统分别为其配置了两个字节的输入地址IB124、IB125和两个字节的输出地址Q124、Q125。

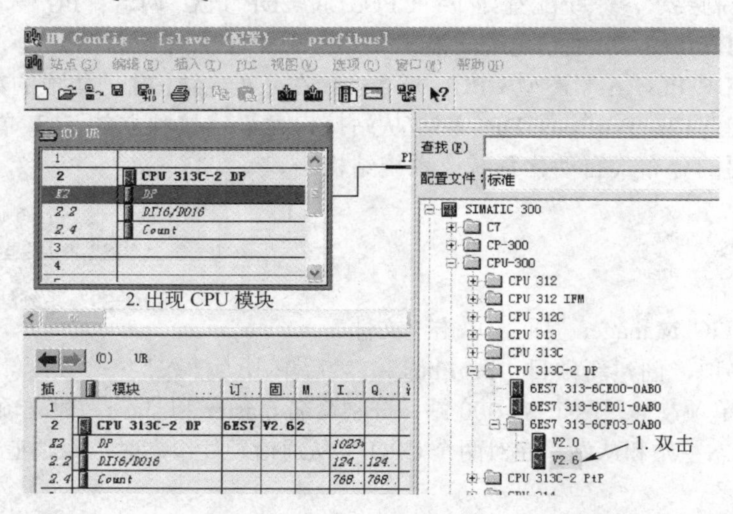

图3-32　CPU模块的配置步骤

如果需要为输入输出分配其他地址，例如（0...1），则按照图 3-33 操作，将输入/输出的“系统默认”前面的勾取消，并将开始地址改为 0，修改后界面如图 3-34 所示。

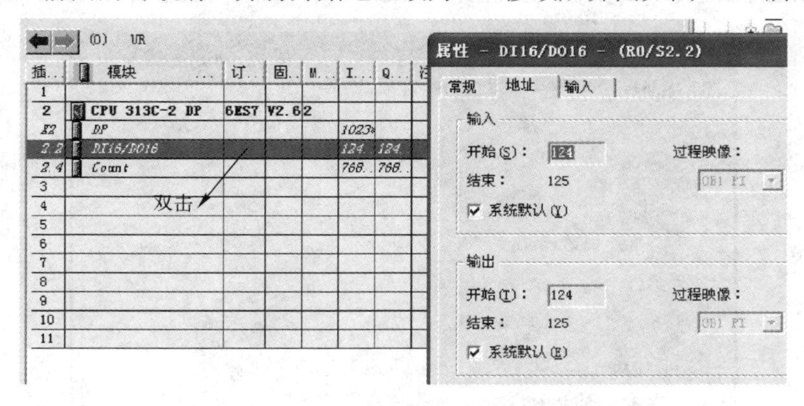

图 3-33　PLC 输入/输出地址的修改 1

插...	模块	订货号	固...	M...	I...	Q...	注释
1	PS 307 5A	6ES7 307-1EA00-0AA0					
2	CPU 313C-2 DP	6ES7 313-6CF03-0AB0	V2.6	2			
X2	DP				1023*		
2.2	DI16/DO16				0...1	0...1	
2.4	计数				768...	768...	
3							

图 3-34　PLC 输入/输出地址的修改 2

在往机架中插入 CPU 时，会同时弹出 Profibus 接口组态窗口，也可以在插入 CPU 后用鼠标双击 DP 插槽，打开 DP 属性，单击“属性”按钮，进入“属性-PROFIBUS”对话框，如图 3-35 所示。单击“新建”按钮新建 Profibus 网络，分配 Profibus 站地址，本系统将从站地址设为 3 号站；单击“属性”按钮组态网络属性，选择“网络设置”选项卡进行网络参数设置。

图 3-35　进入“属性-PROFIBUS”对话框

在从站组态时，需要设置从站的DP模式。用鼠标右键单击DP插槽，选中“对象属性”，出现属性对话框，然后选择“工作模式”选项卡，选中“DP从站”单选项，如图3-36所示。

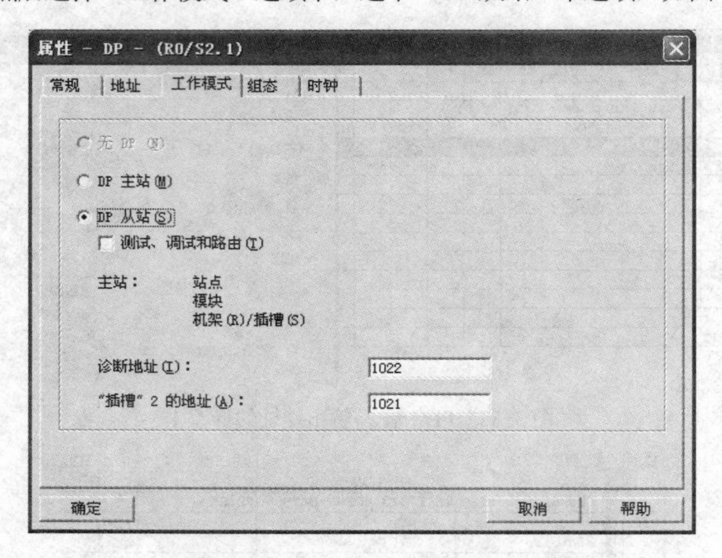

图3-36　选中“DP从站”单选项

在进入DP属性设置对话框中，选择“组态”选项卡，单击“新建”按钮，新建一行通信接口区，如图3-37所示，设置从站从主站接收一个字节的信息，字节地址为IB2。

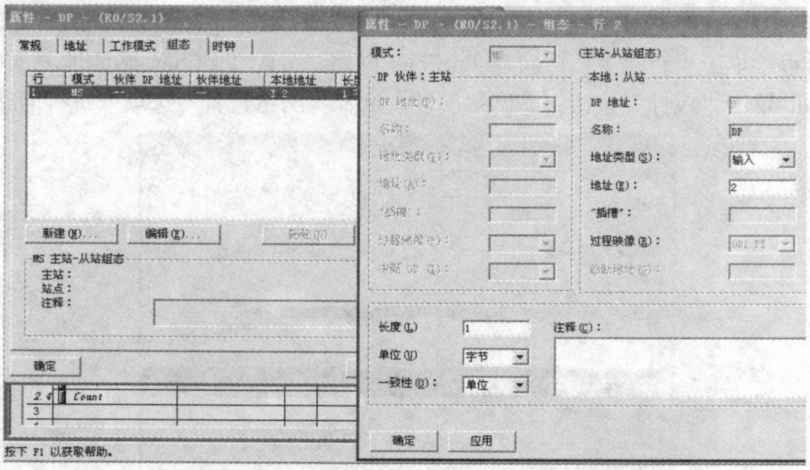

图3-37　新建一行通信接口区

再在“属性-DP”对话框中单击“新建”按钮，选择从站的地址类型为“输出”，地址为“3”，长度为“1”，建立QB3变量，以便从站给主站发送信息。从站“组态”完毕的接口通信情况如图3-38所示。

当从站组态完成后，单击“保存和编译”图标，对从站进行编译保存。若编译从站的时候出现“由于组态不一致而无法重新创建系统数据”的字样时，说明没有配置“属性-DP”设置对话框中“新建”通信接口。

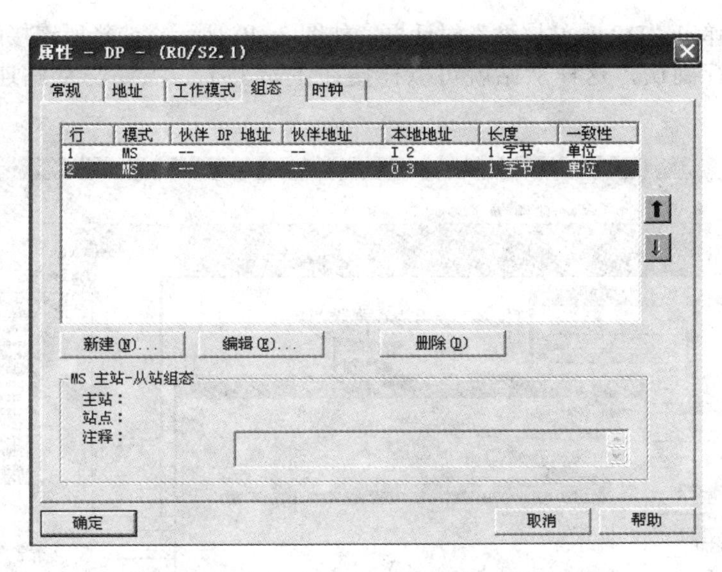

图 3-38　从站“组态”完毕的接口通信情况

（3）主站组态

完成从站的组态后，需要对主站进行组态。组态过程与从站基本相同，可参考从站的操作步骤。在完成基本硬件组态后，还需要对 DP 接口进行参数设置，本系统中将主站地址设置为 2，并选择与从站相同的 Profibus 网络 Profibus（1），波特率以及其他设置都要与从站相同，否则主站和从站不能实现通信。

在主站 DP 属性设置对话框中切换到“工作模式”选项卡，选择“DP 主站”选项，如图 3-39 所示。

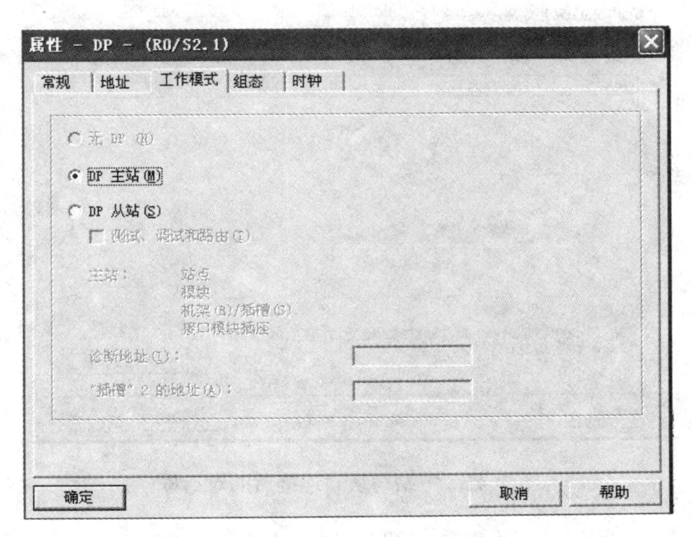

图 3-39　设置主站的 DP 模式

在硬件组态窗口中，打开菜单栏中的“视图”→“目录”，在“Profibus DP”下选择“Configured Station”文件夹，将“CPU 31X”拖到主站系统的 DP 接口的 Profibus（1）总线上，这时会同时弹出“DP 从站属性”对话框，如图 3-40 所示，选择所连接的从站后，单击“连接”按钮进行确认，这样从站就可以挂接在主站上了。主站与从站连接后的对话框如图 3-41 所示。

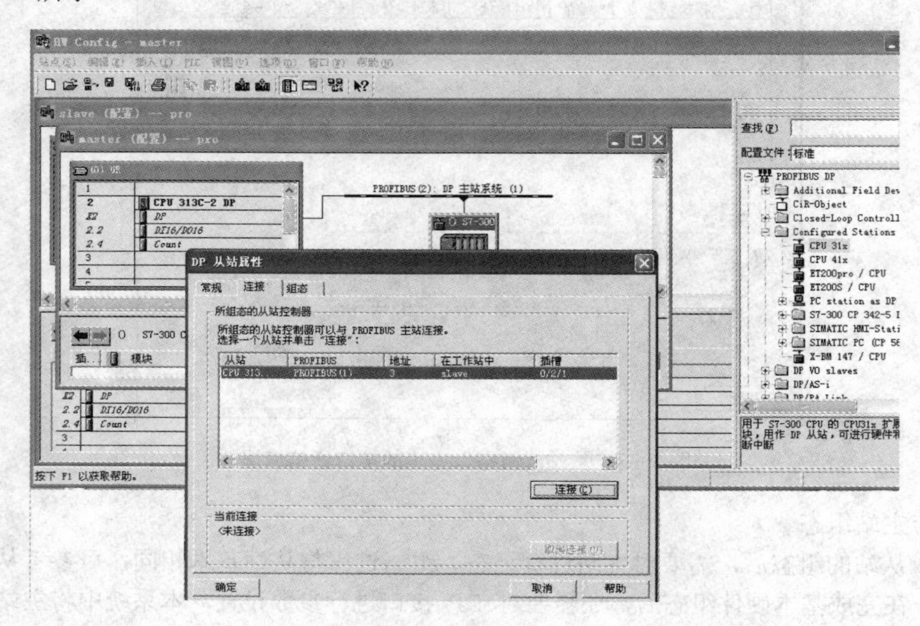

图 3-40 “DP 从站属性”对话框

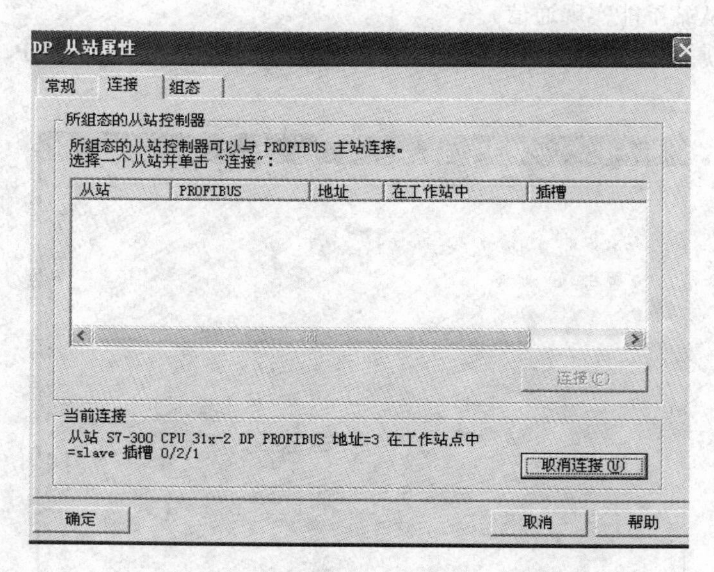

图 3-41 主站与从站连接后的对话框

连接完成后，单击“组态”选项卡，设置主站的通信接口区：将从站的输出区与主站的输入区相对应，从站的输入区与主站的输出区相对应；通信接口的设置如图 3-42 所示。图 3-43 为主从站组态完成的通信数据区。

当主从站硬件组态完成后分别将组态界面下载至对应的 PLC 中。

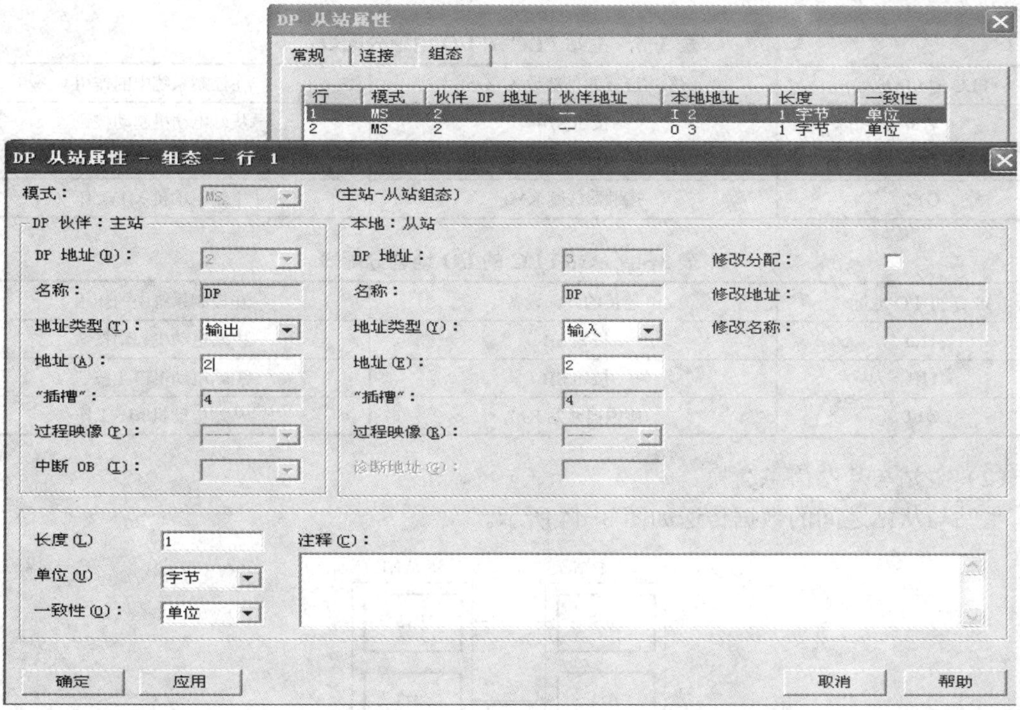

图 3-42　通信接口的设置

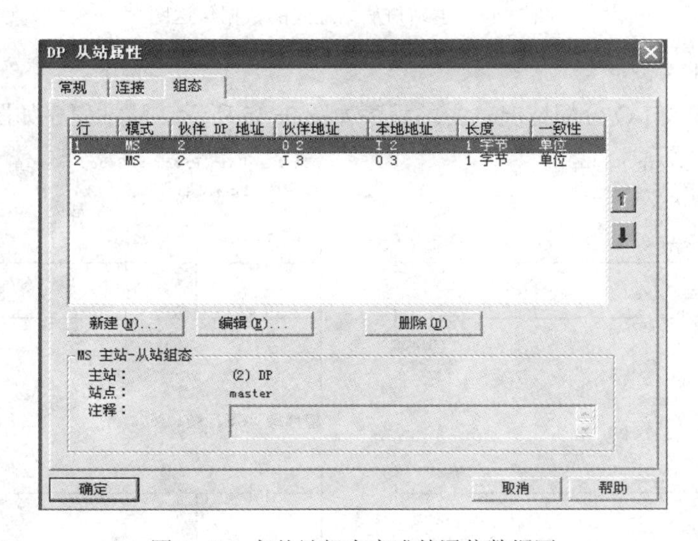

图 3-43　主从站组态完成的通信数据区

4. 程序设计

根据控制要求分别设计主站程序和从站程序。

(1) I/O 地址分配

主、从站 PLC 的 I/O 地址分配表分别如表 3-3 和表 3-4 所示。

表 3-3　主站 PLC 的 I/O 地址分配表

PLC 的 I/O 地址	连接的外部设备	在控制系统中的作用
I1.0	按钮 SB_1	从站电动机起动按钮
I1.1	按钮 SB_2	从站电动机停止按钮
Q1.0	接触器线圈 KM_1	主站电动机 M1 工作

表 3-4　从站 PLC 的 I/O 地址分配表

PLC 的 I/O 地址	连接的外部设备	在控制系统中的作用
I1.0	按钮 SB_3	主站电动机起动按钮
I1.1	按钮 SB_4	主站电动机停止按钮
Q1.0	接触器线圈 KM_2	从站电动机 M1 工作

（2）主站与从站信息交换

主站与从站之间的数据传送如图 3-44 所示。

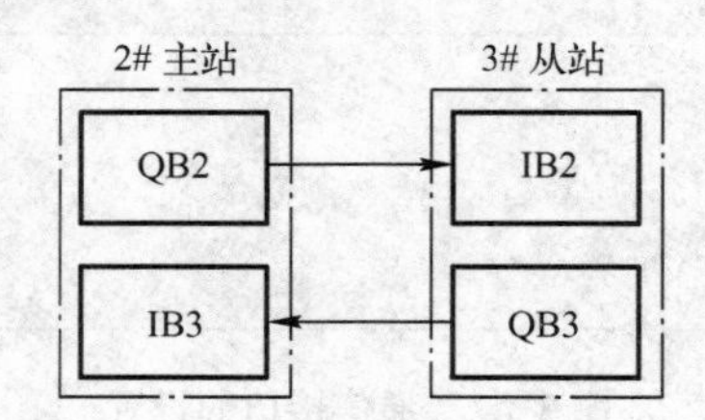

图 3-44　主站与从站之间的数据传送图

（3）程序设计

根据控制要求及 I/O 分配情况，主站程序如图 3-45 所示，从站程序如图 3-46 所示。

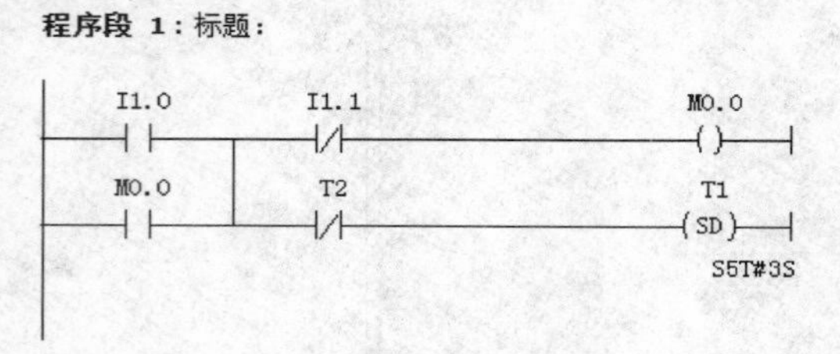

程序段 2：标题：

程序段 3：标题：

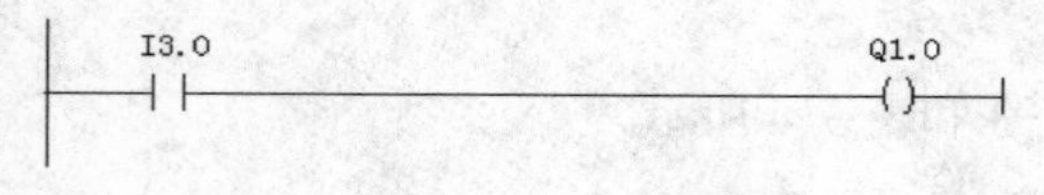

图 3-45　主站程序

OB1 : "Main Program Sweep (Cycle)"

程序段 1：标题：

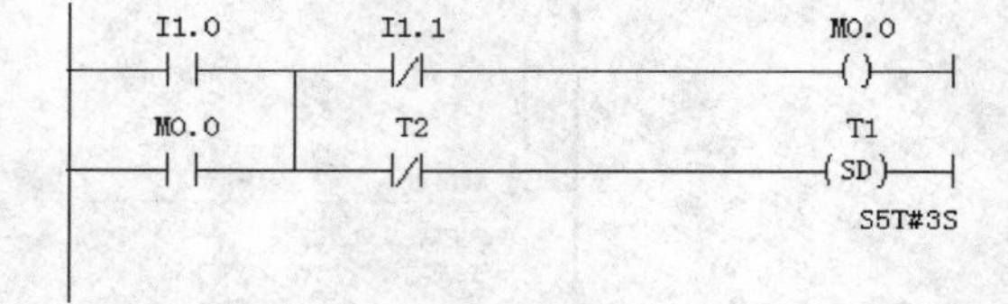

程序段 2：标题：

程序段 3：标题：

图 3-46　从站程序

3.7 Profibus 现场总线在液位控制系统中的应用

1. 控制要求

液位控制系统如图 3-47 所示。系统由储水箱、液位传感器、调节阀及水泵构成。水介质由水泵（变频器驱动）从 1#储水箱中加压获得压头，经由管路进入 2#储水箱（调节阀 QV1 可调整进水流量，一般在维持一定的开度后不再调节），水流入 2#储水箱后可通过管路（通过 QV2 调节回水流量）回流至 1#储水箱，形成水循环系统。其中，2#储水箱的液位由液位传感器测得，用调节阀 QV2 的开起程度来模拟负载的大小。本例为定值自动调节系统，要求水箱的水位维持在设定的水位，变频器的转速为操纵变量，液位传感器的输出值为被控变量，采用 PID 控制器，选取控制器参数的 K_P、T_I、T_D 的值，使得系统能达到设定的水位，并能快速趋于稳定。

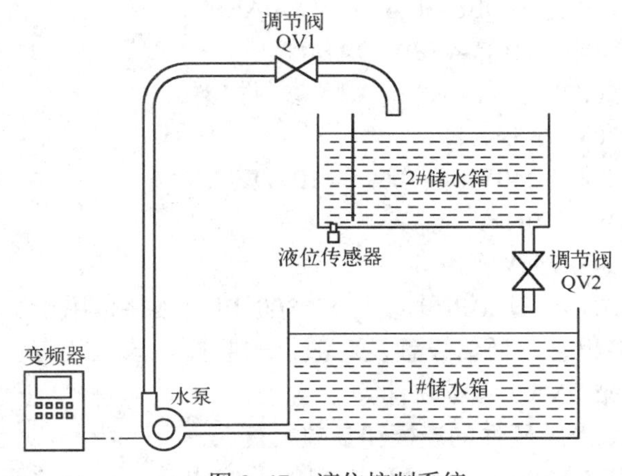

图 3-47 液位控制系统

本系统采用北京华晟高科教学仪器有限公司生产的 A3000 过程控制实验系统实现。水泵电动机输入功率为 260W，额定电压为 220V，额定转速为 2 800r/min，采用 MM420 通用变频器作为水泵电动机控制器。液位检测采用百特工控公司生产的 FB0803AE2R 系列压力变送器，供电电压为 24VDC，量程为 0～2.5kPa，输出为标准电流信号为 4～20mA，其数值与液位高度相对应。

2. 控制系统硬件配置及介绍

根据系统控制要求，采用变频器控制电动机实现水泵流量的调节，控制对象为 2#储水箱液位；执行元器件为水泵；检测元件为液位传感器；选择 PLC 作为系统的控制器。系统配置情况如下。

1）1 类主站。S7-300 CPU314C-2DP，货号为 314-6CG03-0AB0 V2.6；电源型号为 PS 307 2A，1 类主站结构如图 3-48 所示。

2）从站（ET200S）结构如图 3-49 所示，配置如下。

① 接口模块型号选择为 IM151-1 Standard。

② PM-E DC24V，货号为 6ES7 138-4CA01-0AA0。

③ 2AI RTD ST，货号为 6ES7 134-4JB50-0AB0。

图 3-48　1 类主站结构

图 3-49　从站（ET200S）结构

④ 2AI I 2WIRE ST，货号为 6ES7 134-4GB01-0AB0。

⑤ 2AI U ST，货号为 6ES7 135-4FB01-0AB0。

3）带 DP 接口的 MM420 变频器从站，相关参数如下。

① 货号：6SE6420-2UC17-5AA1。

② 输入电压范围为 200～240V/（+10%～-10%）。

③ 输出频率范围为 0～650Hz。

④ 适配电动机功率为 0.75kW。

4）计算机作为监控站，通过 MPI 电缆与 S7-300 PLC 连接，用于实现对 S7-300 PLC 编程、对 Profibus-DP 网络组态、通信设置及对液位的监控。该机装有 Windows XP 操作系统、组态王 6.5 软件、Step 7 V5.2 编程软件等。

3．Profibus 现场总线系统硬件的连接和参数配置

1）正确连接主站和 ET200S、变频器之间的总线电缆，包括必要的终端电阻和各段网络。

2）总线电缆必须是屏蔽电缆，其屏蔽层必须与电缆插头/插座的外壳相连。

3）必须正确设置变频器的从站地址（参数 P0918），使它与 Profibus 主站配置的从站地址相一致。变频器常用操作模式有 3 种。

① BOP 面板操作。一般先设定 P0010=30，P970=1，把其他参数复位，然后设定 P0010=0，P0700=1，P1000=1。

② 外部（通过端子排）输入控制。一般先设定 P0010=30，P970=1，把其他参数复位，然后设定 P0010=0，P0700=2，P1000=2。

③ Profibus 总线控制。一般先设定 P0010=30，P970=1，把其他参数复位，然后设定 P0010=0，P0700=6，P1000=6。

本例中将变频器设置为 Profibus 总线控制状态。

4）必须正确设置 ET200S 的从站地址，使它与 Profibus 主站配置的从站地址相一致。

4．硬件组态

（1）主站参数的设定

新建项目“TEST”，插入新对象 SIMATIC 300 站点，如图 3-50 所示。用鼠标双击右边视图“硬件”进行硬件组态；在硬件组态界面，分别插入机架、电源模块和 CPU 模块，如图 3-51 所示。

图 3-50 新建项目“TEST”

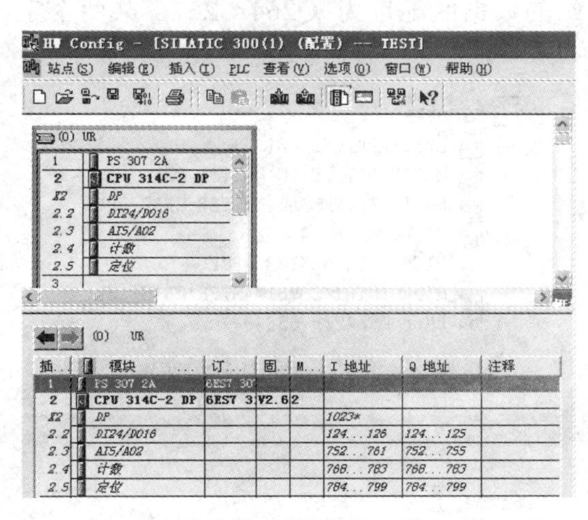

图 3-51 主站硬件配置

主站配置完成后保存配置。新建 Profibus-DP 网络，网络参数传输率设置为 1.5Mbit/s，“网络设置”参数选择完毕后，单击“确定”按钮退出，这时在硬件配置页面会出现一条与 DP 接口连接的“PROFIBUS（1）：DP 主站系统（1）”总线图标，其示意图如图 3-52 所示，输入/输出模块的地址采用 Step 7 软件自动诊断分配的地址。

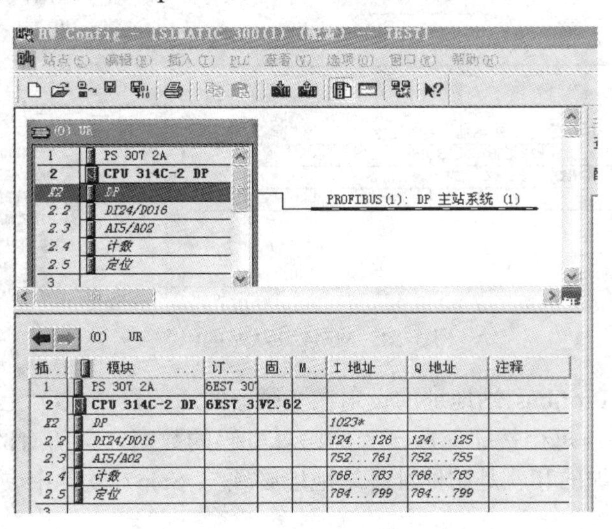

图 3-52 Profibus 总线图标示意图

（2）Profibus 从站的配置

1）MM420 从站的配置在 Profibus 总线配置完成后，用鼠标右键单击图 3-52 中的总线图标，弹出可选菜单，选择“插入对象”后，弹出可以接入总线硬件的分类文件夹，选择分类文件夹“SIMOVERT”→“MICROMASTER 4”，如图 3-53 所示。选择 MM420 的地址为“4”和工作方式“4 PKW，2 PZD（PPO 1）”，得到 MM420 从站配置，通信报文格式的含义是报文中有 4 个字的 PKW，有两个字的 PZD。输入/输出模块的地址已由 Step 7 软件自动分配，如图 3-54 所示。MM420 将接收主站的数据存放在地址 IB264～IB267 中，共两个字；MM420 发送给主站的数据区地址为 Q264～267，共两个字，最后编译并保存组态完成的硬件。

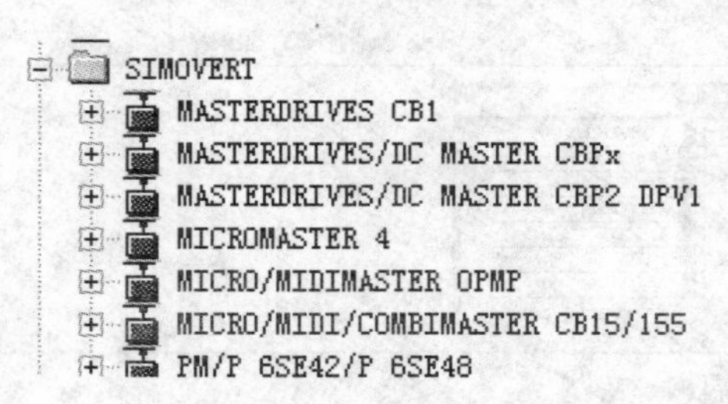

图 3-53　MM420 从站的选择

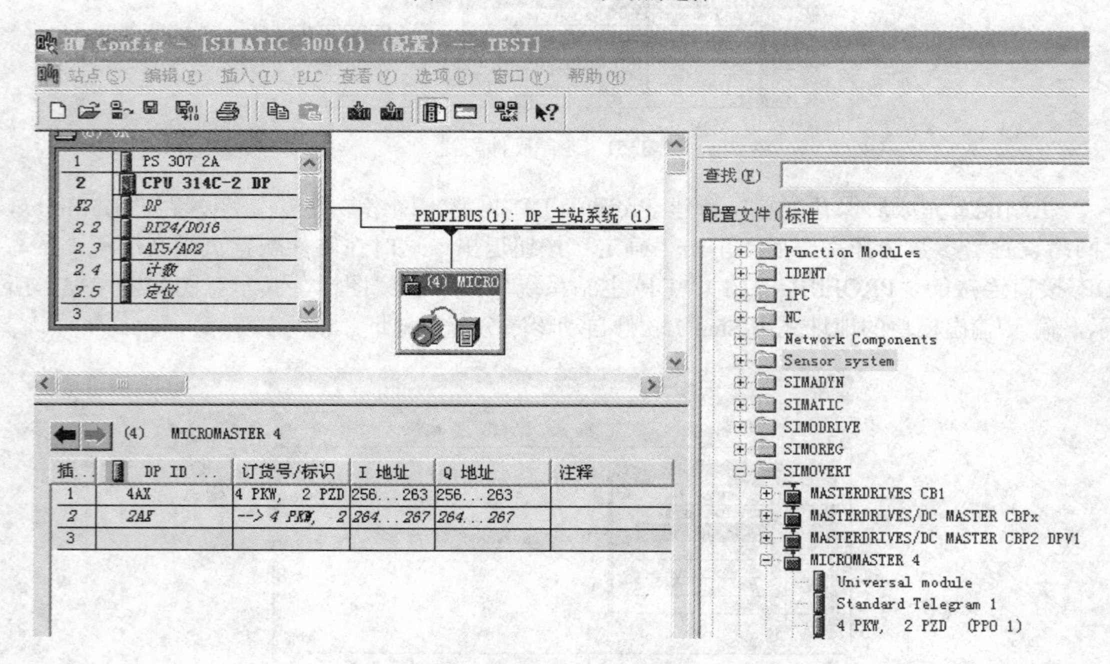

图 3-54　MM420 从站的组态

MM420 变频器 Profibus 站地址的设定在变频器的通信板（CB）上完成，通信板上有一排拨钮用于设置地址，每个拨钮对应于“8-4-2-1”码的数据，当所有的拨钮处于“ON”位置时，对应的数据相加的和就是站地址。站地址必须与 Step7 软件中硬件组态的地址保持一致，否则不能通信。

2）EM200S 从站的配置在硬件目录窗口中，选择 ET200S 文件夹下面的 IM151-1

standard 接口模块，将其往 DP 总线上拖放，在弹出的“属性-PROFIBUS 接口 IM151-1”对话框中，单击“参数”选项卡设定从站地址为 5，如图 3-55 所示，然后单击“确定”按钮，ET200S 从站安装机架就被接入 Profibus 总线，显示结果如图 3-56 所示。

属性 - PROFIBUS 接口 IM151-1
常规 参数
地址(A)： 5
传输率： 1.5 Mbps
子网(S)：
--- 未连网 ---
PROFIBUS(1) 1.5 Mbps
新建(N)...
属性(R)...
删除(L)

图 3-55 ET200S 从站参数的设定

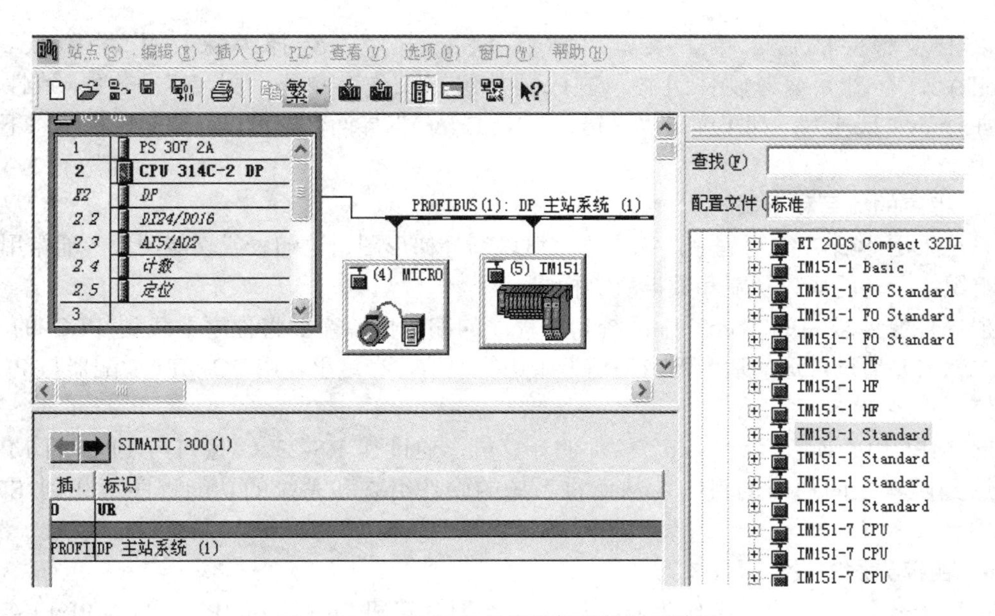

图 3-56 ET200S 从站安装机架的显示结果

分别对 ET200S 从站配置 PM-E DC24V、2AI RTU ST、2AI I 2WIRE ST、2AO U ST 模块，其组态界面如图 3-57 所示。与主站模块一样，从站输入/输出模块的地址采用由 STEP 7 软件自动诊断分配的地址，如果需自己配置地址，就可以通过用鼠标右键单击模块所在行，利用“对象属性（Object Properties...）”选项中的“地址（Address）”栏，输入自己设定的首地址，再单击“确定”按钮，即可实现地址修改；也可直接用鼠标双击模块栏，弹出“属性”对话框，在“地址”栏中重新设定起始地址。

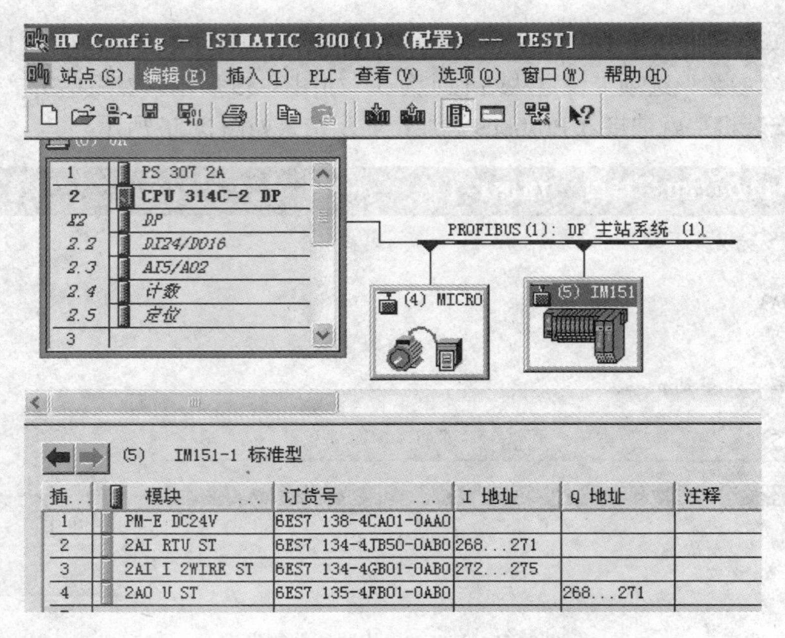

图 3-57　ET200S 从站组态界面

以上步骤完成后，单击菜单“站点（Station）”，选择“保存并编译(Save and Compile)”，存盘并编译硬件组态，完成硬件组态工作；单击“站点”→“一致性检查（Consistency Check）”，如果弹出“无错误（No Error）”界面，则可以将整个硬件组态下载到 PLC 中。

5．程序的编写和下载

系统采用 Step7 编写程序，编程语言可以选择梯形图、语句表或功能图块。通常用户程序由组织块、功能块、功能和数据块等构成。

根据控制要求完成 Step7 中系统功能程序的编制后，需要将程序下载到 PLC 的 CPU 中，这就需要通过合适的适配器或通信卡来进行通信。在这里使用 PC/MPI 适配器与 PLC 进行通信。

PC/MPI 用于连接运行 Step7 软件的计算机，通过其 RS-232C 接口与 PLC 的 MPI 接口，达到两者之间通信的目的，从而将系统的硬件组态和系统的功能程序下载到 S7-300 PLC 中。

6．监控界面的设计

在这个系统中，计算机作为监控站。一方面计算机与 S7-300 PLC 的 MPI 口连接，进行编制和下载硬件配置和系统功能程序，另一方面采用组态王软件进行系统的监控界面设计，以实现储水箱液位的在线监控和参数设置。采用组态王进行监控界面设计的大致步骤如下。

1）创建一个新工程。为工程创建一个目录，用来存放与工程相关的文件。

2）定义硬件设备并添加工程变量。添加工程中需要的硬件设备和工程中使用的变量，包括内存变量和 I/O 变量。

3）制作图形画面并定义动画链接。按照实际工程的要求来绘制监控画面，并根据实际现场的监控要求使静态画面随着过程控制对象产生动态效果。

4）编写命令语言。用以完成较复杂的控制过程。

5）进行系统的配置。对系统数据（包括时间、网络参数、打印机和运行模式等）进行设置，这是系统运行前的必备工作。

6）保存工程并运行。根据以上步骤，设计的监控液面如图 3-58 所示。

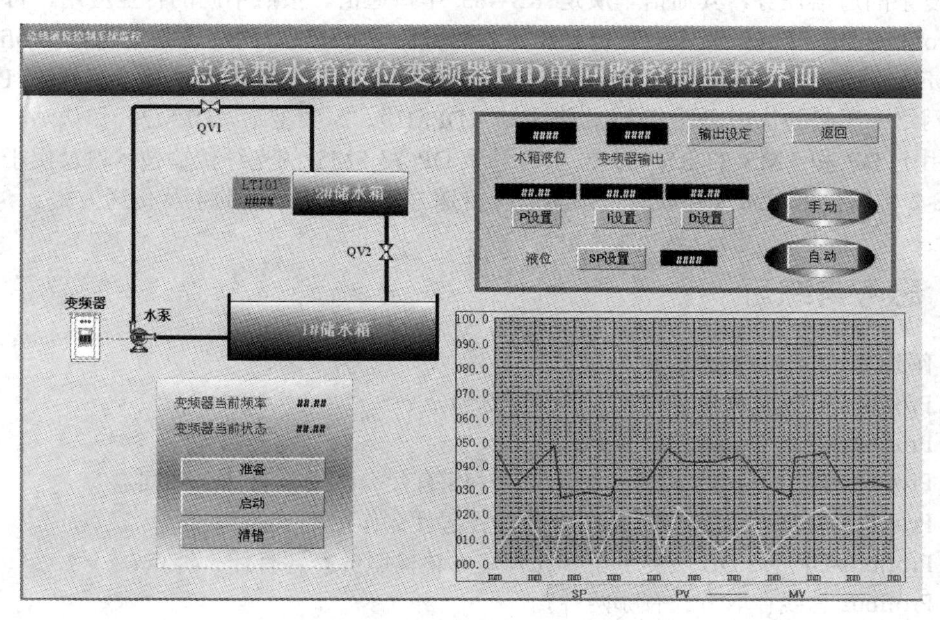

图 3-58　设计的监控液面

3.8　实训项目　基于 S7-300 PLC 的现场总线系统构建与运行

1．实训目的

1）了解 Profibus 现场总线控制系统的结构。

2）了解 Profibus 技术网络控制方法。

3）学会使用 STEP7 组态软件进行系统的硬件组态与通信设置。

4）初步具备 Profibus-DP 现场总线控制系统联机调试的能力。

2．实训内容

1）要求：实现主站与从站之间的通信功能和数据交换功能。

2）使用 STEP7 组态软件进行系统的硬件组态和程序设计。

3）联机调试控制系统功能，观察控制系统的运行情况。

3．实训报告要求

1）画出主站与从站之间的数据传送图。

2）写出硬件组态的步骤和实现控制功能的程序。

3）写出并分析调试中遇见的问题及解决办法。

3.9 小结

本章主要介绍 Profibus 总线的特点、传输技术、硬件组态及实现方法。Profibus 是一种应用广泛的、开放的、不依赖于设备生产商的现场总线标准，适合于快速、时间要求严格的应用和复杂的通信任务，其通信本质是 RS-485 串口通信。按照不同的行业应用，可以将其分为 Profibus-DP、FMS 和 PA 3 种互相兼容的协议。Profibus 网络设备主要有 Profibus 接口、Profibus 插头、有源终端电阻、通信介质、中继器以及光链路模块等。可根据 Profibus 设备在网络中所起的作用不同分为 1 类主站（DPM1）、2 类主站（DPM2）和从站。其传输技术有用于 DP 和 FMS 的 RS-485 技术、用于 DP 和 FMS 的光纤传输技术以及用于 PA 的 IEC1158-2 传输技术。总线存取有主站间令牌传递方式和主从站间的主从传送方式。

3.10 思考与练习

1．阐述 Profibus 现场总线的性能。

2．Profibus 有哪几种传输技术？各有什么特点？

3．Profibus 控制系统的配置有哪几种形式？

4．Profibus-DP、Profibus-PA、Profibus-FMS 有什么区别？有什么共同点？

5．Profibus-FMS 应用层包括哪两部分？各起什么作用？

6．Profibus-DP 的 FDL 层提供了哪几种基本传输服务？各有什么特点？

7．Profibus 总线存取方式有哪两种？

8．什么是令牌传递总线方式？

9．在 Profibus 网络中 1 类主站起什么作用？哪些设备可以作为 1 类主站？

10．在 Profibus 网络中 2 类主站有什么作用？列举两种可以作为 2 类主站的设备。

11．可得 Profibus 网络从站设备分为几类？列举几种能作为 Profibus 网络从站的设备名称。

12．GSD 文件有什么作用？它包括哪几部分内容？

13．如何安装 GSD 文件？

14．硬件组态有什么作用？包括哪些内容？

15．EM277 通信模块有什么特性？在 Profibus 控制系统中起什么作用？

16．如何实现 S7-300 与 S7-200 的 EM277 之间的 Profibus DP 通信连接？

17．在硬件组态中为什么要保持数据的一致性？

18．阐述 S7-200 作从站时的配置步骤。

19．用 Profibus 总线来控制西门子变频器 MM420，应如何设置变频器参数?

20．查阅文献，写出在实际生产中 2～3 个应用 Profibus 总线实现控制的系统。

第 4 章　CC-Link 现场总线及其应用

学习目标

1）了解 CC-Link 总线的发展、特点及应用范围。

2）学会将 FX PLC 作为主站的 CC-Link 总线系统的构建方法，了解程序结构及设计要点。

3）学会基于 Q 系列 PLC 的 CC-Link 总线系统的构建方法，了解网络参数的设置方法及程序设计要点。

重点内容

1）CC-Link 总线系统中设备的分类和所起的作用。

2）CC-Link 总线系统的通信方式。

3）CC-Link 总线系统的构建与运行。

4.1　概述

CC-Link 是 Control & Communication Link（控制与通信链路）系统的简称，可以同时高速处理控制和信息数据，是三菱电机于 1996 年推出的开放式现场总线，也是唯一起源于亚洲地区的总线系统。作为工业自动控制领域应用的通信协议，CC-Link 技术以其开放性、可靠性、稳定性和扩展的灵活性为广大用户所熟知。2009 年 3 月 12 日，全国工业过程测量和控制标准化技术委员会宣布，《CC-Link 控制与通信网络规范（第 1.2.3.4 部分）》正式成为我国国家推荐性标准 GB/T19760-2008，于 2009 年 6 月 1 日起实施。

CC-Link 系统是通过使用专门的通信模块和专用的电缆，将分散的 I/O 模块、特殊功能模块等设备连接起来，并通过 PLC 的 CPU 来控制和协调这些模块的工作。通过将每个模块分散到被控设备现场，能够节省系统配线且实现简捷、高速的通信；同时可以与其他厂商的各种不同设备进行连接，使系统更具灵活性。该总线已广泛应用于自动化生产线、半导体生产线、食品加工生产线和汽车生产线等现场控制领域。

一般情况下，CC-Link 网络可由 1 个主站和 64 个从站组成，网络中的主站由三菱 FX 系列以上的 PLC 或计算机担当，从站可以是远程 I/O 模块、特殊功能模块、带有 CPU 的 PLC 本地站、人机界面、变频器及各种测量仪表、阀门等现场设备，整个系统通过屏蔽双绞线进行连接。CC-Link 具有高速的数据传输速率，最高可达 10Mbit/s，具有性能卓越、应用广泛、使用简单、节省成本等突出优点。

1．组态简单

CC-Link 不需要另外购买组态软件并对每一个站进行编程，只需使用通用的 PLC 编程软件在主站程序中进行简单的参数设置，或者在具有组态功能的编程软件配置菜单中设置相应的参数，便可以完成系统组态和数据刷新的设定工作。

2．接线简单

系统接线时，仅需使用 3 芯双绞线与设备的两根通信线 DA、DB 和接地线 DG 的接线端子对应连接，另外接好屏蔽线 SLD 和终端电阻即可完成一般系统的接线。

3．设置简单

系统需要对每一个站的站号、传输速度及相关信息进行设置；CC-Link 的每种兼容设备都有一块 CC-Link 接口卡，通过接口模块上相应的开关就可进行相关内容的设置，操作方便直观。

4．维护简单、运行可靠

由于 CC-Link 的上述优点和丰富的 RAS 功能，使得 CC-Link 系统的维护更加方便，运行可靠性更高；其监视和自检测功能使 CC-Link 系统维护和故障后的恢复也变得方便和简单。

RAS 是 Reliability（可靠性）、Availability（有效性）、Serviceability（可维护性）的缩写。CC-Link 系统具有备用主站功能、故障子站自动下线功能、站号重叠检查功能、在线更换功能、通信自动恢复功能、网络监视功能和网络诊断功能等，提供了一个可以信赖的网络系统，帮助用户在最短时间内恢复网络系统。

CC-Link 的底层通信协议遵循 RS-485，采用的是主从通信方式，一个 CC-Link 系统必须有一个主站而且也只能有一个主站，主站负责控制整个网络的运行。但是为了防止主站出现故障而导致整个系统的瘫痪，CC-Link 可以设置备用主站，当主站出故障时，系统可以自动切换到备用主站。除了主站，系统中还有若干从站，通常可将从站设备分为以下几种类型。

本地站。设备本身有 CPU 并且可以与主站和其他本地站通信，没有控制网络参数的功能。

远程 I/O 站。这类站只处理开关量信息，在一个系统中最多可以有 64 个远程 I/O 站。

远程设备站。可以处理位信息，也可以处理字信息，在一个系统中最多可以有 42 个远程设备站。

智能设备站。既可以处理位信息，也可以处理字信息，还可以进行不定期的数据传送，例如智能仪表、变频器等设备，在一个系统中最多可以有 26 个智能设备。

CC-Link 提供循环传输和瞬时传输两种通信方式，一般情况下，CC-Link 主要采用循环传输的方式进行通信，即主站按照从站站号依次轮询从站，从站再给予响应，因而无论是主站访问从站还是从站响应主站，都是按照站号进行的，从而可以避免因通信冲突造成的系统瘫痪，还可以依靠可预见性的、不变的 I/O 响应，为系统设计者提供稳定的实时控制。对于整个网络而言，循环传输每次链接扫描的最大容量是 4 096 位和 512B，在循环传输数据量不够的情况下，CC-Link 还能提供瞬时传输功能，将 960B 的数据，用专用指令传送给智能设备站或本地站，并且瞬时传输不影响循环传输的进行。

三菱常用的网络模块有 CC-Link 通信模块 FX_{2N}-16CCL-M、FX_{2N}-32CCL、QJ61BT11，CC-Link/LT 通信模块 FX_{2N}-64CL-M，Link 远程 I/O 链接模块 FX_{2N}-16Link-M 和 AS-i 网络模块 FX_{2N}-32ASI-M 等。本章一方面介绍常用的 FX_{2N} PLC 的主站通信模块 FX_{2N}-16CCL-M、从站通信模块 FX_{2N}-32CCL 的性能与使用方法，另一方面介绍 Q 系列主站/本地站通信模块 QJ61BT11 的性能与使用方法。

4.2 FX_{2N}系列 CC-Link 现场总线系统的构建

4.2.1 系统网络配置

CC-Link 主站模块 FX_{2N}-16CCL-M 是特殊扩展模块，它将与之相连的 $FX_{1N/2N/2NC}$ 系列 PLC 作为 CC-Link 的主站，主站在整个网络中是控制数据链接系统的站。

FX_{2N}-32CCL 是将 PLC 连入 CC-Link 网络的接口模块，可连接 FX 系列的小型 PLC，作为远程设备站，形成简单的分散系统。

远程 I/O 站和远程设备站可以与主站连接，当 FX 系列的 PLC 作为主站单元时，只能以 FX_{2N}-16CCL-M 作为主站通信模块，整个网络最多可以连接 7 个 I/O 站和 8 个远程设备站，CC-Link 总线网络的最大连接的配置如图 4-1 所示。

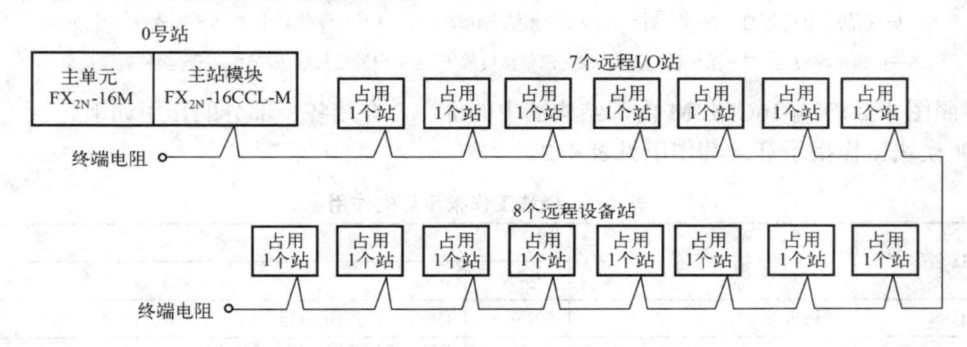

图 4-1 CC-Link 总线网络的最大连接的配置

其中每个远程 I/O 站占用 32 个点，主站模块占用 8 个点，则 PLC 主站、FX_{2N}-16CCL-M 模块及远程 I/O 站所占有的总点数为 16+8+32×7=248 个。由于 FX_{2N} 扩展的总点数≤256 点，因此还可以最大增加 8 个 I/O 点或相当于 8 点的特殊模块。如果是远程设备站，就可以在不考虑远程 I/O 点的数量情况下最多连接 8 个站。

在传输线路两端的站上还需要连接终端电阻，以防止线路终端的信号反射。CC-Link 提供了 110Ω和 130Ω两种终端电阻，当使用 CC-Link 专用电缆时，终端站选用 110Ω电阻，当使用 CC-Link 专用高性能电缆时，终端站选用 130Ω电阻。

CC-Link 网络的数据最大传输距离与相应的传输速率有关，在使用高性能 CC-Link 电缆时，它们之间的关系如表 4-1 所示。如果网络带有中继器，则可在不降低传输速率的情况下，可进一步延长数据的传输距离，例如使用光中继器，可以在 4.3km 以内保持 10Mbit/s 的高速通信速度。

表 4-1 传输速率与最大传输距离之间的关系

传输速率/(bit/s)	最大传输距离/m
156k	1 200
625k	900
2.5M	400
5M	160
10M	100

4.2.2 主站模块 FX_{2N}-16CCL-M

1. FX_{2N}-16CCL-M 模块的认识

FX_{2N}-16CCL-M 主站模块及顶盖内部结构如图 4-2 所示。

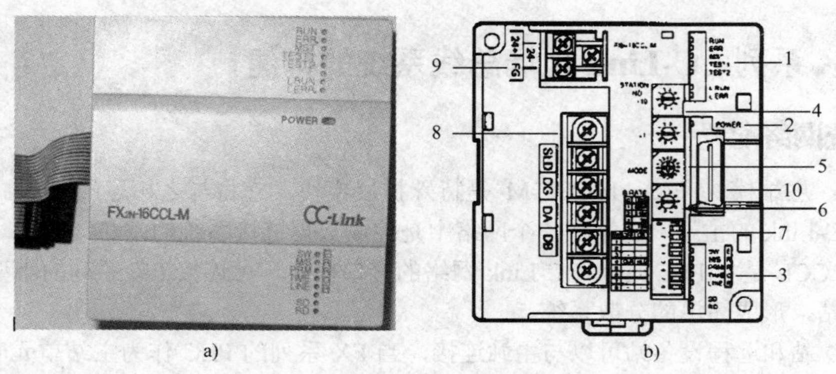

图 4-2 主站模块及顶盖内部结构

a) 主站模块 b) 顶盖内部结构

1—模块工作指示灯 2—电源指示灯 3—系统出错指示灯 4—站号设定开关 5—模式设定开关 6—传输速率设定 7—条件设定开关 8—通信接线端子 9—电源接线端子 10—下一级扩展连接器

参照图 4-2 FX_{2N}-16CCL-M 内部结构图中的标注，介绍各个部分的作用如下。

1）模块工作指示灯。其作用见表 4-2。

表 4-2 模块工作指示灯的作用

LED 名称	描　述	LED 状态	
		正常	出　错
RUN	模块正常工作	ON	OFF：看门狗定时器出错
ERR	通过参数设置站的通信状态	OFF	ON：通信错误出现在所有站 闪烁：通信错误出现在某些站
MST	设置为主站	ON	OFF
TEST1	测试结果指示	只在测试过程中为 ON	
TEST2	测试结果指示		
LRUN	数据链接开始执行	ON	OFF
L ERR	出现通信错误	OFF	ON：出现错误通信（主站） 闪烁：开关 4～7 的设置在电源为 ON 时被更改

2）电源指示灯。模块由外部 24V 直流电源供电，电源正常时指示灯状态为 ON。

3）系统出错指示灯。其作用见表 4-3。

表 4-3 系统出错指示灯的作用

LED 名称		描　述	LED 状态	
			正　常	出　错
ERROR	SW	开关设定出错	OFF	ON
	M/S	主站信息	OFF	ON：主站在同一条线上已出现
	PRM	参数设定出错	OFF	ON
	TIME	数据链接“看门狗”启动	OFF	ON：所有站出错
	LINE	通信线状态	OFF	ON：电缆被损坏或传输线受噪声干扰
SD		数据已经被传送	ON	OFF
RD		数据已经被接收	ON	OFF

4）站号设定开关。“00”为 FX_{2N}-16CCL-M 模块专用；如果设置为“65”或者更大的数值，“SW”和“L ERR”LED 指示灯就为 ON。

5）模式设定开关。其中“0”为在线；“1”为不可用；“2”为离线；“3”、“4”为测试；“5”为参数确认测试，“6”为硬件测试，“7”～“F”不可用。

6）传输速率设定。开关值与传输速率的对应关系如表 4-4 所示。

表 4-4　开关值与传输速率的对应关系

开关值	传输速率/（bit/s）	开关值	传输速率
0	156k	5	设定出错（SW 和 L EER 灯变为 ON）
1	625k	6	设定出错（SW 和 L EER 灯变为 ON）
2	2.5M	7	设定出错（SW 和 L EER 灯变为 ON）
3	5M	8	设定出错（SW 和 L EER 灯变为 ON）
4	10M	9	设定出错（SW 和 L EER 灯变为 ON）

7）条件设定开关 SW。其状态描述如表 4-5 所示。

表 4-5　条件设定开关 SW 的状态描述

SW 序号	设定描述	开关状态	
		ON	OFF
1	不可用	常 OFF	
2	不可用	常 OFF	
3	不可用	常 OFF	
4	数据链接有错误的输入数据状态	HLD（保持）	CLR（清除）
5	不可用	常 OFF	
6	不可用	常 OFF	
7	不可用	常 OFF	
8	不可用	常 OFF	

8）通信接线端子。采用 CC-Link 专用电缆实现数据的链接，其中终端的 SLD 和 FG 在内部已经连接。

9）电源接线端子。主模块的 24V 直流电源接线端子。

10）下一级扩展连接器。用于连接扩展模块。

2．FX_{2N}-16CCL-M 模块的接线

FX_{2N}-16CCL-M 主站模块需要外部提供 24V DC 电源，可由 PLC 的主单元供给，如图 4-3a 所示，也可以由外部电源供给，如图 4-3b 所示。其扩展电缆与 PLC 扩展口连接，通信端通过通信电缆与从站相连，外部接线如图 4-4 所示。

3．FX_{2N}-16CCL-M 模块的缓冲存储器

FX_{2N}-16CCL-M 模块和 PLC 之间采用缓冲存储器进行数据交换；使用 FROM/TO 指令进行数据的读/写；当电源断开时，缓冲存储器的内容会恢复到默认值。

（1）缓冲存储器

在主站模块中，各个缓冲存储器（BFM）的相关信息如表 4-6 所示，其中“读/写”是相对于主站 CPU 而言的。

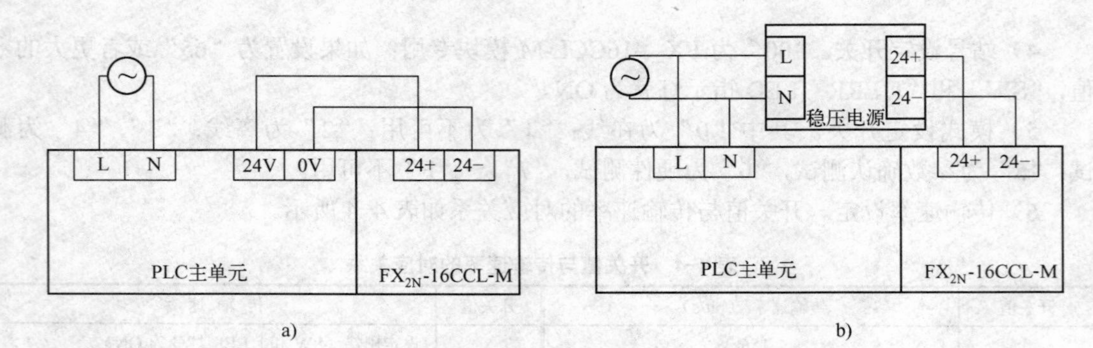

图 4-3　主站模块供电方式

a) 主站模块电源由 PLC 的主单元供给　b) 主站模块电源由外部电源供给

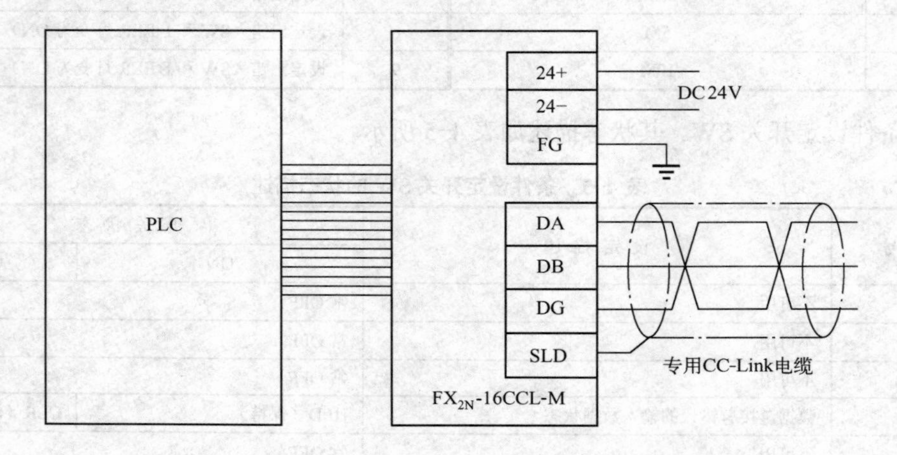

图 4-4　FX_{2N}-16CCL-M 模块的外部接线

表 4-6　主站模块 BFM 的相关信息

BFM 编号(Hex)	内　容	作　用	性　质
#0H～#9H	参数信息区域	存储信息，进行数据链接	读/写
#AH～#BH	I/O 信号	控制主站模块的 I/O 信号	读/写
#CH～#1BH	参数信息区域	存储信息，进行数据链接	读/写
#1CH～#1EH	主站模块控制信号	控制主站模块的信号	读/写
#1FH	禁止使用	—	不可写
#20H～#2FH	参数信息区域	存储信息，进行数据链接	读/写
#30H～#DFH	禁止使用	—	不可写
#E0H～#FDH	远程输入（RX）	存储来自一个远程站的输入状态	读
#100H～#15FH	禁止使用	—	不可写
#160H～#17DH	远程输出（RY）	将输出状态存储到一个远程站中	写
#180H～#1DFH	禁止使用	—	不可写

（续）

BFM 编号(Hex)	内　容	作　用	性　质
#1E0H～#21BH	远程寄存器（RWw）	将传送的数据存储到一个远程站中	写
#21FH～#2DFH	禁止使用	—	不可写
#2E0H～#31BH	远程寄存器（RWr）	存储从一个远程站接收到的数据	读
#320H～#5DFH	禁止使用	—	不可写
#5E0H～#5FFH	链接特殊继电器（SB）	存储数据链接状态	读/写（根据设备决定是否不能写）
#600H～#7FFH	链接特殊寄存器（SW）	存储数据链接状态	
#800H～	禁止使用	—	不可写

（2）BFM（#AH）

在主站模块的 BFM 中，同样是 BFM#AH，在读取和写入时工作情况却是不同的（如表 4-7 所示），系统会自动根据 FROM/TO 指令将其改变成相应的功能。

表 4-7　BFM#AH 位功能

BFM 号	读取位/写入位	FROM 指令（PLC←主站模块）输入信号名称	TO 指令（PLC→主站模块）输出信号名称
BFM #AH（#10）	b0	读取模块错误	写入刷新指令
	b1	读取主站的数据链接状态	禁止使用
	b2	读取参数设定状态	禁止使用
	b3	读取其他站的数据链接状态	禁止使用
	b4	读取接收模块复位的完成状态	要求模块复位
	b5	读取禁止使用	禁止使用
	b6	读取通过缓冲存储器的参数来启动数据链接的正常完成	要求通过缓冲存储器的参数来启动数据链接
	b7	读取通过缓冲存储器的参数来启动数据链接的异常完成	禁止使用
	b8	读取通过 E^2PROM 的参数来启动数据链接的正常完成	要求通过 E^2PROM 的参数来启动数据链接
	b9	读取通过 E^2PROM 的参数来启动数据链接的异常完成	禁止使用
	b10	读取将参数记录到 E^2PROM 中去的正常完成	要求将参数记录到 E^2PROM 中
	b11	读取将参数记录到 E^2PROM 中去的异常完成	禁止使用
	b12	读取禁止使用	禁止使用
	b13	读取禁止使用	禁止使用
	b14	读取禁止使用	禁止使用
	b15	读取模块准备	禁止使用

下面说明在 FROM/TO 指令作用下 BFM#AH 中的每一位具体取值含义。

1）BFM#AH b0。

读取模块错误。显示模块是否正常。OFF：模块正常。ON：模块异常。

写入刷新指令。显示缓冲存储器中用于“远程输出 RY”的内容是否有效，ON 为有效、OFF 为无效；在启动数据链接之前将 b0 的值写为 ON，当 PLC 的 CPU 处于停止状态时，将 b0 的值写为 OFF。

2）BFM#AH b1。

读取主站的数据链接状态。OFF：数据链接停止。ON：数据链接正在进行。

模块复位的写入要求。可以在不复位 PLC 的情况下将模块单独复位。

3）BFM#AH b2。读取参数设定状态。显示在主站中的参数设定状态。OFF：设定正常。ON：存在设定错误。错误代码被保存在 BFM 的特殊寄存器 SW0068 中。

4）BFM#AH b3。读取其他站的数据链接状态。显示在其他站（远程站）中的数据链接状态。OFF：所有的站正常。ON：在某些站中出现错误。错误代码被保存在 BFM 的特殊寄存器 SW0080 中。

5）BFM#AH b4。

读取接收模块复位的完成状态。显示对于模块复位的写入要求信号的接受状态。当 b0 为 ON 时，该信号不能复位。

当 TO 指令使 b4 设为 ON 时，系统要求模块复位，通过 FROM 指令读出的 b15 就会变成 OFF，同时系统进行初始化处理。

当初始化处理正常结束，通过 FROM 指令读出的 b15 会变成 ON，表明模块准备就绪；当 FROM 指令读出的 b4 信号为 ON 时，说明模块复位完成。

当初始化处理异常结束，通过 FROM 指令读出的 b15 不会变成 ON，这时 FROM 指令读出的 b0 信号就会变成 ON，表明模块异常。

6）BFM#AH b6。

在 FROM 指令下，该位为读取通过缓冲存储器的参数来启动数据链接的正常完成。显示根据通过缓冲存储器的参数启动数据链接的写入要求信号 b6 的执行状态。

在 TO 指令下，该位为通过缓冲存储器参数启动数据链接的写入要求。根据缓冲存储器中参数的内容来启动数据链接。

当 TO 指令使 b6 为 ON 时，会对缓冲存储器参数的内容进行检查，如果内容正常，系统就会自动启动数据链接；当数据链接启动正常完成，通过 FROM 指令读出的 b6 位就会变成 ON。

当 TO 指令使 b6 为 OFF 时，通过 FROM 指令读出的 b6 就会变成 OFF。

7）BFM#AH b7。读取通过缓冲存储器的参数来启动数据链接的异常完成。

当 TO 指令使 b6 设为 ON 时，会对缓冲存储器参数的内容进行检查，如果内容异常，通过 FROM 指令读出的 b7 就会变成 ON，表明通过缓冲存储器的参数启动数据链接异常完成；同时通过 FROM 指令读出的 b2 也会变成 ON，表明存在参数设定错误，错误代码会保存在 BFM 的特殊寄存器 SW0068 中。

当 TO 指令使 b6 设为 OFF 时，通过 FROM 指令读出的 b7 就会变成 OFF。

8）BFM#AH b8。

在 FROM 指令下，该位为读取通过 E^2PROM 参数来启动数据链接的正常完成。显示根据通过 E^2PROM 参数启动数据链接的写入要求信号 b8 的执行状态。

在 TO 指令下，该位为通过 E^2PROM 参数启动数据链接的写入要求。根据记录在

E^2PROM 中的参数内容来启动数据链接。

当 TO 指令使 b8 设为 ON 时，会对 E^2PROM 参数的内容进行检查，如果内容正常，系统就会自动启动数据链接；当数据链接启动正常完成，通过 FROM 指令读出的 b8 就会变成 ON。

当 TO 指令使 b8 设为 OFF 时，通过 FROM 指令读出的 b8 就会变成 OFF。

9）BFM#AH b9。读取通过 E^2PROM 参数启动数据链接的异常完成。

当 TO 指令使 b8 设为 ON 时，会对 E^2PROM 参数的内容进行检查，如果内容异常，通过 FROM 指令读出的 b9 就会变成 ON，表明通过 E^2PROM 的参数启动数据链接异常完成，同时通过 FROM 指令读出的 b2 也会变成 ON，表明存在参数设定错误，错误代码会保存在 BFM 的特殊寄存器 SW0068 中。

当 TO 指令使 b8 设为 OFF 时，通过 FROM 指令读出的 b9 就会变成 OFF。

10）BFM#AH b10。

在 FROM 指令下，该位为读取参数记录到 E^2PROM 中的正常完成情况。显示通过使用将参数记录到 E^2PROM 中的写入信号 b10 的执行状态。

在 TO 指令下，该位为参数记录到 E^2PROM 中的写入要求。所记录的参数被存储到 E^2PROM 中。

当 TO 指令使 b10 设为 ON 时，参数会被记录到 E^2PROM 中，如果记录正常完成，通过 FROM 指令读出的 b10 就会变成 ON。

当 TO 指令使 b10 设为 OFF 时，通过 FROM 指令读出的 b10 就会变成 OFF。

11）BFM#AH b11。读取参数记录到 E^2PROM 中的异常完成。

当 TO 指令使 b10 设为 ON 时，参数会被记录到 E^2PROM 中，如果记录异常完成，通过 FROM 指令读出的 b11 就会变成 ON，错误代码会保存在 BFM 的特殊寄存器 SW00B9 中。

当 TO 指令使 b10 设为 OFF 时，通过 FROM 指令读出的 b11 就会变成 OFF。

12）BFM#AH b15。读取模块准备。显示了模块是否准备就绪可以开始工作。

当模块变成准备可以开始运行时，b15 自动变为 ON。当发生下列任何一种状况时，该信号变为 OFF。

① 模块开关设定有错误。

② 要求模块复位的输出信号 b4 变成 ON。

③ 模块错误的输入信号 b0 变成 ON。

（3）参数信息区域

在主从站进行通信时，通过设定缓冲存储器中的参数信息实现数据链接，所设定的内容可以被记录到 E^2PROM 中。缓冲存储器中的参数设定内容如表 4-8 所示。这些参数的设置主要是针对主站模块内的缓冲存储器内的参数设置，而从站内模块基本上不需要进行参数设置，在数据链接时只需启动相应的输出点就可执行数据链接。

表 4-8　缓冲存储器中的参数设定内容

BFM 编号(Hex)	内　容	作　用	默 认 值
#00H	禁止使用	—	—
#01H	连接模块的数量	设定所连接的远程站模块的数量（包括保留的站）	8

（续）

BFM 编号(Hex)	内　容	作　用	默 认 值
#02H	重试的次数	设定对出故障站的重试次数	3
#03H	自动返回模块的数量	设定在一次链接扫描过程中可以返回到系统中的远程站模块的数量	1
#04～#05H	禁止使用	—	—
#06H	预防 CPU 死机的操作规格	当主站 PLC 出现错误时规定的数据链接的状态	0（停止）
#07H～#09H	禁止使用	—	—
#CH～#FH	禁止使用	—	—
#10H	保留站的规格	设定保留站	0（无规格）
#11H～#13H	禁止使用	—	—
#14H	错误无效站的规格	规定出故障的站	0（无规格）
#15H～#1BH	禁止使用	—	—
#1CH	FROM/TO 指令存取出错时的判断时间	设定 FROM/TO 指令存取出错时的判断时间（单位：10ms）	200 ms
#1DH	允许外部存取的范围	当对一个不可连接的站或者地址进行存取的时候就输入“1”	0
#1EH	模块代码	明确 FX_{2N}-16CCL-M 的模块代码	K7510
#1FH	禁止使用	—	—
#20H～#2EH	站信息	设定所连接站的类型	站类型：远程 I/O 站 占用站数：1 站号码：1～15

表中参数说明如下。

1）#01H：连接模块的数量。这不是一个计算站数量的功能，设定范围为 1～15 个模块。

2）#02H：重试的次数。设定范围为 1～7 次，如果一个远程站通过执行了规定的可以重试的次数后仍然不能恢复的话，该站就可以被视为数据链接故障站。

3）#03H：自动返回模块的数量。对一个链接扫描过程中可以自动返回到系统中的远程站模块的数量进行设定，设定范围为 1～10 个模块。

4）#06H：预防 CPU 死机的操作规格。规定了当主站的 PLC 中出现“运行停止错误”时的数据链接状态，设定范围为 0——停止、1——继续。

5）#10H：保留站的规格。对那些包括在所连接的远程模块数量中、但实际上并不连接的远程站进行规定，这样这些站就不会被视为数据链接故障站。

① 当一台连接的远程站被设定为保留站时，这个站就不能执行任何数据链接。

② 将要被保留的站的站号码位设定为 ON。一个远程站可能会占用两个或更多个站，所以仅仅将通过模块上站号码设定开关设定的站号码的那个位启动即可。

③ 保留站设置实例如图 4-5 所示。将远程设备站 4 号和 9 号都设定为保留站，以备后用。

6）#14H：错误无效站的规格。确定由于电源断开等原因而导致数据链接不能进行的远程站，主站不会把这些站视为数据链接故障站来处理。

① 当相同的站号码也被指定为保留站的时候，保留站的规格优先。

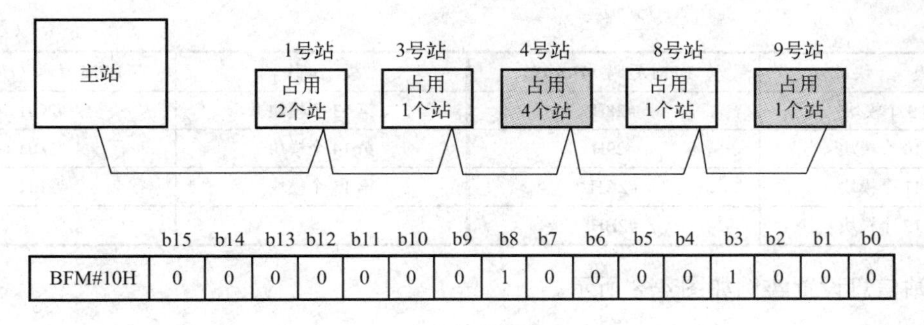

图 4-5　保留站设置实例

② 根据相应被设定作为错误无效站的数量来设定 ON 位，由于一个远程站要占用两个或更多个站，所以仅仅将通过模块上的站号码设定开关设定的站号码的那个位启动。

③ 错误无效站设置实例如图 4-6 所示。将远程设备站 4 号和 9 号设定为无效站。

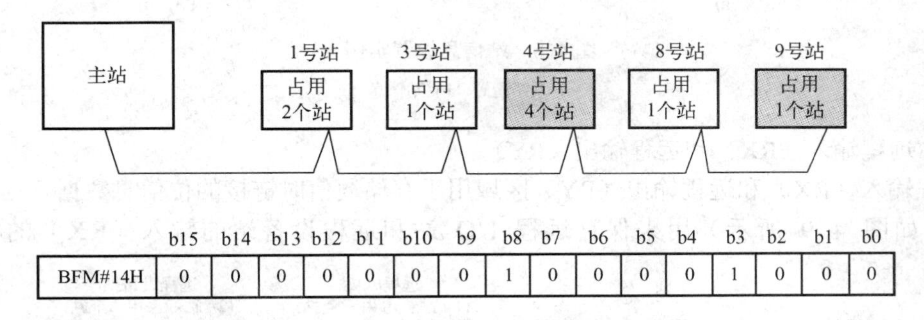

图 4-6　错误无效站设置实例

7）#20H～#2EH：站的信息。设定符合所连接的远程站和保留站的站类型。

① 站信息数据结构如图 4-7 所示。

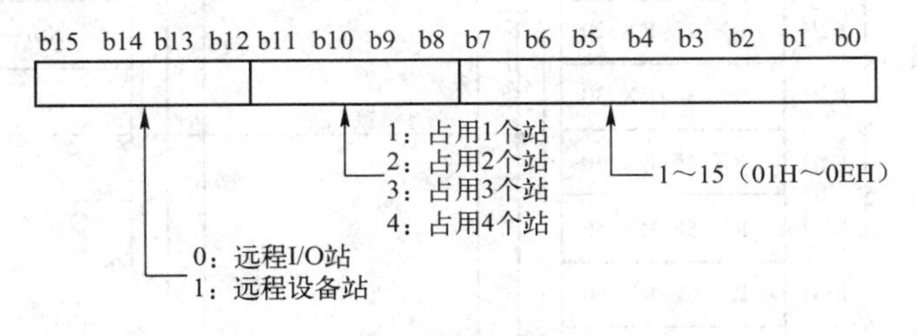

图 4-7　站信息数据结构

② 模块信息对应的缓冲存储器地址如表 4-9 所示。

表 4-9　模块信息对应的缓冲存储器地址

模　块	BFM 号码（Hex）	模　块	BFM 号码（Hex）
第 1 个模块	#20H	第 5 个模块	#24H
第 2 个模块	#21H	第 6 个模块	#25H
第 3 个模块	#22H	第 7 个模块	#26H
第 4 个模块	#23H	第 8 个模块	#27H

（续）

模　块	BFM 号码（Hex）	模　块	BFM 号码（Hex）
第 9 个模块	#28H	第 13 个模块	#2CH
第 10 个模块	#29H	第 14 个模块	#2DH
第 11 个模块	#2AH	第 15 个模块	#2EH
第 12 个模块	#2BH		

③ 站信息设置实例如图 4-8 所示。

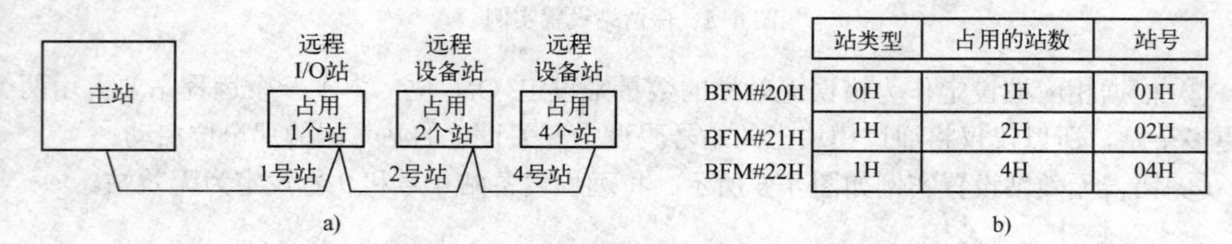

图 4-8　站信息设置实例

a) 系统配置　b) 站信息

（4）远程输入（RX）和远程输出（RY）

远程输入（RX）和远程输出（RY）区域用于存储通信时链接的位信息数据。远程输入（RX）（如图 4-9 所示）用来保存远程 I/O 站和远程设备站的输入（RX）的状态，

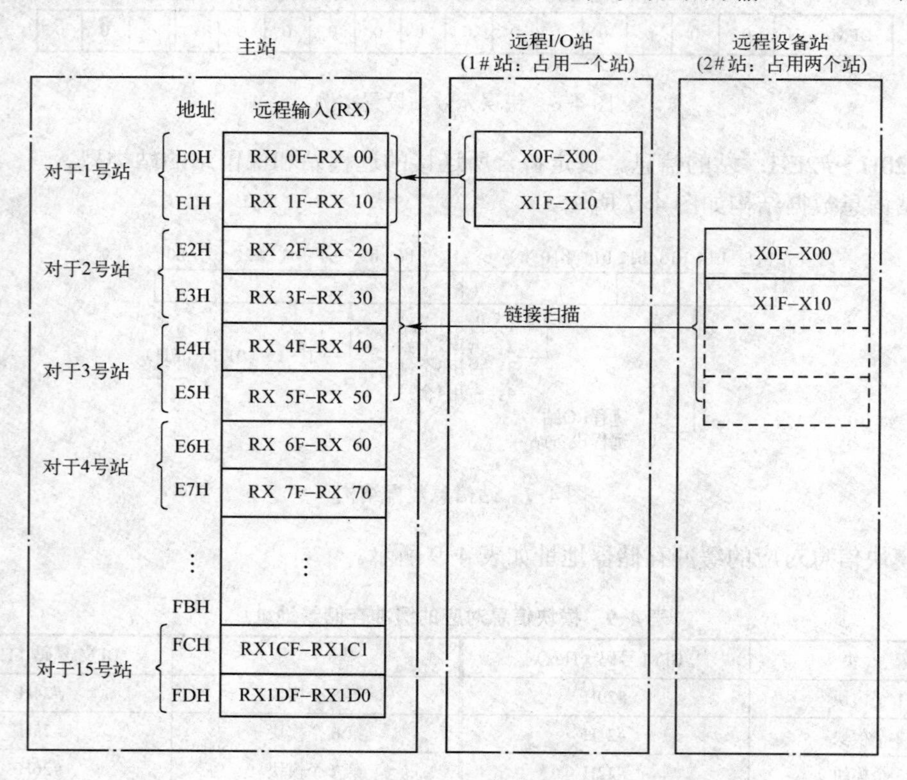

图 4-9　远程输入（RX）

每个站使用两个字，CC-Link 规定当本地站只占用一个站时，在链接扫描过程中，主站和本地站之间可以相互传输 32 个 I/O 状态。

远程输出（RY）（如图 4-10 所示）用来将输出到远程 I/O 站和远程设备站的输出（RY）进行保存，每个站使用两个字，在链接扫描过程中，主站和本地站之间可以相互传输 32 个 I/O 状态。

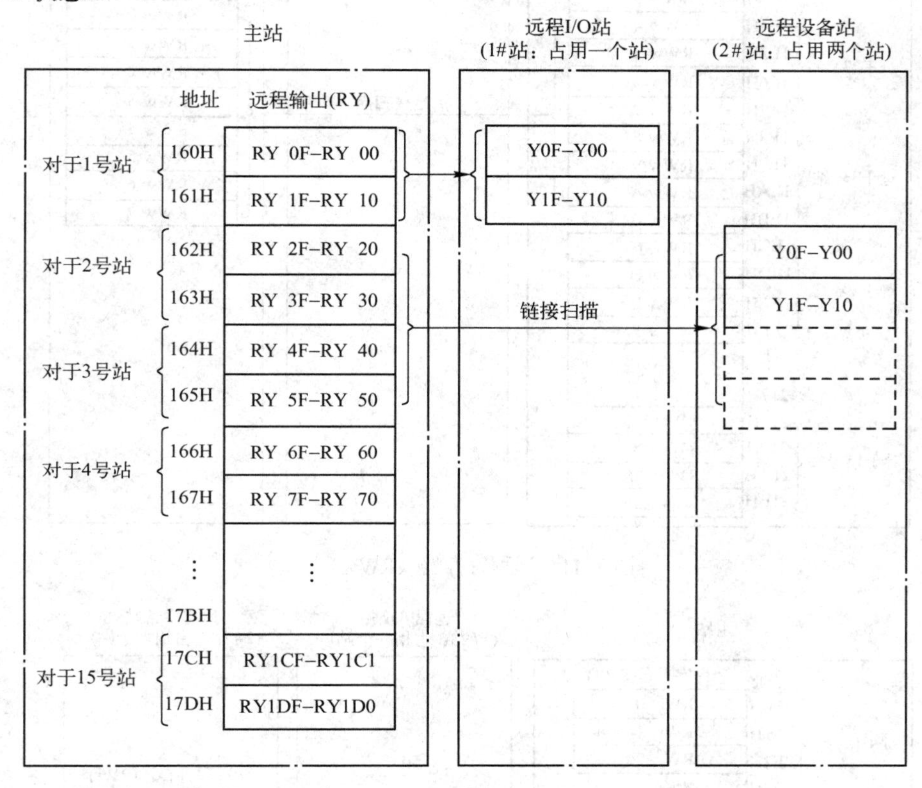

图 4-10　远程输出（RY）

如果远程 I/O 设备只有输入开关量而没有输出开关量，在分配 RX 或 RY 时依然同时分配这两者。例如 1 号站的设备是一个 16 位输入模块，则 1 号站对应的 RX 地址是 E0H 和 E1H，其中 E1H 空闲未用；虽然 1 号站没有输出量，用不到 RY，但其仍然会占用地址 160H 和 161H；如果 2 号站是 16 位输出模块，则其被分配的 RY 地址是 162H 和 163H，其中 163H 空闲未用。

（5）远程寄存器（RWw/RWr）

远程寄存器（RWw）用于将主站信息传送给远程设备站。被传送到远程设备站的远程寄存器（RWw）中的数据按图 4-11 进行保存，每个站使用 4 字，在链接扫描过程中，主站和本地站之间可以相互传输 4 个寄存器的内容。

远程寄存器（RWr）用于将远程设备站的信息传送给主站。从远程设备站的远程寄存器（RWr）中传送出来的数据按图 4-12 进行保存，每个站使用 4 字，在链接扫描过程中，主站和本地站之间可以相互传输 4 个寄存器的内容。

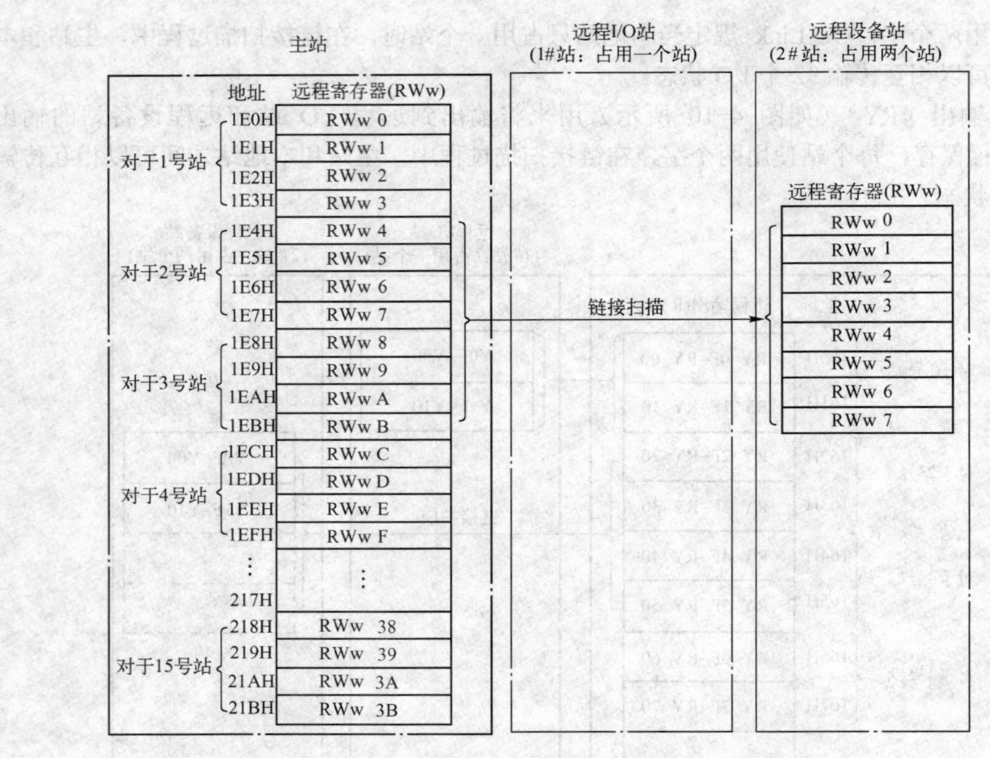

图 4-11　远程寄存器（RWw）

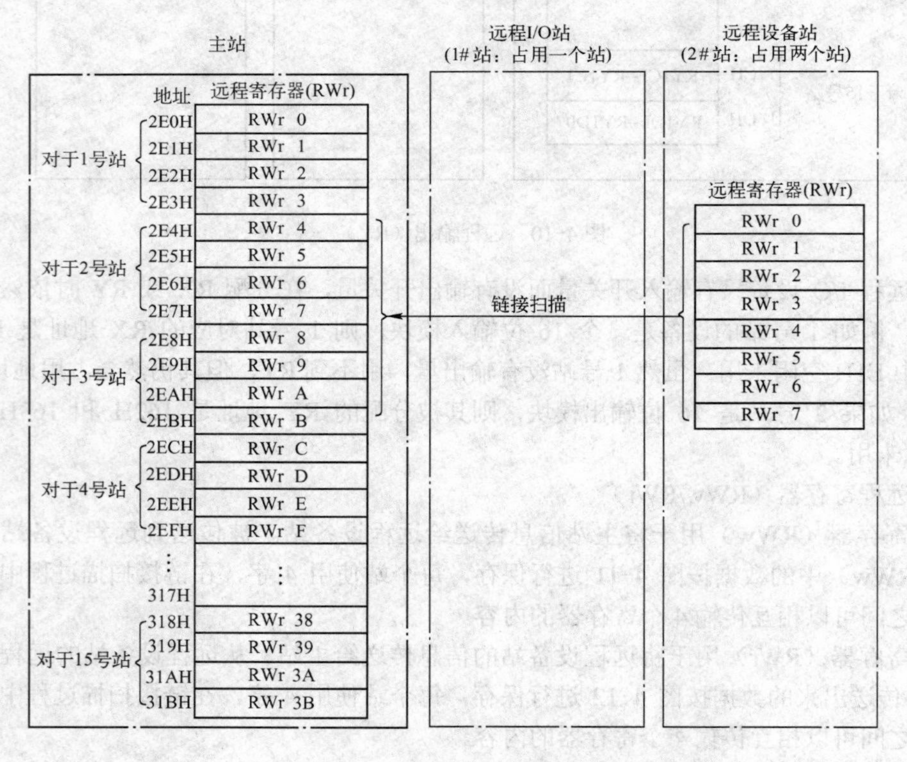

图 4-12　远程寄存器（RWr）

与远程输入（RX）/远程输出（RY）相同，不管远程站是否用到远程寄存器，其对应的远程寄存器地址关系都是固定不变的，系统不能随便使用和占用。

（6）缓冲存储器与 E^2PROM 的关系

数据链接是通过使用存储在内部存储器中的参数信息来执行的，当主模块的电源关闭时，参数信息就会被擦除。

1）缓冲存储器是一个临时的存储空间，暂时存放将要写到 E^2PROM 或者是内部存储器的一些参数信息。在主模块的电源关闭后，缓冲存储器中的参数信息会被擦除。

2）存储在 E^2PROM 中的参数信息可以被保存下来。将系统每次启动都需要装载的通信参数事先记录到 E^2PROM 中，以取消在每一次主站启动时往缓冲存储器里面写入的一些必要参数。如果 TO 指令使 BFM#AH b10 设为 ON，则参数被放入 E^2PROM 中。

3）当 TO 指令使 BFM#AH b8 设为 ON 时，数据链接能够被启动。

4．创建主站程序

在创建 CC-Link 主站程序时，可以按照以下步骤进行。创建程序流程如图 4-13 所示。

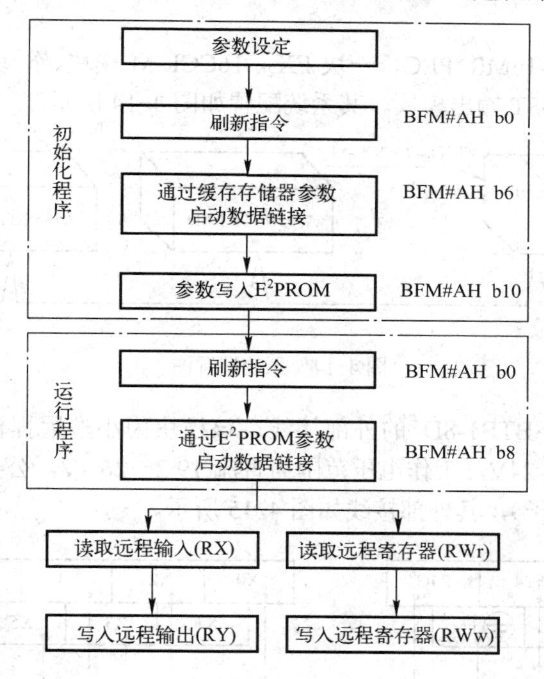

图 4-13　创建程序流程图

从流程图中可以看到，主站程序由两部分组成。一部分是初始化程序，其功能是将需要设定的通信参数预先写入 E^2PROM 内的参数存储区域中，这些参数包括与主站连接的模块数量、通信出错时进行重新连接的次数、自动返回的模块数量等。启动数据链接，如果数据链接正常，就可以实现主从站之间的正常通信。当然这种方法适合于 FX 系列和 A 系列 PLC 组成的 CC-Link 网络，如果是 Q 系列 PLC 网络，那么只需在编程软件的配置菜单中设置相应的参数即可。另一个程序为运行程序，是正常的通信程序和动作控制程序的综合。

在程序设计中，如果不用初始化程序，则也可以在主程序中加上这部分参数传送程序，但这样会影响主程序的扫描时间，所以在编制程序时通常采用单独的初始化程序。

5．FX_{2N}-16CCL-M 模块的应用

（1）控制要求

某一控制系统由 3 个站组成，站地址分别为 0 号、1 号和 2 号。0 号站为 PLC 主站，1 号站为远程输入模块，2 号站为远程输出模块。系统控制要求如下。

1）当 1 号远程输入站中的 X0 为 ON 时，PLC 的 Y0 为 ON 并保持，当 1 号远程输入站中的 X2 为 ON 时，PLC 的 Y0 变为 OFF；当 1 号远程输入站中的 X3 为 ON 时，PLC 的 Y3 也为 ON。

2）当 PLC 中的 X0 为 ON 时，2 号远程输出站中的 Y0 为 ON 并保持，当 PLC 中的 X1 为 ON 时，2 号远程输出站中的 Y0 为 OFF；当 PLC 中的 X2 为 ON 时，2 号远程输出站中的 Y2 也为 ON。

3）当 1 号远程输入站中的 X4 为 ON 时，2 号远程输出站中的 Y4 为 ON 并保持，当 1 号远程输入站中的 X5 为 ON 时，2 号远程输出站中的 Y4 为 OFF。

（2）系统配置

系统选用一台 FX_{2N}-16MR PLC、一块 FX_{2N}-16CCL-M 模块、一块 AJ65SBTB1-8D 输入模块、一块 AJ65SBTB1-8T 输出模块。其系统配置如图 4-14 所示。

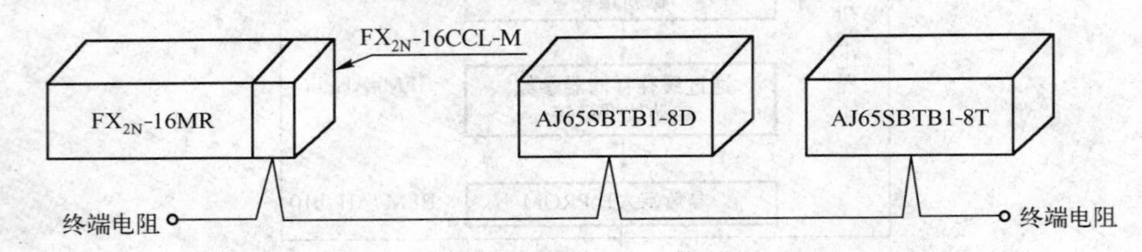

图 4-14　系统配置图

1）输入模块 AJ65SBTB1-8D 的外部接线。该模块为小型远程输入模块，输入点数为 8，额定输入电压为直流 24V，工作电压范围为直流 19.2～26.4V，公共接线方式为 8 个输入点/一个公共点（两个端子），其外部接线如图 4-15 所示。

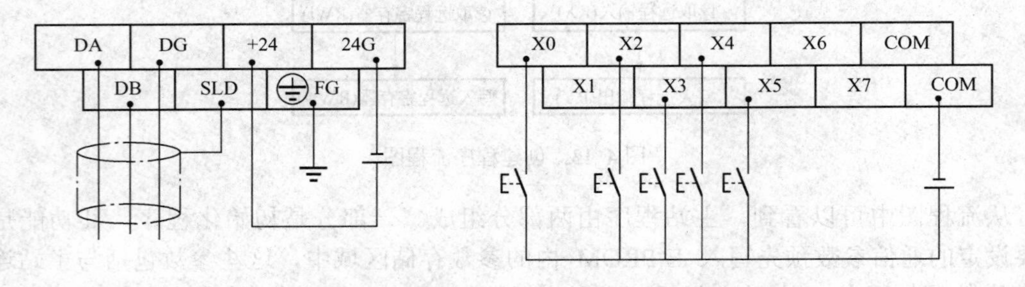

图 4-15　输入模块 AJ65SBTB1-8D 的外部接线图

2）输出模块 AJ65SBTB1-8T 的外部接线。该模块为小型远程晶体管输出模块，输出点数为 8，额定负载电压为直流 12V/24V，工作负载电压范围为直流 10.2～26.4V，每个点最大负载电流为 0.5A，公共接线方式为 8 点/一个公共点，公共点上最大负载电流为 2.4A，其外部接线如图 4-16 所示。

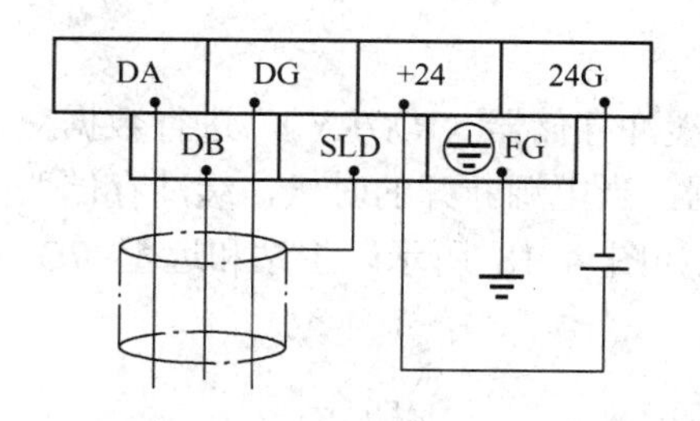

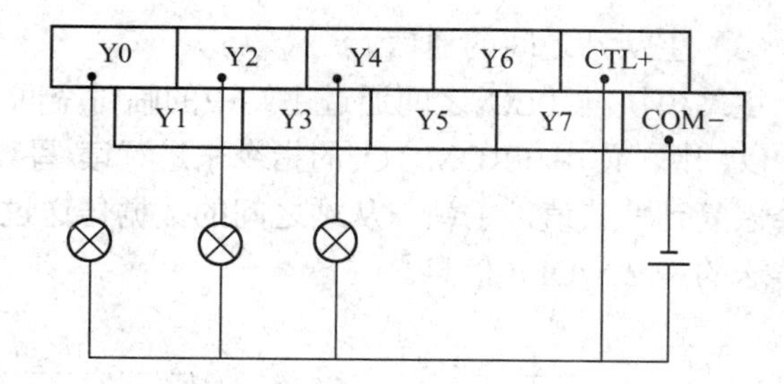

图 4-16　输出模块 AJ65SBTB1-8T 的外部接线图

3）模块之间采用专用的 CC-Link 电缆线连接。在 CC-Link 系统中应该使用专用的 CC-Link 电缆，否则系统的功能有可能无法保证。主站和两个从站模块之间的通信电缆连接如图 4-17 所示。终端站接入 110Ω的终端电阻，电缆上的屏蔽线连接至各模块的“SLD”接线端子，各模块上的“FG”为“第 3 种接地”端子，必须将其接地。

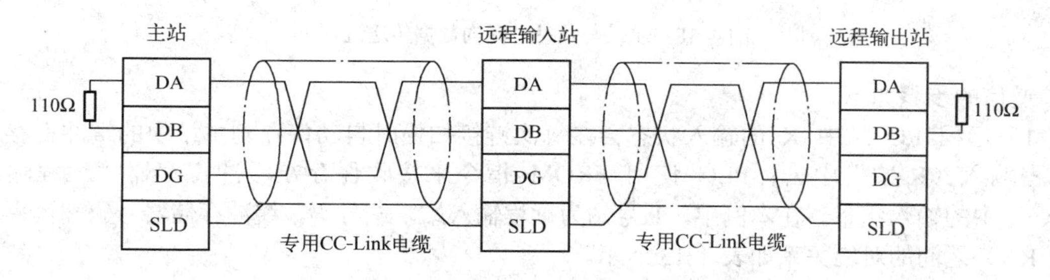

图 4-17　模块之间的通信电缆连接

4）模块的参数设置。主站、远程 I/O 站的模块参数设置分别如表 4-10～表 4-12 所示。设置参数时要求各站在同一个系统中保持相同的传输速率。

表 4-10　FX_{2N}-16CCL-M 模块参数的设置

设定开关名称	设 定 值	说　明
站号设定开关	0（×10）；0（×1）	主站设置为 00 站
模式设定开关	0	在线
传输速率设定开关	2	2.5Mbit/s
条件设定开关	OFF	

表 4-11　AJ65SBTB1-8D 模块参数的设置

设定开关名称	设 定 值	说　明
STATION NO	1	站号为 1
B RATE	2	2.5Mbit/s

表 4-12　AJ65SBTB1-8T 模块参数的设置

设定开关名称	设 定 值	说　明
STATION NO	2	站号为 2
B RATE	2	2.5Mbit/s

（3）主从站之间的通信

主站模块与 PLC 之间通过主站中的临时空间“缓冲存储器（RX/RY）”进行数据交换。在 PLC 中，使用 FROM/TO 的指令来进行读/写数据，当电源断开的时候，缓冲存储器的内容会恢复到默认值，主站与从站之间的数据传送过程如图 4-18 所示。主站和远程 I/O 站之间传送的是 ON/OFF 信息。

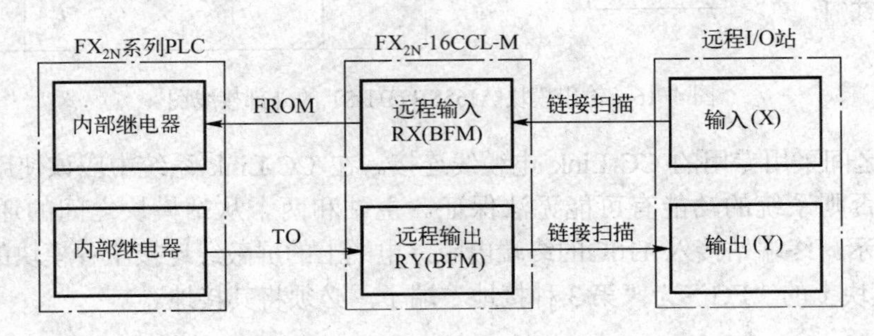

图 4-18　主站与从站之间的数据传送过程

通信的步骤如下。

1）远程 I/O 站中 X 的输入状态会在每次链接扫描时自动保存到主站中的缓冲寄存器“远程输入（RX）”中去；PLC 使用 FROM 指令来接收保存在缓冲寄存器“远程输入（RX）”中的输入状态。在本例中，1 号站为远程输入站，站号码、缓冲存储器号码和远程输入（RX）之间的对应关系如表 4-13 所示。

表 4-13　1 号站的对应关系

站　号	BFM 号	b15～b0
1	E0H	RXF～RX0
	E1H	RX1F～RX10

表 4-14　2 号站的对应关系

站　号	BFM 号	b15～b0
2	162H	RY2F～RY20
	163H	RY3F～RY30

2）PLC 使用 TO 指令，把要传送给远程 I/O 站的 ON/OFF 信息写入到主站缓冲存储器的“远程输出（RY）”中去。在主站中，缓冲存储器的“远程输出（RY）”的输出状态会在每次链接扫描时自动传送到远程 I/O 站的输出（Y）中去。在本例中，2 号站为远程输出站，站号码、缓冲存储器号码和远程输出（RY）之间的对应关系如表 4-14 所示。

（4）程序设计

1）通信的初始化。CC-Link 网络通信的初始化是指对网络进行参数设置。在编写程序时，首先要对整个 CC-Link 现场网络进行统一规划，确定各单元的设备类型、网络单元数、各单元所占的站数以及各站的特性。网络初始化程序如图 4-19 所示。设置步骤为：参数设置→刷新→用缓冲区内参数进行数据链接→写参数到 E^2PROM 中→刷新→用 E^2PROM 内参数进行数据链接。

在梯形图中，当使用 FROM 指令时，是将主站模块缓存器#AH 中的内容读入 PLC 的辅助继电器 K4M20 中，这时 BFM#AH 中的 b0 位表示模块是否正常；当 b0（M20）位为 OFF 时表示模块正常。b15 位表示模块准备就绪，当 b15（M35）位为 ON 时表明模块准备就绪，可以开始工作。

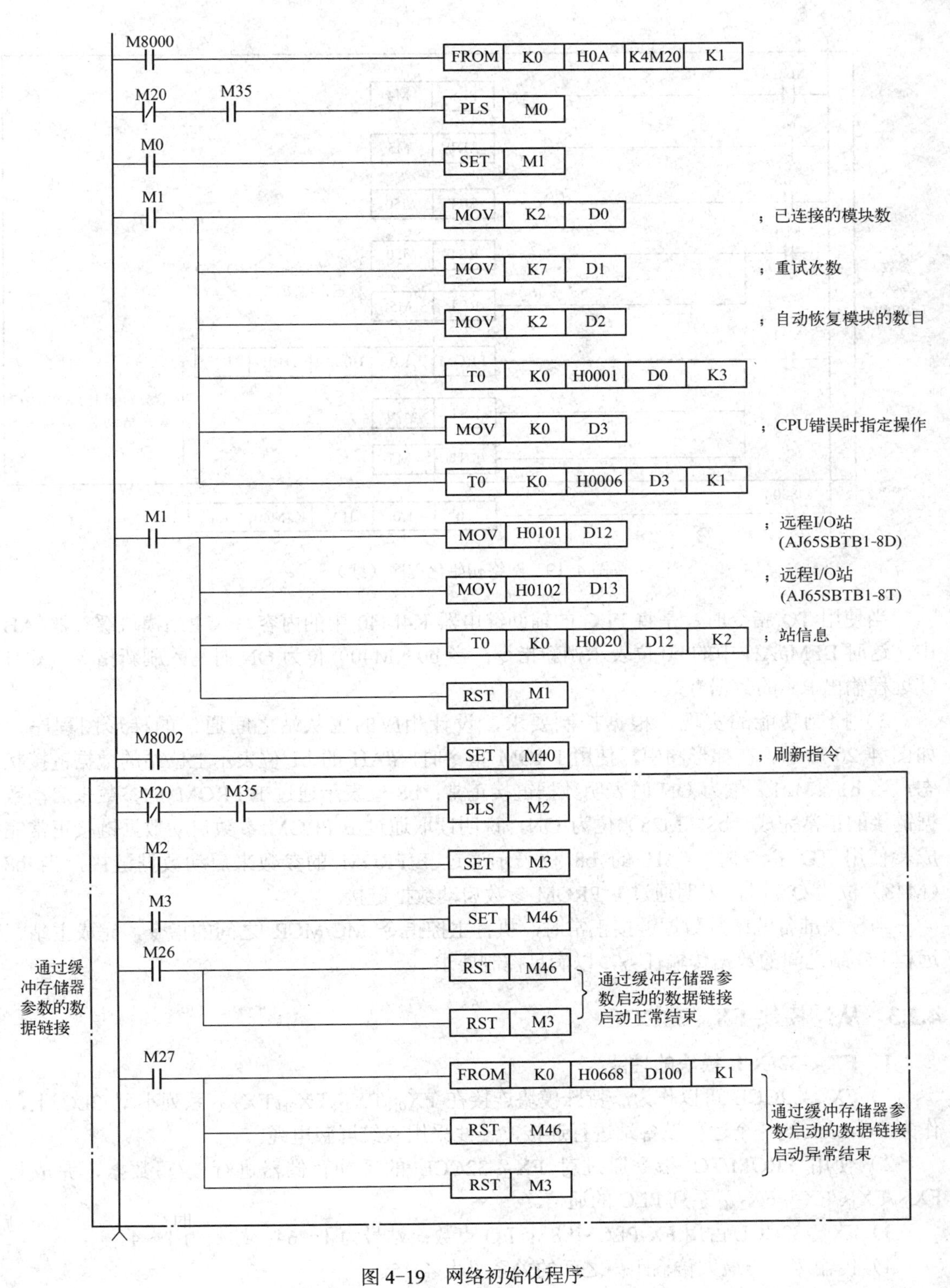

图 4-19　网络初始化程序

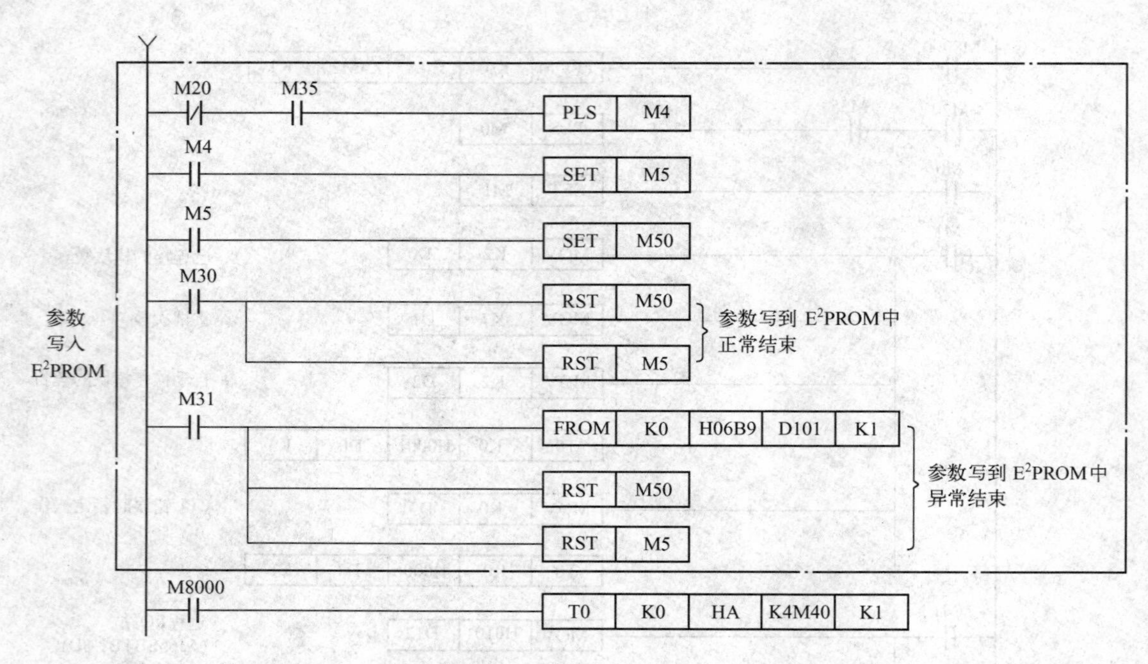

图 4-19　网络初始化程序（续）

当使用 TO 指令时，是将 PLC 的辅助继电器 K4M40 中的内容写入主站模块缓存器#AH 中，这时 BFM#AH 中的 b0 位表示刷新指令；当 b0（M40）位为 ON 时写入刷新指令，并且使远程输出 RY 的数据有效。

2）控制功能的实现。根据控制要求，设计相应的主从站之间通信的梯形图程序，如图 4-20 所示。在梯形图中，使用 FROM 指令时，#AH 的 b1 位表示上位站的数据链接状态，当 b1（M21）位为 ON 时表明数据链接正常；b8 位表示通过 E^2PROM 的参数来启动数据链接的正常完成，b8（M28）位为 ON，说明读取通过 E^2PROM 参数启动数据链接正常完成。使用 TO 指令时，#AH 的 b8 位表示通过 E^2PROM 的参数来启动数据链接，当 b8（M48）位为 ON 时，表明通过 E^2PROM 参数启动数据链接。

当模块准备就绪且数据链接正常时，执行主控指令 MC/MCR 之间的指令，完成主站、远程 I/O 站之间的数据传输任务，以满足控制要求。

4.2.3　从站模块 FX_{2N}-32CCL

1．FX_{2N}-32CCL 模块的性能

1）FX_{2N}-32CCL 可以作为一特殊模块连接在 FX_{0N}/FX_{1N}/FX_{2N}/FX_{2NC} 系列小型 PLC 上，作为 CC-Link 的一个远程设备站进行连接，连线采用双绞屏蔽电缆。

2）使用 FROM/TO 指令通过对 FX_{2N}-32CCL 的缓冲存储器进行读/写数据，完成与 FX_{0N}/FX_{1N}/FX_{2N}/FX_{2NC} 系列 PLC 的通信。

3）FX_{2N}-32CCL 占用 FX-PLC 中 8 个 I/O 点数；站号为 1～64；站数为 1～4。

4）传输速率与最大传输距离之间的关系见表 4-15。

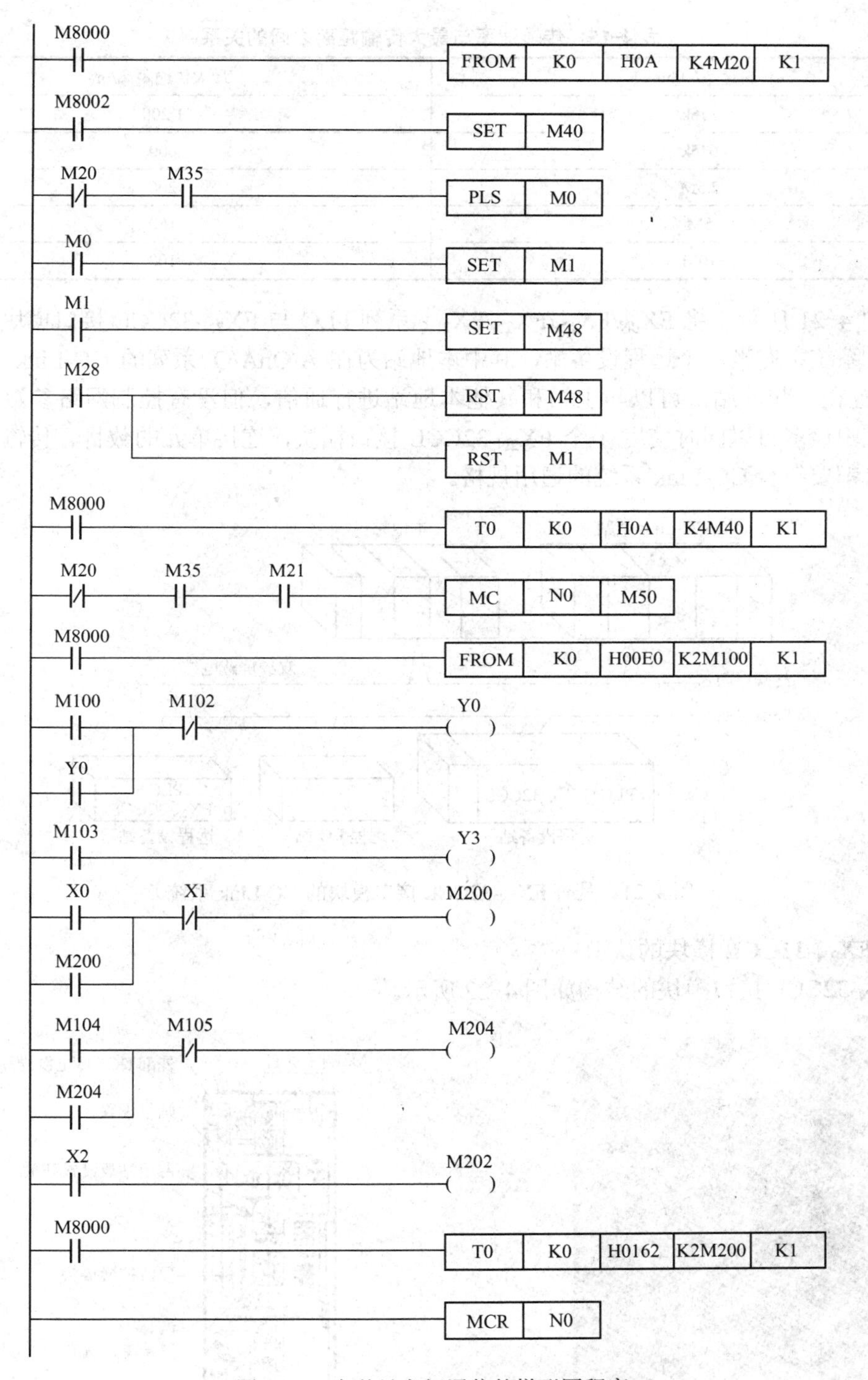

图 4-20　主从站之间通信的梯形图程序

5）每站的远程 I/O 占用点数为 32 个输入点和 32 个输出点；但是最终站的高 16 点被作为 CC-Link 系统专用的系统区；每站的远程寄存器数目为 4 个点的 RWw 读区域和 4 个点的 RWr 写区域。

表 4-15　传输速率与最大传输距离之间的关系

传输速率/（bit/s）	最大传输距离/m
156k	1 200
625k	600
2.5M	200
5M	150
10M	100

如图 4-21 所示，将 $FX_{0N}/FX_{1N}/FX_{2N}/FX_{2NC}$ 系列 PLC 与 FX_{2N}-32CCL 接口模块连接，在 CC-Link 系统中充当一个远程设备站，其中本地站为在 A/QnA/Q 系列的 CC-Link 系统中与 CPU 配置在一起的站，可以与主站和其他本地站进行通信，但没有控制网络参数的功能。一个系统中最多可以同时使用 4 个 FX_{2N}-32CCL 接口模块，连接单元的数目、传输速率和传输距离等都要符合 CC-Link 系统的通用规格。

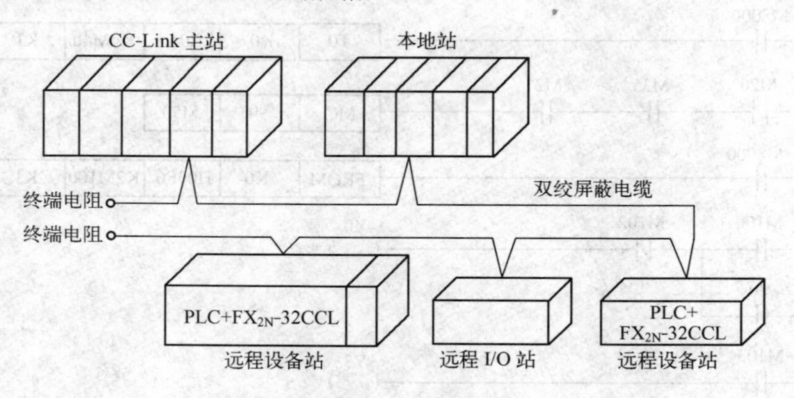

图 4-21　具有 FX_{2N}-32CCL 接口模块的 CC-Link 系统

2．FX_{2N}-32CCL 模块的认识

FX_{2N}-32CCL 接口模块的结构如图 4-22 所示。

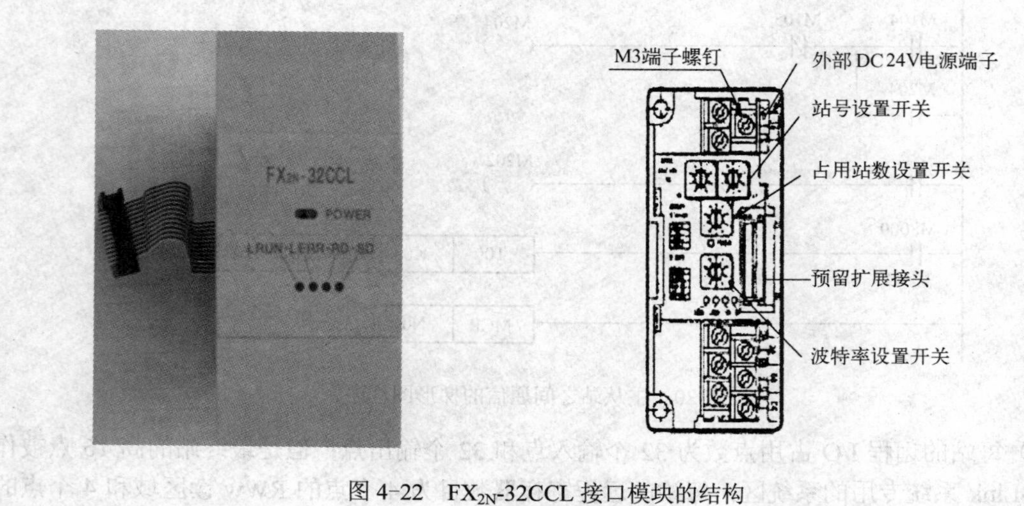

图 4-22　FX_{2N}-32CCL 接口模块的结构

其中外部 24V 直流电源规格为 DC 24V+/−10%，50mA；站号设置由旋转开关设置，编号为 1～64；占用站数由旋转开关设置，设置情况为

0：1 个站。1：2 个站。2：3 个站。3：4 个站。4～9：不存在。

传送速率由旋转开关设置，其设置如表 4-16 所示。

表 4-16　传送速率设置

旋转开关位置	对应的传输速率
0	156kbit/s
1	625kbit/s
2	2.5Mbit/s
3	5Mbit/s
4	10Mbit/s
5～9	错误设置

站号、站数和传输速率的设置可以通过 FX_{2N}-32CCL 端盖内部的旋转开关来完成。在 PLC 断电的情况下，进行旋转开关的设置；在 PLC 上电后，旋转开关的设置才有效。如果在 PLC 带电的情况下改变旋转开关的设置（站数的旋转开关除外），显示错误的指示灯就会被点亮闪烁。

对应于所选站数的远程点数和远程寄存器编号如表 4-17 所示。

表 4-17　远程点数和远程寄存器编号

站　数	类　型	远程输入	远程输出	写远程寄存器	读远程寄存器
1	用户区	RX00～RX0F （16 个点）	RY00～RY0F （16 个点）	RWr0～ RWr3 （4 个点）	RWw0～ RWw3 （4 个点）
	系统区	RX10～RX1F （16 个点）	RY10～RY1F （16 个点）	—	—
2	用户区	RX00～RX2F （48 个点）	RY00～RY2F （48 个点）	RWr0～ RWr7 （8 个点）	RWw0～ RWw7 （8 个点）
	系统区	RX30～RX3F （16 个点）	RY30～RY3F （16 个点）	—	—
3	用户区	RX00～RX4F （80 个点）	RY00～RY4F （80 个点）	RWr0～ RWrB （12 个点）	RWw0～ RWwB （12 个点）
	系统区	RX50～RX5F （16 个点）	RY50～RY5F （16 个点）	—	—
4	用户区	RX00～RX6F （112 个点）	RY00～RY6F （112 个点）	RWr0～ RWrF （16 个点）	RWw0～ RWwF （16 个点）
	系统区	RX70～RX7F （16 个点）	RY70～RY7F （16 个点）	—	—

3．FX_{2N}-32CCL 模块的连线

FX_{2N}-32CCL 接口模块通过扩展电缆与 PLC 扩展口连接，如图 4-23 所示。它可以直接与 $FX_{0N}/_{1N}/_{2N}$ PLC 连接，也可以与其他扩展模块或扩展单元的右侧连接，最多可以连接 8 个特殊单元，单元编号为 0～7，根据离基本单元的距离由近到远排列。FX_{2N}-32CCL 模块需要由 24V DC 提供电源，可由 PLC 单元供给，也可由外部电源供给。

FX_{2N}-32CCL 接口模块的通信端通过双绞屏蔽电缆与从站相连，模块之间的通信电缆连接如图 4-24 所示。连接要点如下。

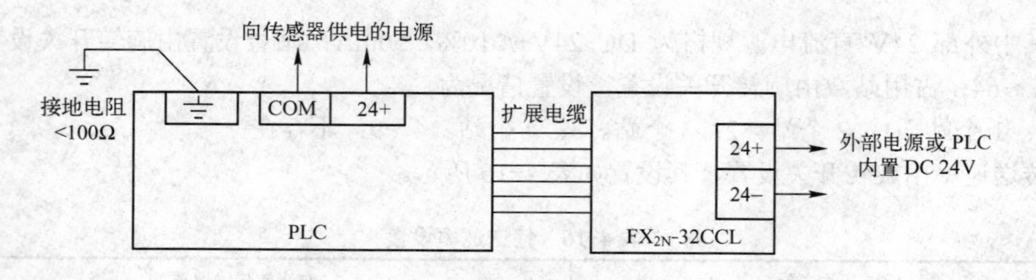

图 4-23　FX_{2N}-32CCL 接口模块与 PLC 扩展口的连接

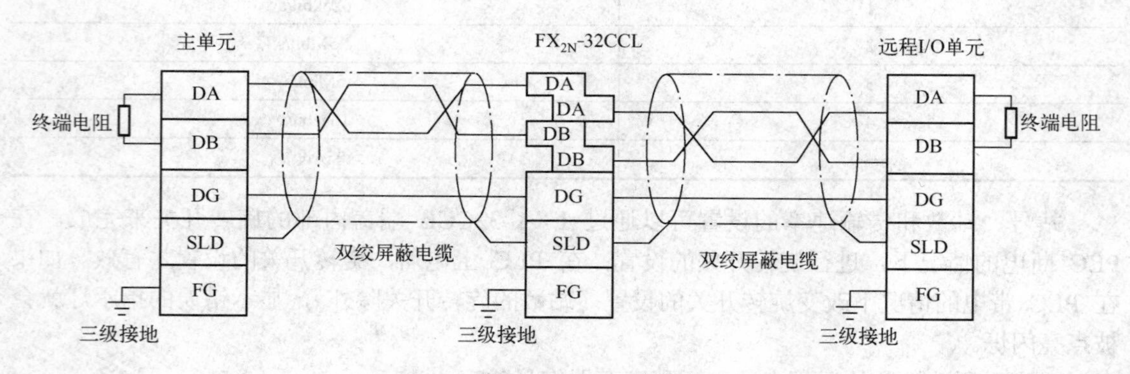

图 4-24　模块之间的通信电缆连接

1）用双绞屏蔽电缆将各站的 DA 与 DA 端子、DB 与 DB 端子、DG 与 DG 端子连接。FX_{2N}-32CCL 拥有两个 DA 端子和两个 DB 端子，非常方便与下一个站连接。

2）将每站的 SLD 端子与双绞屏蔽电缆的屏蔽层相连。

3）每站的 FG 端子采用三级接地。

4）各站的连线可以从任何一点进行，与编号站号无关。

5）当 FX_{2N}-32CCL 作为最终站时，在 DA 和 DB 的端子间需要接一个终端电阻。

4．FX_{2N}-32CCL 模块的缓冲存储器

（1）FX_{2N}-32CCL 接口模块中的数据通信

FX_{2N}-32CCL 接口模块通过内置缓冲存储器（BFM）在 PLC 与 CC-Link 主站之间传送数据。缓冲存储器由写专用存储器和读专用存储器组成。通过 TO 指令，PLC 可将数据写入写专用存储器中，然后将数据传送给主站；通过 FROM 指令，PLC 可以从读专用存储器中将由主站传来的数据读到 PLC 中。FROM/TO 指令数据流程如图 4-25 所示。

（2）读专用缓冲存储器

使用在 FX_{2N}-32CCL 中的“读专用缓冲存储器”来保存主站写进来的数据以及 FX_{2N}-32CCL 的系统信息。PLC 可以通过 FROM 指令从“读专用缓冲存储器”中将相关内容读出。

“读专用缓冲存储器”中的内容如表 4-18 所示，其使用说明及使用方法如下。

1）BFM#0～#7（远程输出 RY00～RY7F）。16 个远程输出点 RY□F～RY□0 被分配给每个缓冲存储器的 b15～b0 位，每位指示的 ON/OFF 状态信息表示主单元写给 FX_{2N}-32CCL 的远程输出内容，PLC 通过 FROM 指令将这些信息读进 PLC 的位元件或字元件中；远程输出的点数范围（RY00～RY7F）取决于选择的站数（1～4）；最终站的高 16 点作为 CC-Link 系统专用区，不能作为用户区使用，分布情况如表 4-17 所示。

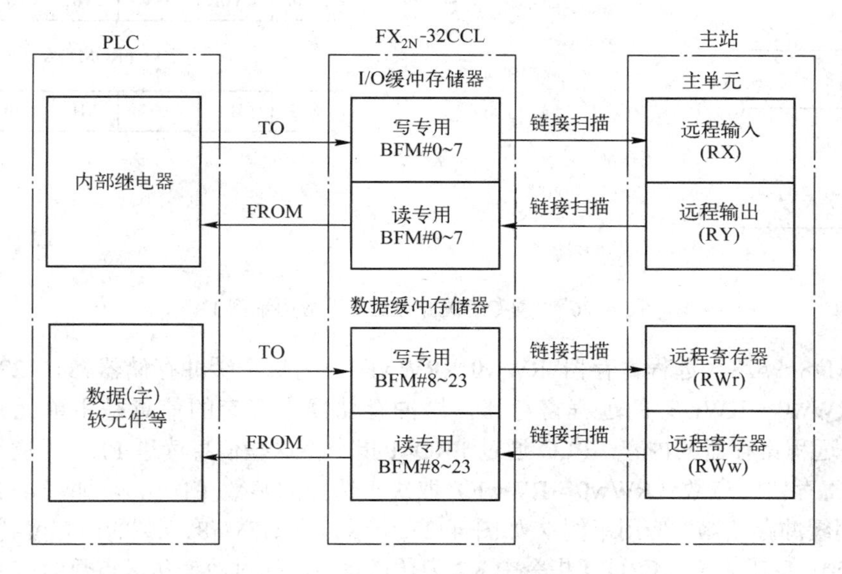

图 4-25　FROM/TO 指令数据流程图

表 4-18　“读专用缓冲存储器”中的内容

BFM 编号	功　能	BFM 编号	功　能
#0	远程输出 RY00～RY0F(设定站)	#16	远程寄存器 RWw8（设定站+2）
#1	远程输出 RY10～RY1F(设定站)	#17	远程寄存器 RWw9（设定站+2）
#2	远程输出 RY20～RY2F(设定站+1)	#18	远程寄存器 RWwA（设定站+2）
#3	远程输出 RY30～RY3F(设定站+1)	#19	远程寄存器 RWwB（设定站+2）
#4	远程输出 RY40～RY4F(设定站+2)	#20	远程寄存器 RWwC（设定站+3）
#5	远程输出 RY50～RY5F(设定站+2)	#21	远程寄存器 RWwD（设定站+3）
#6	远程输出 RY60～RY6F(设定站+3)	#22	远程寄存器 RWwE（设定站+3）
#7	远程输出 RY70～RY7F(设定站+3)	#23	远程寄存器 RWwF（设定站+3）
#8	远程寄存器 RWw0（设定站）	#24	波特率设定值
#9	远程寄存器 RWw1（设定站）	#25	通信状态
#10	远程寄存器 RWw2（设定站）	#26	CC-Link 模块代码
#11	远程寄存器 RWw3（设定站）	#27	本站的编号
#12	远程寄存器 RWw4（设定站+1）	#28	占用站数
#13	远程寄存器 RWw5（设定站+1）	#29	出错代码
#14	远程寄存器 RWw6（设定站+1）	#30	FX 系列模块代码（K7040）
#15	远程寄存器 RWw7（设定站+1）	#31	保留

“读专用缓冲存储器”应用示例 1 如图 4-26 所示。将 BFM#0 的 b15～b0 位状态读到 PLC 的 M15～M0 辅助继电器中，FROM 指令中 K1 为传送点数，其值可在 K1～K8 变化，对应的 PLC 中间继电器 M 值变化范围为 M127～M0。

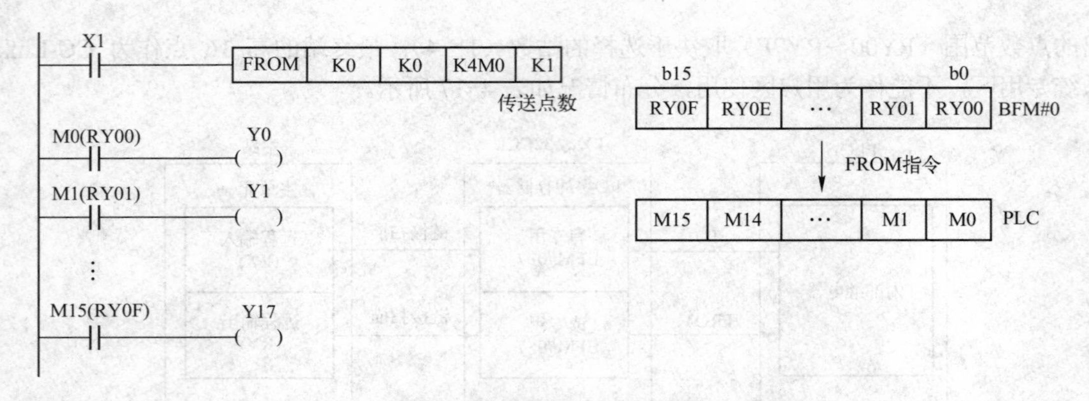

图 4-26 “读专用缓冲存储器”应用示例 1

2）BFM#8～#23（远程寄存器 RWw0～RWwF）。为每个缓冲存储器#8～#23 分配了一个编号为 RWw0～RWwF 的远程寄存器，缓冲存储器中存有的信息是主单元写给 FX_{2N}-32CCL 有关远程寄存器的内容，PLC 通过 FROM 指令将这些信息读进 PLC 的位元件或字元件中；远程寄存器的点数（RWw0～RWwF）取决于选择的站数（1～4），如表 4-17 所示。

“读专用缓冲存储器”应用示例 2 如图 4-27 所示。将 BFM#8、#9 的内容读到 PLC 的数据寄存器 D50、D51 中去，FROM 指令中 K2 为传送点数，通过改变传送点数的值 K1～K16，读入 BFM 的点数也相应变化。

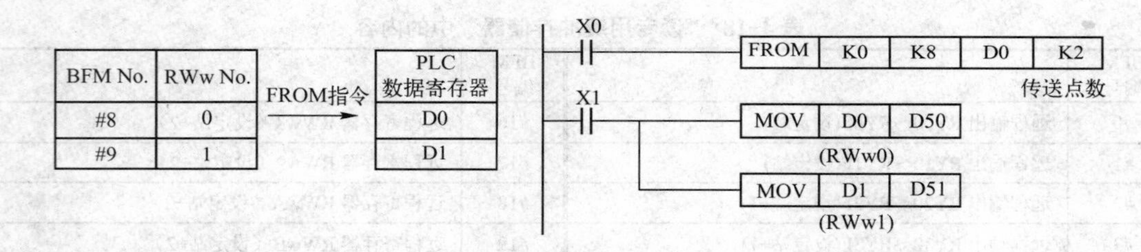

图 4-27 “读专用缓冲存储器”应用示例 2

3）BFM#24（波特率设定值）。用以保存 FX_{2N}-32CCL 模块上波特率设定开关的设定值，取值为 0～4，分别对应 156kbit/s、625kbit/s、2.5Mbit/s、5Mbit/s、10Mbit/s。只有当 PLC 上电时，设定值才起作用，如果是在带电情况下改变设定值，那么改变的值只有在下次重新上电时才有效。

4）BFM#25（通信状态）。该缓冲存储器 b15～b0 位以 ON/OFF 的形式保存主站 PLC 的通信状态信息，只有当执行链接通信状态时，主站 PLC 的信息才有效。缓冲存储器#25 每位对应的功能如表 4-19 所示。

表 4-19 缓冲存储器#25 每位对应的功能

位	功 能	位	功 能
b0	CRC 错误	b8	主站 PLC 正在运行
b1	超时出错	b9	主站 PLC 出错
b2～b6	保留	b10～b15	保留
b7	链接正在执行		

5）BFM#26（CC-Link 模块代码）。模块代码格式如图 4-28 所示。

6）BFM#27（本站编号）。用以保存 FX_{2N}-32CCL 模块上站号设定开关的设定值，取值为 1～64。只有当 PLC 上电时，设定值才起作用，如果是在带电情况下改变设定值，改变的值只有在下次重新上电时才会起作用。

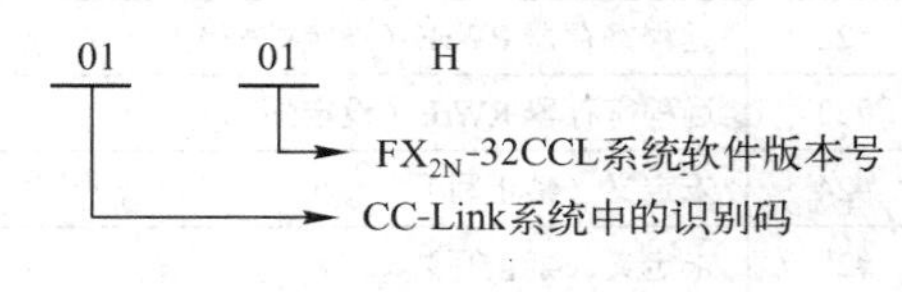

图 4-28　模块代码格式

7）BFM#28（占用站数的设定值）。用以保存 FX_{2N}-32CCL 模块上占用站数设定开关的设定值，取值为 0～3，分别对应占用 1 个站、2 个站、3 个站、4 个站。

8）BFM#29（出错代码）。出错内容以 ON/OFF 的形式保存在 b15～b0 位，其位功能如表 4-20 所示。

表 4-20　缓冲存储器#29 的位功能

位	功　能	位	功　能
b0	站号设置错误	b5	波特率改变错误
b1	波特率设置错误	b6～b7	保留
b2～b3	保留	b8	无外部 24V 供电
b4	站号改变错误	b9～b15	保留

9）BFM#30（FX 系列模块代码）。该缓冲存储器用以保存分配给 FX 系列的每一个特殊扩展设备的模块代码。FX_{2N}-32CCL 模块的代码为 K7040。

（3）写专用缓冲存储器

使用在 FX_{2N}-32CCL 中的“写专用缓冲存储器”保存 PLC 写给主站的数据。PLC 可以通过 TO 指令将 PLC 中位和字元件的内容写入“写专用缓冲存储器”中。

“写专用缓冲存储器”中的内容如表 4-21 所示，其使用说明及使用方法如下。

表 4-21　“写专用缓冲存储器”中的内容

BFM 编号	功　能	BFM 编号	功　能
#0	远程输入 RX00～RX0F(设定站)	#11	远程寄存器 RWr3（设定站）
#1	远程输入 RX10～RX1F(设定站)	#12	远程寄存器 RWr4（设定站+1）
#2	远程输入 RX20～RX2F(设定站+1)	#13	远程寄存器 RWr5（设定站+1）
#3	远程输入 RX30～RX3F(设定站+1)	#14	远程寄存器 RWr6（设定站+1）
#4	远程输入 RX40～RX4F(设定站+2)	#15	远程寄存器 RWr7（设定站+1）
#5	远程输入 RX50～RX5F(设定站+2)	#16	远程寄存器 RWr8（设定站+2）
#6	远程输入 RX60～RX6F(设定站+3)	#17	远程寄存器 RWr9（设定站+2）
#7	远程输入 RX70～RX7F(设定站+3)	#18	远程寄存器 RWrA（设定站+2）
#8	远程寄存器 RWr0（设定站）	#19	远程寄存器 RWrB（设定站+2）
#9	远程寄存器 RWr1（设定站）	#20	远程寄存器 RWrC（设定站+3）
#10	远程寄存器 RWr2（设定站）	#21	远程寄存器 RWrD（设定站+3）

（续）

BFM 编号	功能	BFM 编号	功能
#22	远程寄存器 RWrE（设定站+3）	#27	未定义（禁止写）
#23	远程寄存器 RWrF（设定站+3）	#28	未定义（禁止写）
#24	未定义（禁止写）	#29	未定义（禁止写）
#25	未定义（禁止写）	#30	未定义（禁止写）
#26	未定义（禁止写）	#31	保留

1）BFM#0～#7（远程输入 RX00～RX7F）。16 个远程输入点 RX□F～RX□0 被分配给每个缓冲存储器的 b15～b0 位。要从 PLC 写数据到主单元，首先要将这些信息传到“写专用缓冲存储器”中，PLC 通过 TO 指令完成这个功能；在 FX_{2N}-32CCL 中，远程输入的点数范围（RX00～RX7F）取决于选择的站数（1～4）；最终站的高 16 点作为 CC-Link 系统专用区，不能作为用户区使用，分布情况如表 4-17 所示。

“写专用缓冲存储器”应用示例 1 如图 4-29 所示。将 PLC 的中 M115～M100 的状态送到 BFM#0 的 b15～b0 位中，通过改变 TO 指令中传送点数的值 K1～K8，一次可以写入多个 BFM 点数。

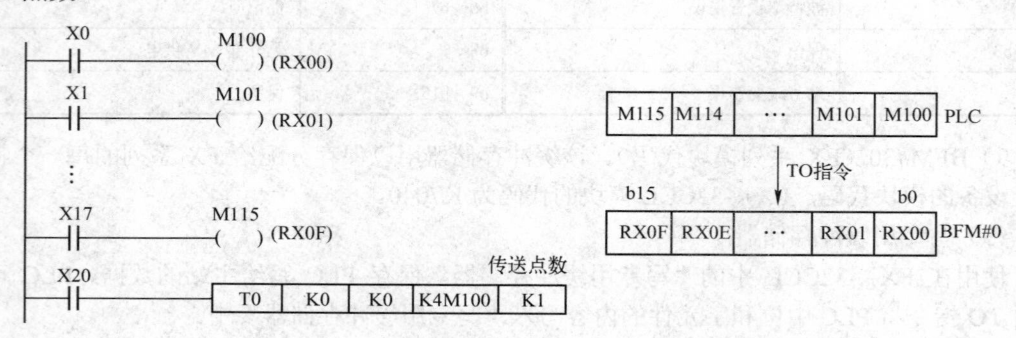

图 4-29 “写专用缓冲存储器”应用示例 1

2）BFM#8～#23（远程寄存器 RWr0～RWrF）。为每个缓冲存储器#8～#23 分配了一个编号为 RWr0～RWrF 的远程寄存器，缓冲存储器里存有的信息是 PLC 要写到主单元的信息。PLC 通过 TO 指令将 PLC 中的位元件和字元件的内容写入这些缓冲存储器中。在 FX_{2N}-32CCL 中，远程寄存器的点数（RWr0～RWrF）取决于选择的站数（1～4），分布情况如表 4-17 所示。

“写专用缓冲存储器”应用示例 2 如图 4-30 所示。将 PLC 的中 D100、D101 的状态送到 BFM#8、#9 缓冲存储器中，通过改变 TO 指令中传送点数的值 K1～K16，一次可以写入 BFM 的点数也相应变化。

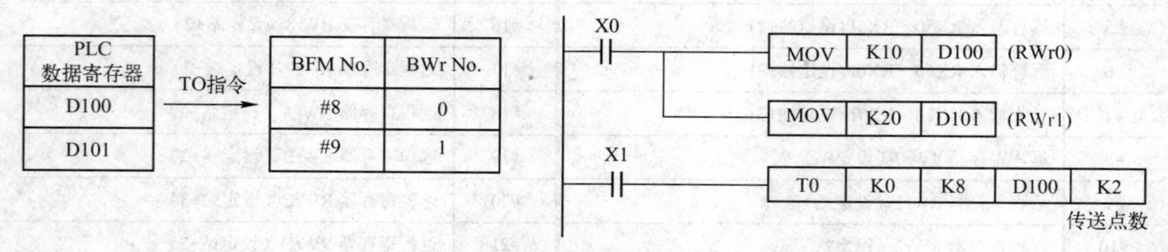

图 4-30 “写专用缓冲存储器”应用示例 2

4.2.4 基于 FX_{2N} 系列 PLC 的 CCLink 现场总线应用

1．系统配置及控制要求

系统配置如图 4-31 所示，由主站、远程输入站和远程设备站组成。

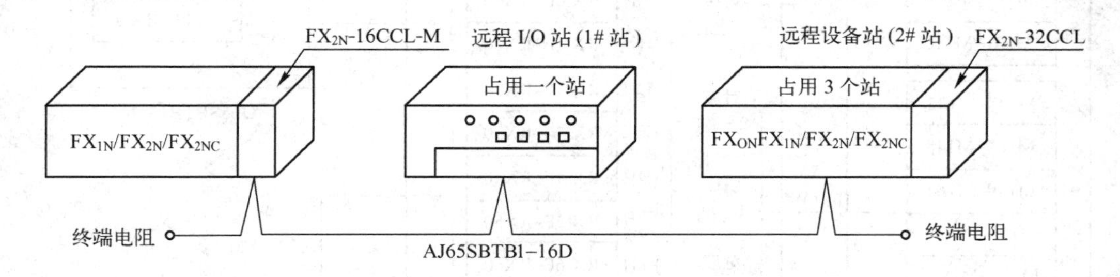

图 4-31　系统配置

要求系统实现如下控制功能。

1）当 AJ65SBTB1-16D（1 号站）中 X0～X7 输入状态为 ON 时，主站 PLC 的 Y0～Y7 的输出状态也为 ON。

2）当 FX_{2N}-32CCL（2 号站）中的 RX00 状态为 ON 时，主站 PLC 的 Y10 的输出也为 ON。

3）当主站 PLC 的 X0 输入状态为 ON 时，FX_{2N}-32CCL 中的 RY00 状态也为 ON。

2．站参数的设定

主站、1 号远程 I/O 站、2 号远程设备站参数的设置分别如表 4-22～表 4-24 所示。

表 4-22　主站参数的设置

设定开关名称	设 定 值	说 明
站号设定开关	0（×10）；0（×1）	主站设置为 00 站
模式设定开关	0	在线
传输速率设定开关	2	2.5Mbit/s
条件设定开关	OFF	

表 4-23　1 号远程 I/O 站参数的设置

设定开关名称	设 定 值	说 明
站号设定开关	0（×10）；1（×1）	站号为 1
传输速率设定开关	2	2.5Mbit/s

表 4-24　2 号远程设备站参数的设置

设定开关名称	设 定 值	说 明
站号设定开关	0（×10）；2（×1）	站号为 2
占用站数	2（3st）	占用 3 个站
传输速率设定开关	2	2.5Mbit/s

3．控制功能的实现

1）位信息的读/写对应关系。在本例中，在主站、远程输入站、远程设备站之间位信息的读/写对应关系如图 4-32 所示。

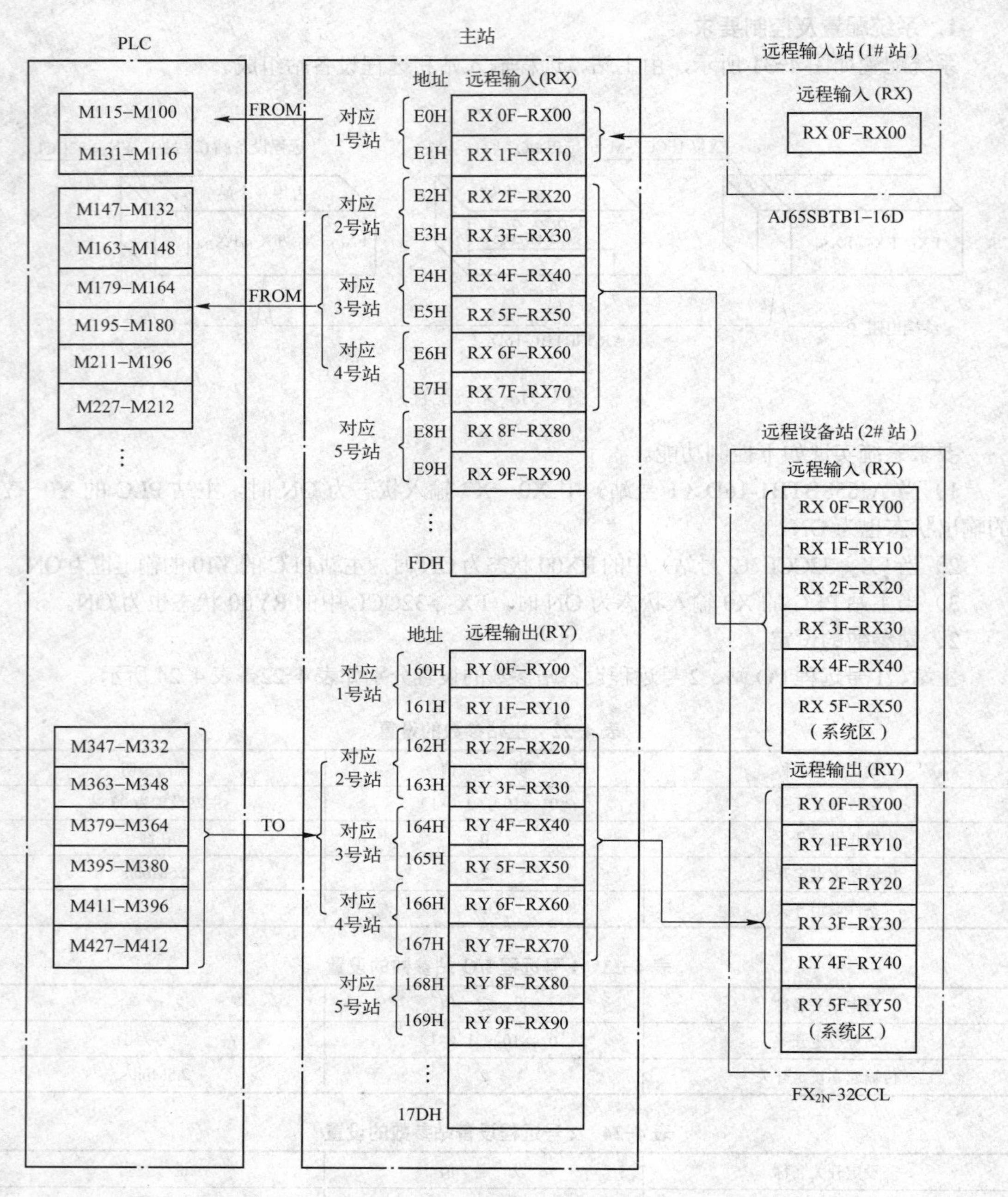

图 4-32　位信息的读/写对应关系

2）字信息的读/写对应关系。远程设备站站号为 2，占用 3 个站，与主站之间字信息的读/写对应关系如图 4-33 所示。

3）程序的实现。根据控制要求，通信初始化梯形图程序如图 4-34 所示。PLC 在运行时会自动开始数据链接；按照图 4-35 的程序，可以进行 E^2PROM 参数的数据链接。

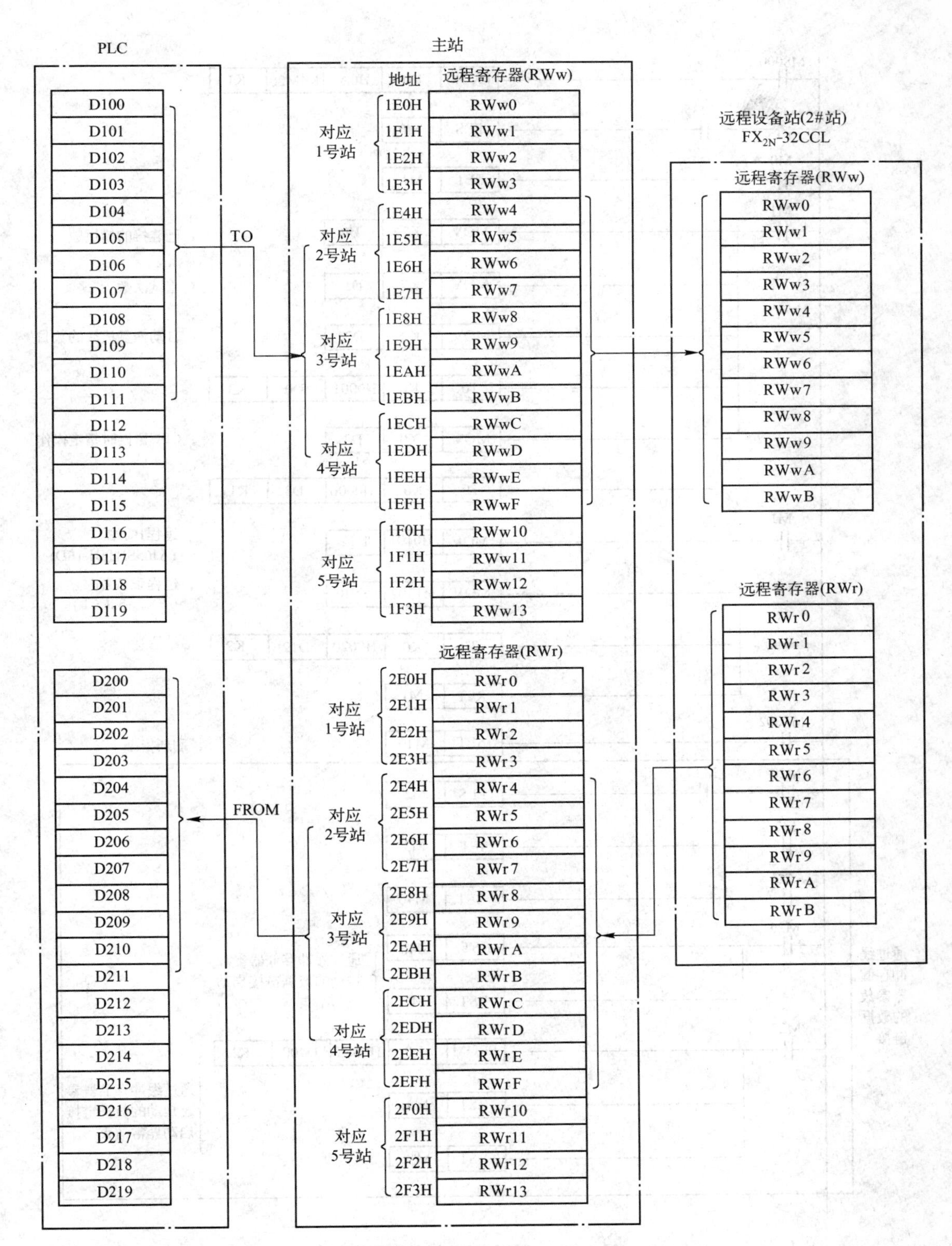

图 4-33　与主站之间字信息的读/写对应关系

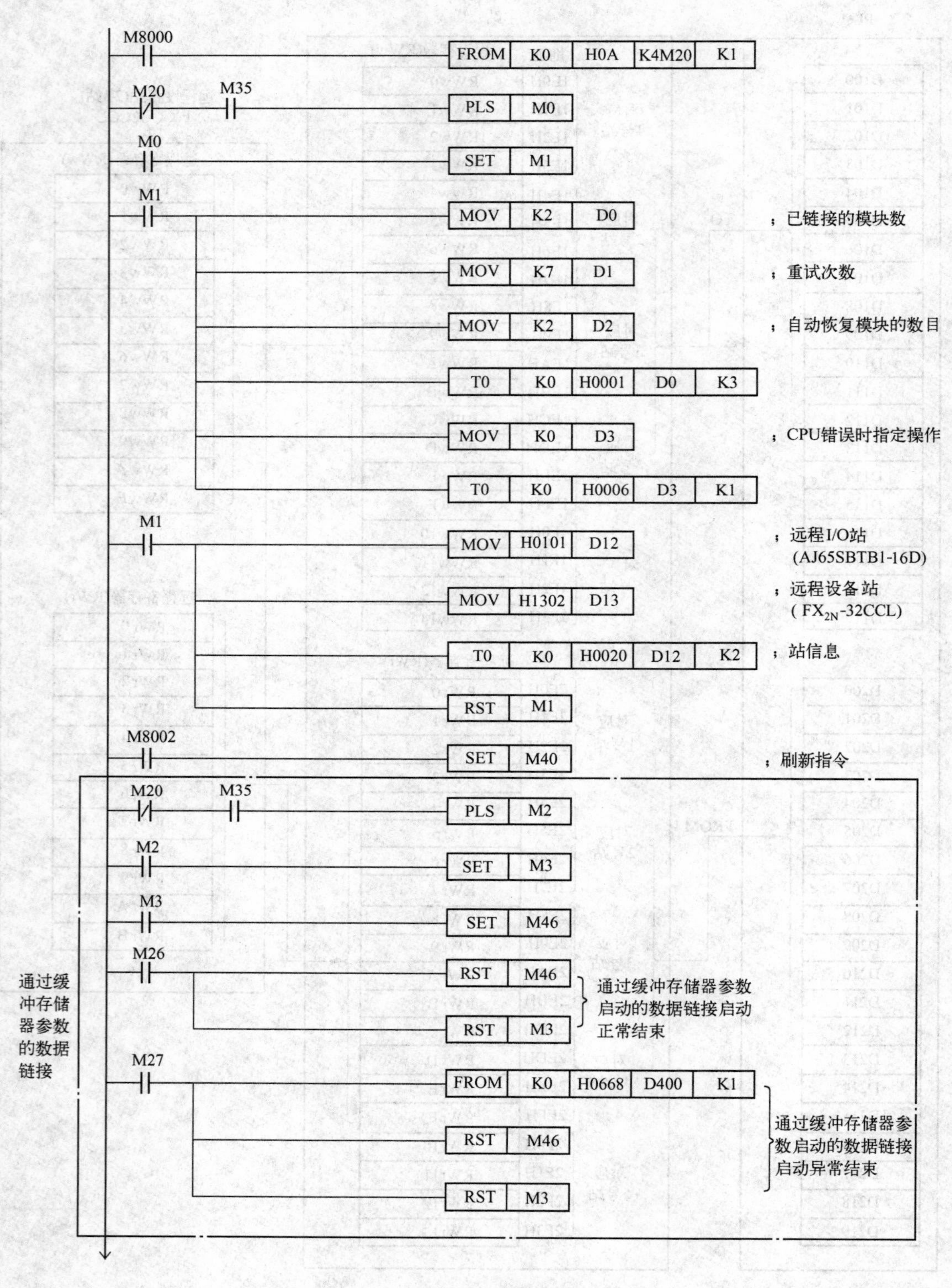

图 4-34　通信初始化梯形图程序

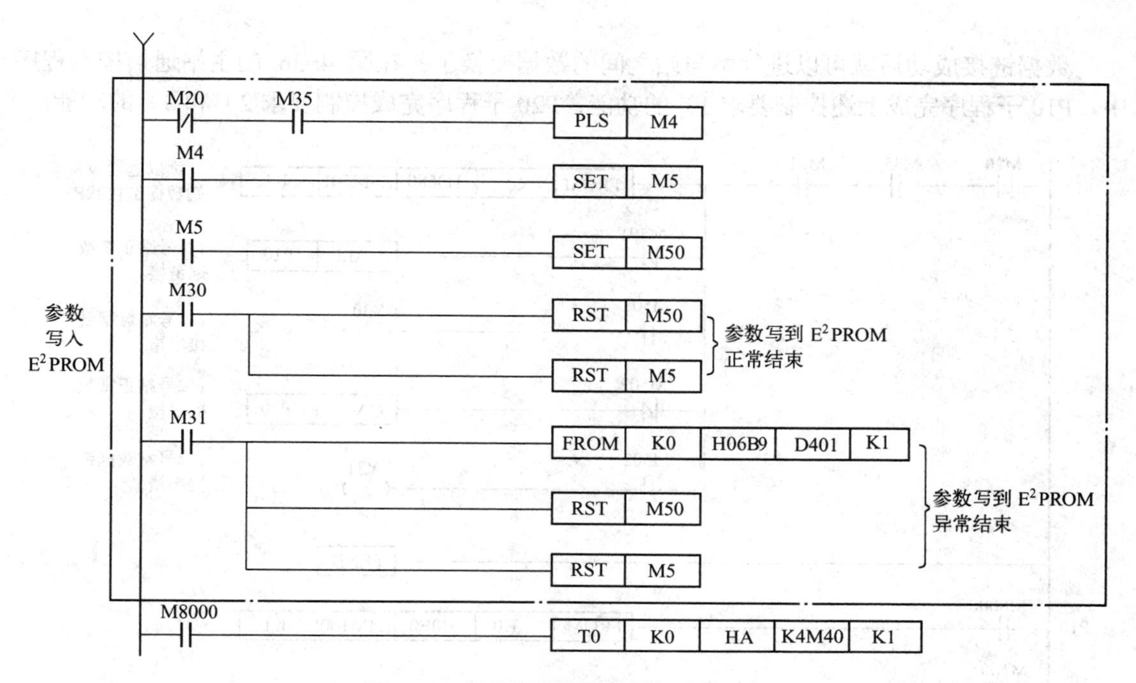

图 4-34 通信初始化梯形图程序（续）

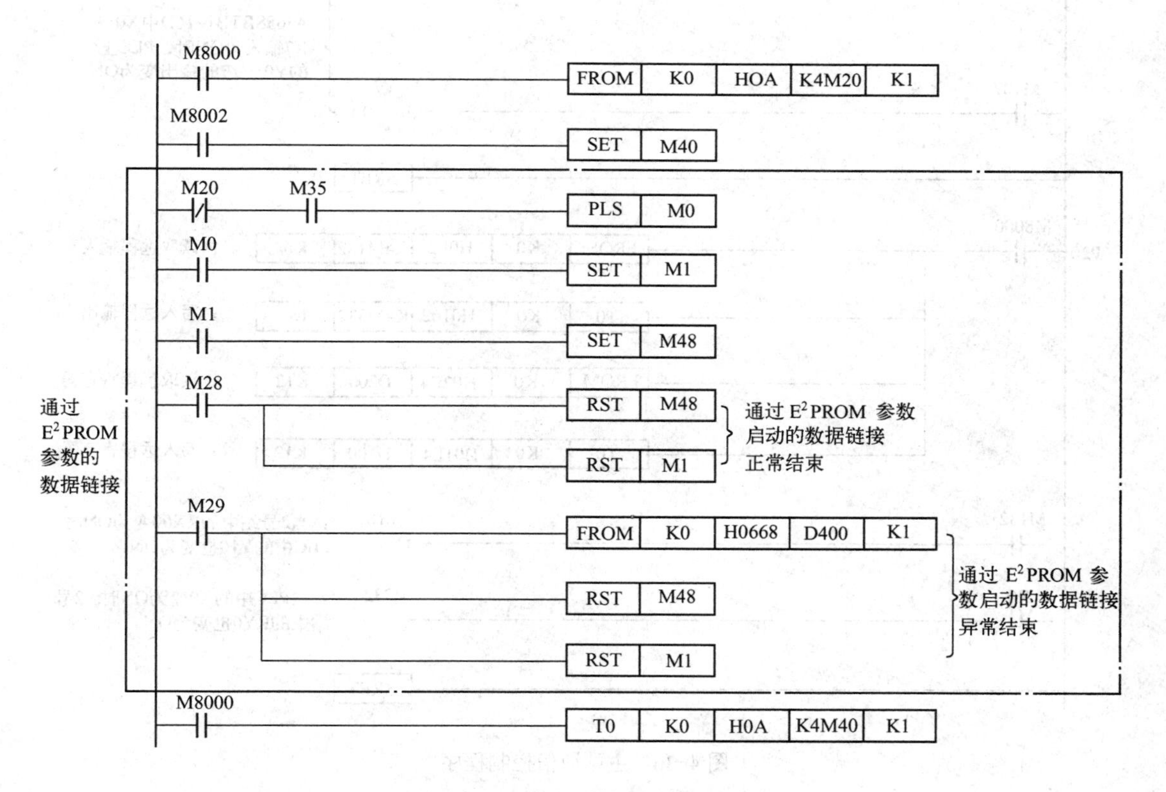

图 4-35 数据链接操作用程序

数据链接成功后就可以进行站与站之间的数据交换了。在图 4-36 的主站通信控制程序中，P10 子程序完成上述控制要求 1）的功能，P20 子程序完成控制要求 2）和 3）的功能。

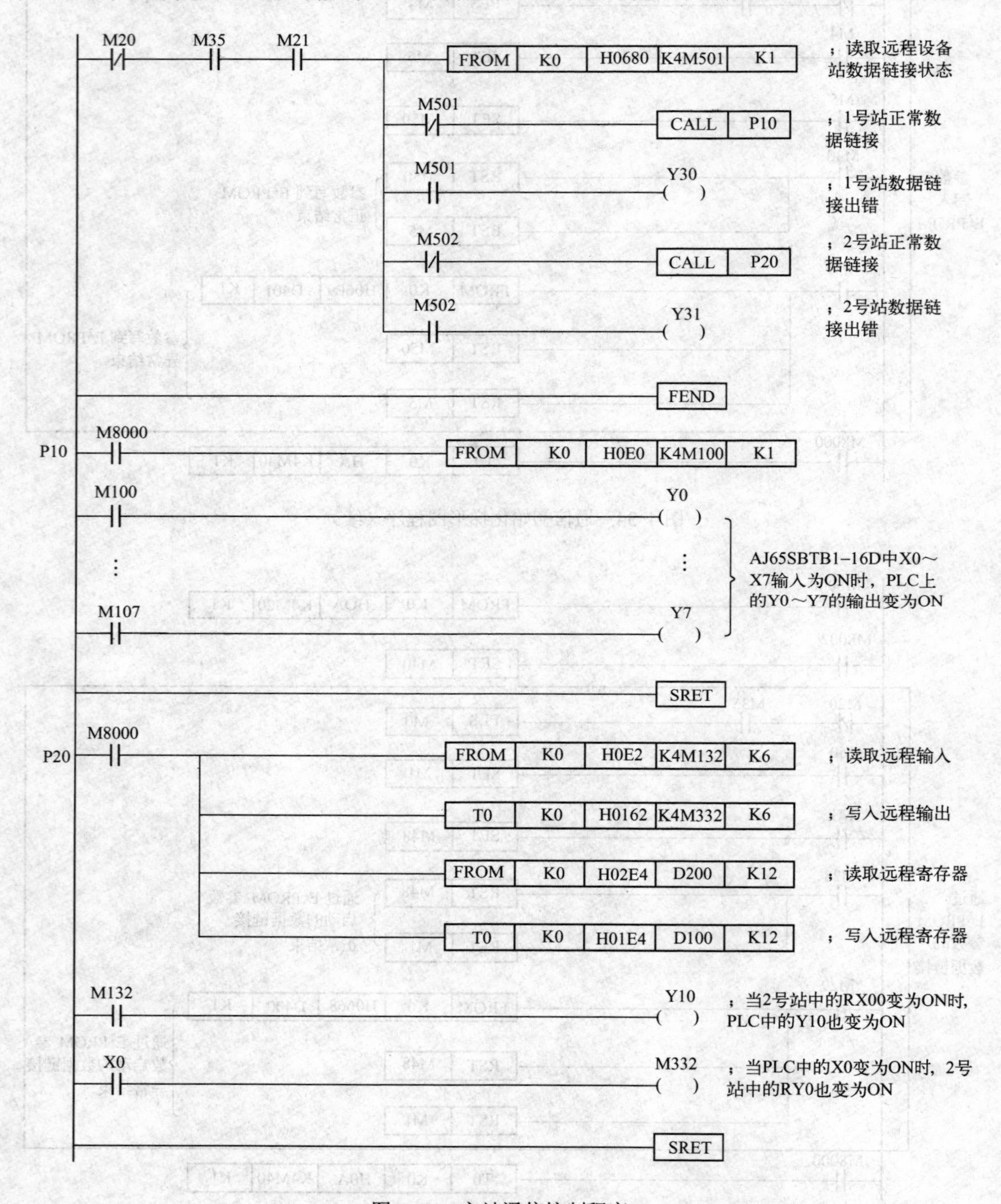

图 4-36　主站通信控制程序

4.3 Q 系列 CC-Link 现场总线系统的构建

4.3.1 Q 系列 PLC 介绍

Q 系列PLC是三菱公司从原 A 系列 PLC 基础上发展起来的大中型 PLC 系列产品，Q 系列 PLC 采用了模块化的结构形式，系列产品的组成与规模灵活可变，最大输入输出点数达到 4 096 点；最大程序存储器容量可达 252K 步，采用扩展存储器后可以达到 32M；基本指令的处理速度可以达到 34ns；其性能水平居世界领先地位，适合各种中等复杂机械、自动生产线的控制场合。

Q 系列 PLC 的基本组成包括电源模块、CPU 模块、基板和 I/O 模块等。通过扩展基板与 I/O 模块可以增加 I/O 点数，通过扩展储存器卡可增加程序储存器容量，通过各种特殊功能模块可提高 PLC 的性能，扩大 PLC 的应用范围。

Q 系列 PLC 可以实现多 CPU 模块在同一基板上的安装，CPU 模块间可以通过自动刷新来进行定期通信或通过特殊指令进行瞬时通信，以提高系统的处理速度。特殊设计的过程控制 CPU 模块与高分辨率的模拟量输入/输出模块，可以适合各类过程控制的需要。最大可以控制 32 轴的高速运动控制CPU 模块，可以满足各种运动控制的需要。

Q 系列 PLC CC-Link 模块主要有 QJ61BT11（V1.0）和 QJ61BT11N（V2.0）模块，下面以 QJ61BT11 模块为例，介绍 Q 系列 CC-Link 模块的性能和用法。

4.3.2 Q 系列 QJ61BT11 模块

1．模块认识

QJ61BT11 是三菱 Q 系列的主站模块或本地模块。图 4-37 是具有 QJ61BT11 主站模块的 CC-Link 系统示意图。在购买模块时会随模块配备终端电阻 110Ω、220Ω各两个、QJ61BT11 硬件手册一份；使用的编程和组态软件为 GX-Geveloper（SW4D5C-GPPW-E 或更高版本）。

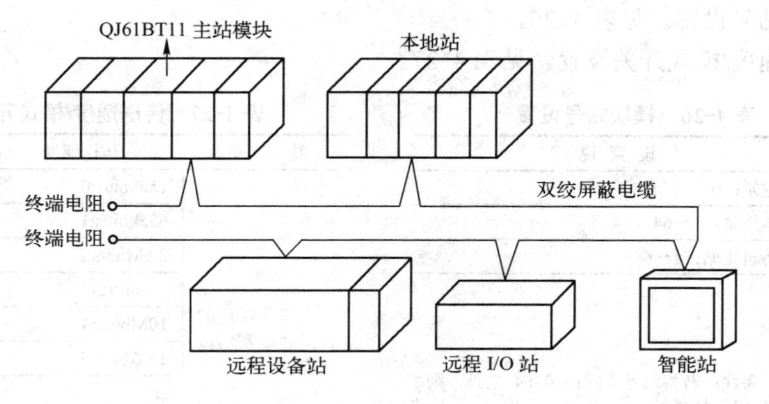

图 4-37　具有 QJ61BT11 主站模块的 CC-Link 系统示意图

QJ61BT11 模块外观结构如图 4-38 所示。参照结构图中的标注，说明各个部分的作用如下。

1）Led 指示器。其作用见表 4-25。

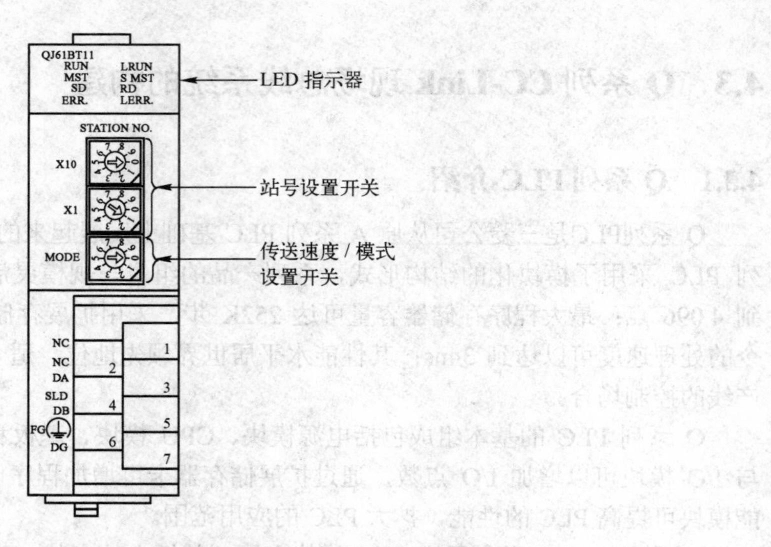

图 4-38　QJ61BT11 模块外观结构图

表 4-25　LED 指示器的作用

LED 名称	描　述	LED 状态	
		正　常	异　常
RUN	模块工作状态	ON	OFF：模块异常
L RUN	数据链接开始执行	ON	OFF
MST	设置为主站	ON	OFF
S MST	待机主站状态	ON	OFF
SD	传送通信数据	ON	OFF
RD	接收通信数据	ON	OFF
ERR	通过参数设置站的通信状态	OFF	ON：通信错误出现在所有站 闪烁：通信错误出现在某些站
L ERR	出现通信错误	OFF	ON：出现错误通信（主站） 固定间隔闪烁：电源为 ON 时更改开关设置 不固定间隔闪烁：终端电阻未链接或通信电缆受到干扰

2）模块站号设置。见表 4-26。

3）传送速度/模式开关设置。见表 4-27。

表 4-26　模块站号设置

功　能	设 置 说 明
用于设置模块的站号	主站：0 本地站：1～64 待机主站：1～64 备注：若将站号设置在 0~64 之外，则“ERR”灯亮

表 4-27　传送速度/模式开关设置情况

功　能	传送速度	模　式
用于设置模块的传送速度和运行速度	156kbit/s:0	在线
	625kbit/s:1	
	2.5Mbit/s:2	
	5Mbit/s:3	
	10Mbit/s:4	
	156kbit/s:5	线路测试
	…	
	156kbit/s:A	硬件测试
	…	
	备注：编号 F 为系统保留，不必设置	

2．模块的功能

QJ61BT11 模块的基本功能一览表如表 4-28 所示。

表 4-28　QJ61BT11 模块的基本功能一览表

通 信 项 目	通 信 内 容	通 信 方 式
与远程 I/O 站通信	开关量的通信	远程网络模式、远程 I/O 网络模式
与远程设备站通信	开关量和数字数据的通信	自动刷新方式
与本地站通信	开关量和数字数据的通信	自动刷新方式、瞬时传送方式
与智能设备站通信	开关量和数字数据的通信	自动刷新方式、瞬时传送模式

其中，当主站模块与远程 I/O 站通信时，可以选择远程网络模式和远程 I/O 网络模式。如果总线系统设备只包括主站和远程 I/O 站，则可选择远程 I/O 网络模式，这种模式允许高速的循环传送，从而缩短链接扫描时间。

3．模块的规格

QJ61BT11 模块的控制规格如表 4-29 所示，其通信规格如表 4-30 所示。

表 4-29　QJ61BT11 模块的控制规格

项 目 名 称	规　　格
最大链接点数	远程 I/O（RX/RY）：每个 2 048 点
	远程寄存器（RWw）：256 点（主站→远程站、本地站）
	远程寄存器（RWr）：256 点（远程站→本地站、主站）
每个站的链接点数	远程 I/O（RX/RY）：每个 32 点（本地站 30 点）
	远程寄存器（RWw）：4 点（主站→远程站、本地站）
	远程寄存器（RWr）：4 点（远程站→本地站、主站）
占用的最大站数（关于本地站）	1～4 个站（在设置 4 个站时：126 个 I/O 点，32 个链接寄存器点）
瞬时传送	最大 480 个字/站

表 4-30　QJ61BT11 模块的通信规格

项 目 名 称	规　　格
传输速度/(bit/s)	10M/5M/2.5M/625k/156k
通信系统	轮询
同步系统	帧同步系统
加密系统	NRZI 系统
传送路径形式	总线（RS-485）
传送格式	HDLC 顺应
出错控制系统	CRC（$X^{16}+X^{12}+X^{5}+1$）
最高模块数目	64 个模块，但需要满足以下条件： 1.（1*a）+（2*b）+（3*c）+(4*d)≤64 其中，a 为 1 个站占用模块数目；b 为 2 个站占用模块数目；c 为 3 个站占用模块数目；d 为 4 个站占用模块数目。 2.（16*A）+（54*B）+（88*C）≤2304 其中，A 为远程 I/O 站数目≤64；B 为远程设备站数目≤42；C 为本地站、待机主站和智能设备站数目≤26
远程站数	1～64
…	…

4.3.3　QJ61BT11模块的应用

1．控制要求

采用QJ61BT11模块搭建一个简单CC-Link系统，实现控制要求如下。

1）用主站输入信号控制2号从站输出动作。

2）用1号从站的输入信号控制主站的输出。

2．系统的构成

根据控制要求，用QJ61BT11模块搭建的简单CC-Link系统如图4-39所示。主站配置性能如下。

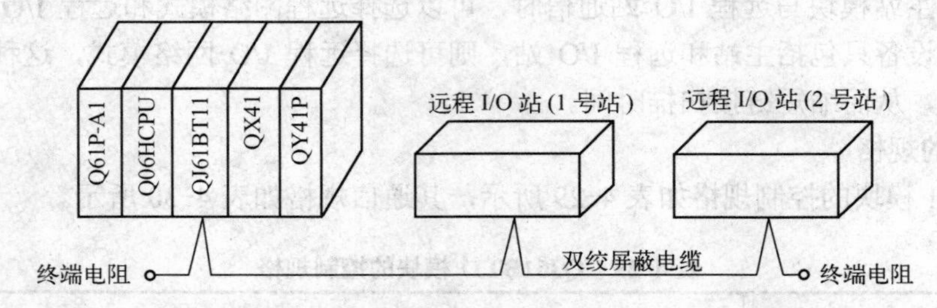

图4-39　用QJ61BT11模块搭建的简单CC-Link系统

1）Q61P-A1。三菱Q系列PLC电源模块，可向安装在基板上的可编程序控制器的各模块提供5V电源；输入电压为AC100～120V，输出电压为5V，输出电流为6A。

2）Q06HCPU。三菱Q系列PLC高性能CPU模块，程序容量为60K步（注：一行语句称为一个程序步），I/O点数为4 096个点，内置标准RAM及ROM、可插存储卡，支持结构化编程。

3）QX41。DC输入模块，32个输入点，正极公共端型，额定输入电流为4mA，输入阻抗约为5.6kΩ。

4）QY41P。三菱晶体管输出模块，12/24VDC，32点，带短路保护；最大负载电流为每个点0.1A、公共端2A。

3．站开关的设定

QJ61BT11主站模块参数的设置见表4-31。AJ65BTB1-16D模块通信参数的设置见4-32。AJ65BTB1-16T模块通信参数的设置见表4-33。

表4-31　QJ61BT11主站模块参数的设置

设定开关名称	设 定 值	说　明
站号设定开关	0（×10）；0（×1）	主站设置为00站
传输速率/模式设定开关	0	0（156kbit/s）/在线

表4-32　AJ65BTB1-16D模块通信参数的设置

设定开关名称	设 定 值	说　明
站号设定开关	0（×10）；1（×1）	站号为1
传输速率/模式设定开关	0	0（156kbit/s）/在线

4．主站网络参数的设置

主站网络参数的设置如图4-40所示。

表 4-33　AJ65BTB1-16T 模块通信参数的设置

设定开关名称	设　定　值	说　明
站号设定开关	0（×10）；2（×1）	站号为 2
传输速率/模式设定开关	0	0（156kbit/s）/在线

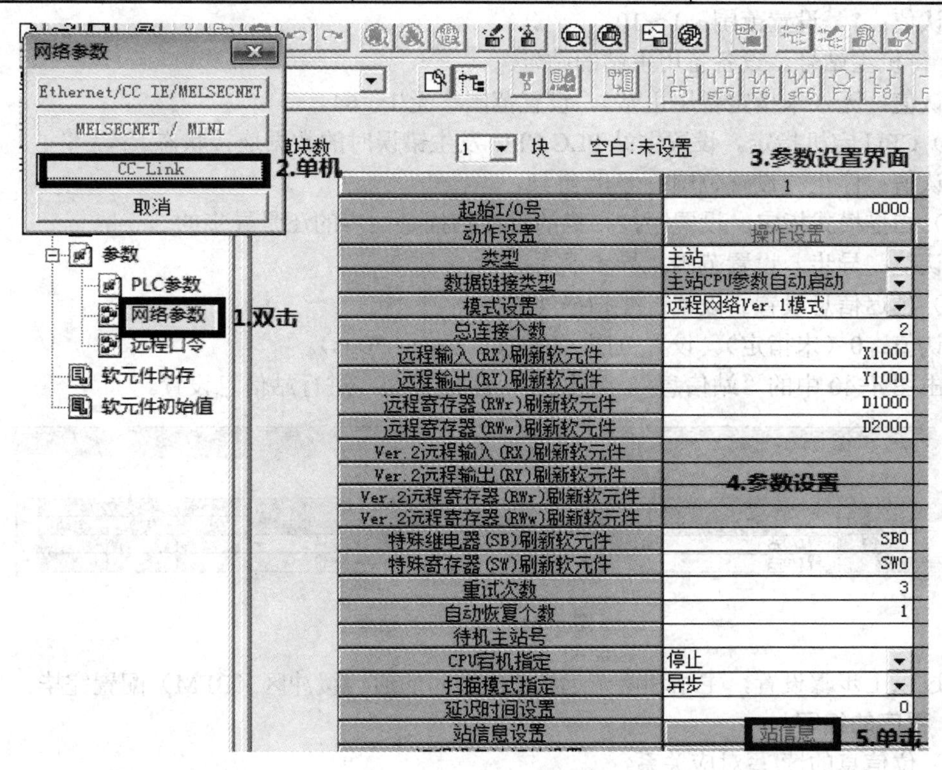

图 4-40　主站网络参数的设置

主要参数的设置说明如下。

1）模块数设置。CC-Link 模块的数量。

默认值：无。设置范围：0～4。

2）起始 I/O 地址。这是 CC-Link 模块的起始 I/O 地址，CPU 为每个 CC-Link 模块的输入/输出分配 32 个地址。该地址与模块的安装位置有关。

默认值：无。设置范围：0000～0FE0。

3）动作设置。默认值：操作设置。设置范围：8 个字母或少于 8 个字母（即使没有设置参数名也不会影响 CC-Link 系统的运行）。

4）类型。设置站类型。默认值：主站。设置范围：主站/主站（双工功能）/本地站/备用主站。

5）模式设置。设置 CC-Link 网络模式。默认值：远程网络模式。设置范围：远程网络模式/远程 I/O 网络模式/离线。

6）总连接个数。设置包含保留站在内的 CC-Link 系统中连接的站的总数。

默认值：64。设置范围：1～64。

7）重试次数。设置发生错误时的重试次数。
默认值：3 次。设置范围：1～7 次。
8）自动恢复个数。设置通过一次链接扫描可以恢复到系统运行的模块数。
默认值：1。设置范围：1～10。
9）待机主站号。设备备用主站的站号。
默认值：无（未指定备用主站）。设置范围：无/1～64。
10）CPU 宕机指定。设置主站 PLC CPU 发生错误时的数据连接状态。
默认值：停止。设置范围：停止/继续。
11）扫描模式指定。设置顺控扫描的链接扫描是同步的还是异步的。
默认值：异步。设置范围：异步/同步。
12）延迟信息设置。设置链接扫描间隔。
默认值：0（未指定）。设置范围：0～100（单位 50μs）。
单击图 4-40 中的“站信息”，弹出图 4-41 的界面，进行站信息设置。

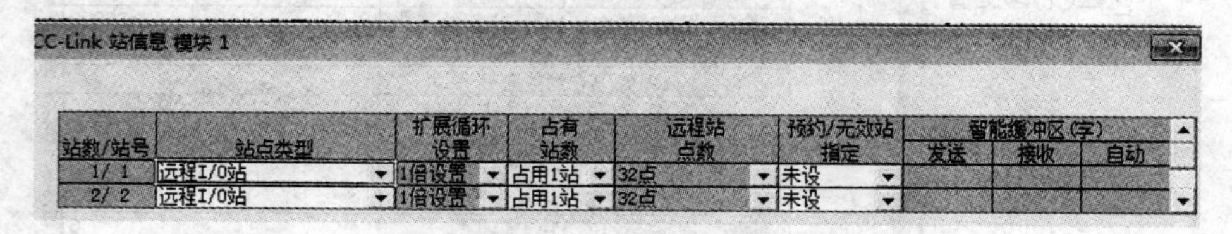

图 4-41　站信息对话框

经过以上步骤设置，主站和两个远程 I/O 站间的通信缓冲区（BFM）配置完毕。

5．程序的编写

（1）位信息的读/写对应关系

在本例中，主站、远程 I/O 站之间位信息的读/写对应关系如图 4-42 所示。

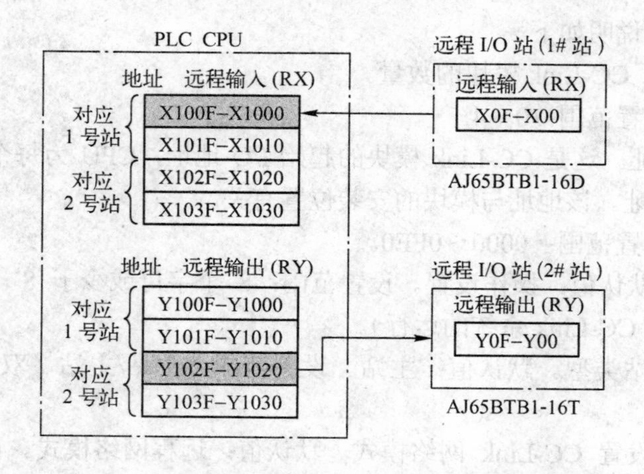

图 4-42　位信息的读/写对应关系

（2）控制功能的实现

根据控制要求，系统梯形图程序如图 4-43 所示。程序阅读要点如下。

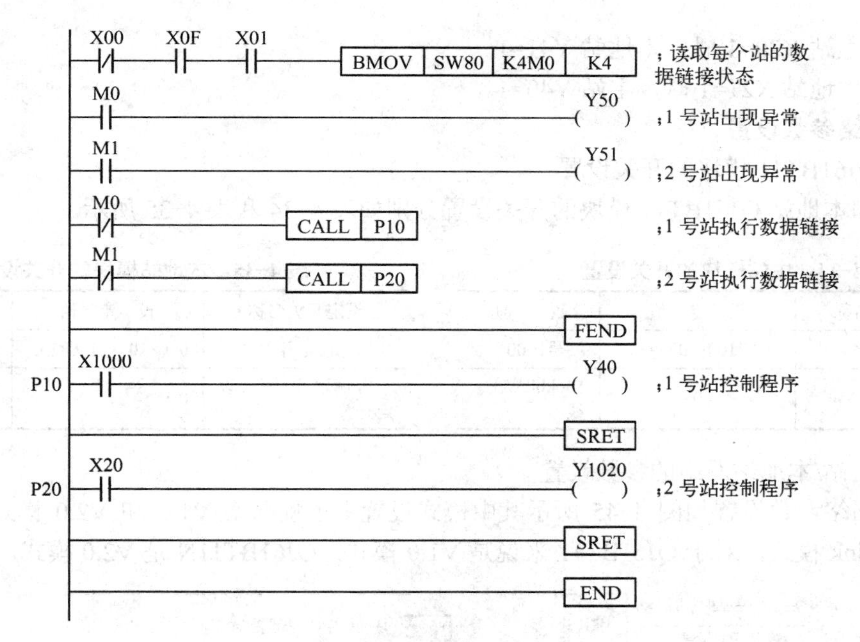

图 4-43　系统梯形图程序

1）在网络参数设置中，将“起始 I/O 号”设置为“0000”。

这个设置意味着主站模块的第一个 I/O 地址是 X0/Y0。X0 代表“模块出错”信号；X01 代表“上位机数据链接状态”；X0F 代表“模块准备好”信号。

2）主站各个模块从左到右，QX41 地址为 X20～X3F；QY41P 地址为 Y40～Y5F。

3）将主站的“特殊继电器（SB）刷新软元件”参数设置为 SB0，将主站的“特殊寄存器（SW）刷新软元件”参数设置为 SW0。特殊继电器刷新软元件 SB/SW 是 CC-Link 诊断继电器/CC-Link 诊断寄存器，用于检查数据链接状态。

其中，SB80 用于表示其他站（远程站/本地站/智能设备站/备用主站）数据链接的状态，当其为 OFF 时，表示所有站正常；当其为 ON 时，表明系统存在异常站，同时将具体信息存储在 SW80～SW83 中，其中 SW80 存放 1～16 个站的信息。

4.3.4　基于 Q 系列 PLC 的 CC-Link 现场总线应用

1．系统的构成

系统结构如图 4-44 所示。系统由主站和本地站组成，实现控制要求如下。

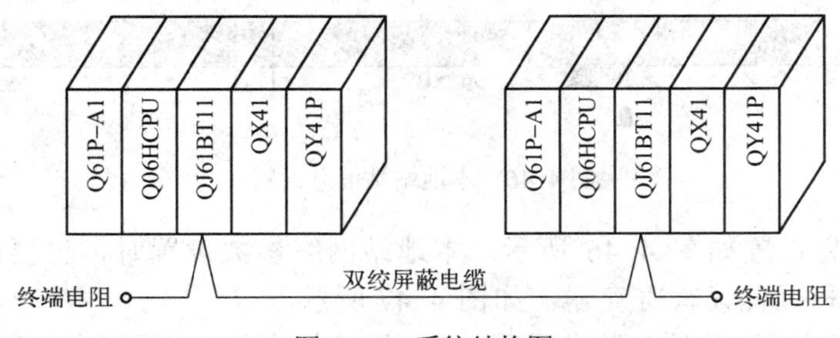

图 4-44　系统结构图

1）当主站 X20=1 时，本地站 Y41=1。

2）当本地站 X21=1 时，主站 Y40=1。

2．网络参数设置

（1）QJ61BT11 模块的开关设置

主站和本地站 QJ61BT11 模块的开关设置分别如表 4-34 和表 4-35 所示。

表 4-34　主站模块的开关设置

设定开关名称	设　定　值	说　　明
站号设定开关	0（×10）；0（×1）	站号：00
传输速率/模式设定开关	0	156kbit/s/在线

表 4-35　本地站模块的开关设置

设定开关名称	设　定　值	说　　明
站号设定开关	0（×10）；1（×1）	站号：01
传输速率/模式设定开关	0	156kbit/s/在线

（2）主站/本地站网络的参数设置

主站网络参数设置如图 4-45 所示其中模式设置中远程网络 V1.0 和 V2.0 模式是针对不同的 CC-Link 模式，对于 QJ61BT11 来说是 V1.0 模式，QJ61BT11N 是 V2.0 模式。

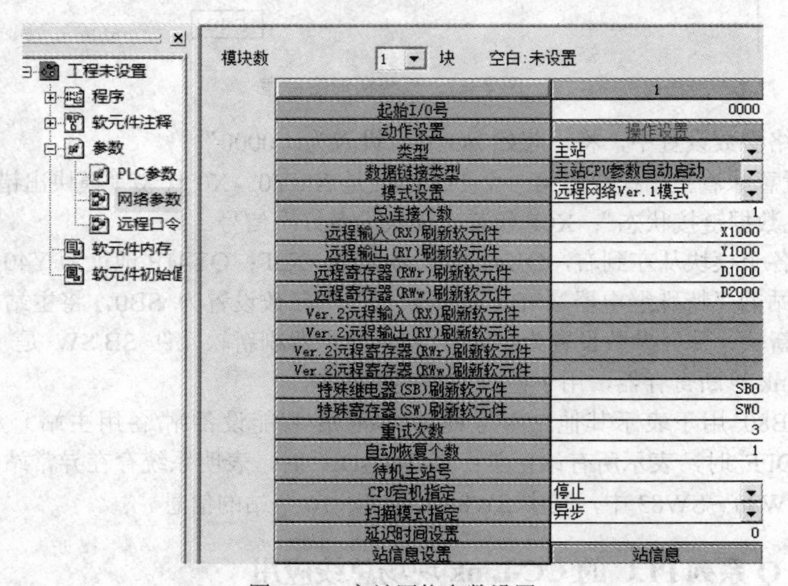

图 4-45　主站网络参数设置

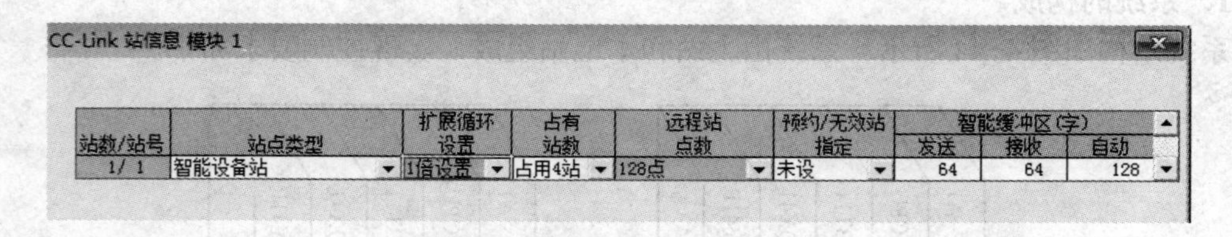

图 4-46　本地站站信息设置

本地站站信息设置如图 4-46 所示。本地站网络参数设置时，也要像主站一样分配输入、输出地址和远程读写寄存器，如图 4-47 所示。

在完成主站和本地站网络参数设置后，就可以将其分别下载至对应的 PLC 中。

模块数 1 块 空白:未设置

	1
起始I/O号	0000
动作设置	操作设置
类型	本地站
数据链接类型	
模式设置	远程网络Ver.1模式
总连接个数	
远程输入(RX)刷新软元件	X1000
远程输出(RY)刷新软元件	Y1000
远程寄存器(RWr)刷新软元件	D1000
远程寄存器(RWw)刷新软元件	D2000
Ver.2远程输入(RX)刷新软元件	
Ver.2远程输出(RY)刷新软元件	
Ver.2远程寄存器(RWr)刷新软元件	
Ver.2远程寄存器(RWw)刷新软元件	
特殊继电器(SB)刷新软元件	SB0
特殊寄存器(SW)刷新软元件	SW0
重试次数	
自动恢复个数	
待机主站号	
CPU宕机指定	
扫描模式指定	
延迟时间设置	
站信息设置	
远程设备站初始设置	
中断设置	中断设置

图 4-47 本地站网络参数设置

3. 主站和本地站间软元件的对应关系

（1）位信息的读/写对应关系

由于本地站只能通过主站控制其他从站，因此，本地站和除主站之外的其他从站分配的地址是不可用的，即本地站只能通过和主站相对应的 X、Y 或远程寄存器控制其他从站。另外，由于本地站也具有 CPU，因此本地站和主站相对应的缓冲存储器（BFM）关系是，本地站的输入区 X 对应主站的输出区 Y，本地站的输出区 Y 对应主站的输入区 X。

主站和本地站之间位信息的读/写对应关系如图 4-48 所示，最后两位不能用于主站和本地站之间的通信。

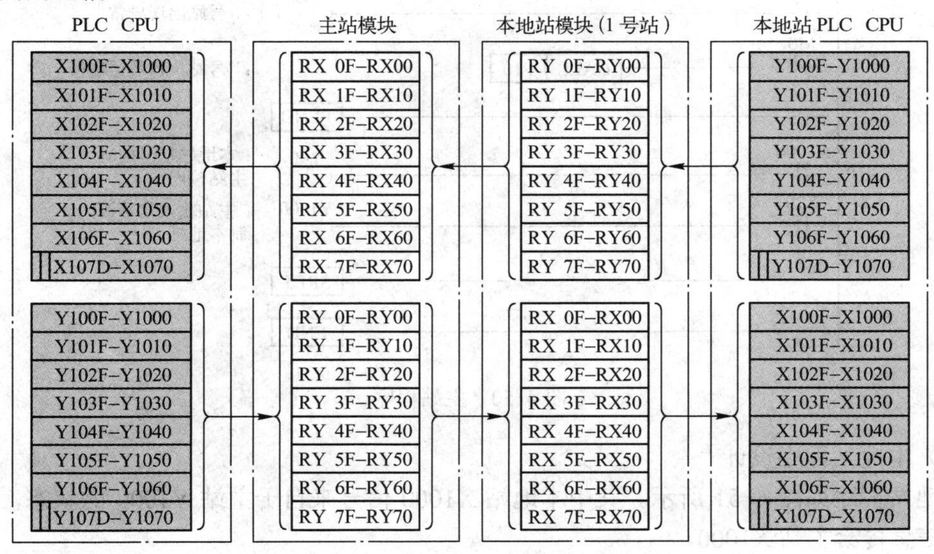

图 4-48 位信息的读/写对应关系

（2）字信息的读/写对应关系

主站与本地站之间字信息的读/写对应关系如图 4-49 所示。

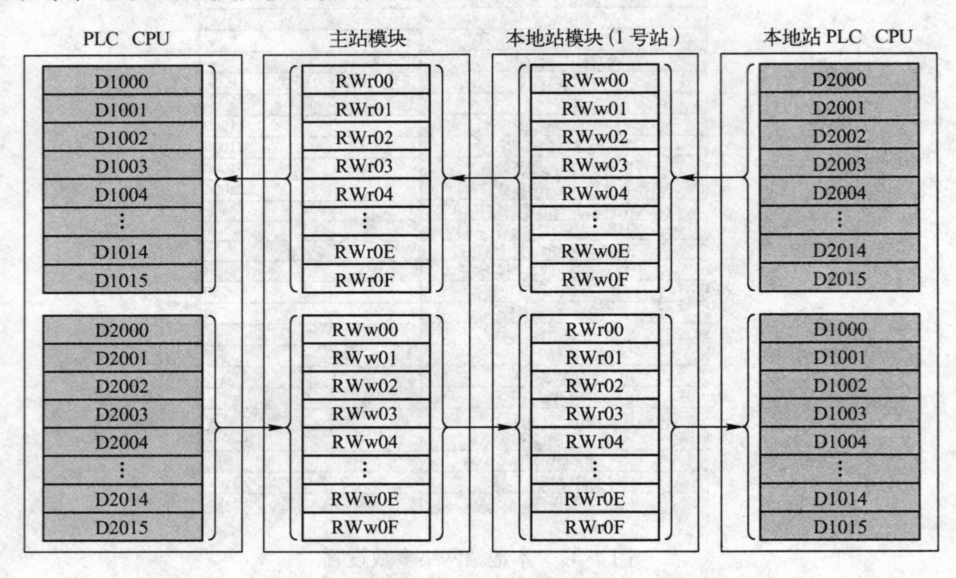

图 4-49　字信息的读/写对应关系

4．控制功能的实现

（1）主站程序设计

主站程序如图 4-50 所示。其中主站 X1000 信号来自于本地站 Y1000 的状态，主站 Y1000 信息传给本地站 X1000。

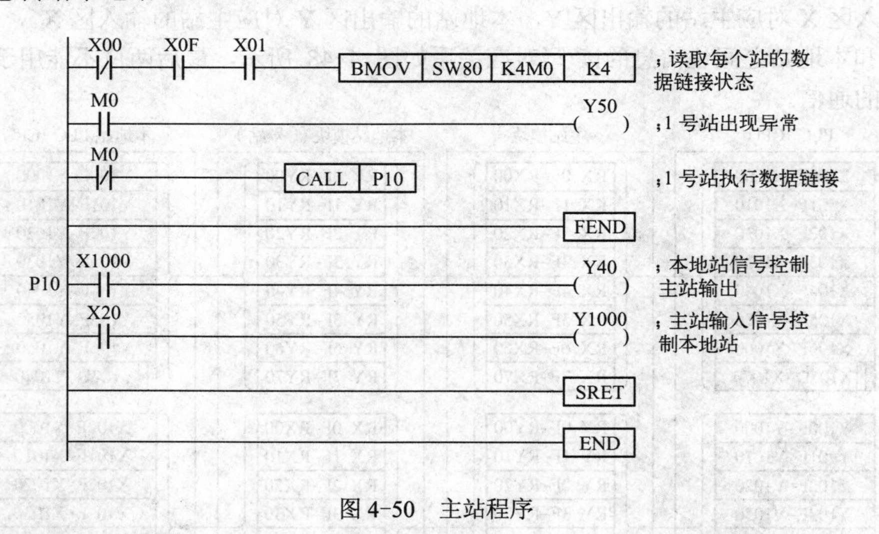

图 4-50　主站程序

（2）本地站程序设计

本地站程序如图 4-51 所示。其中本地站 X1000 信号来自于主站 Y1000 的状态，本地站 Y1000 信息传给主站 X1000。

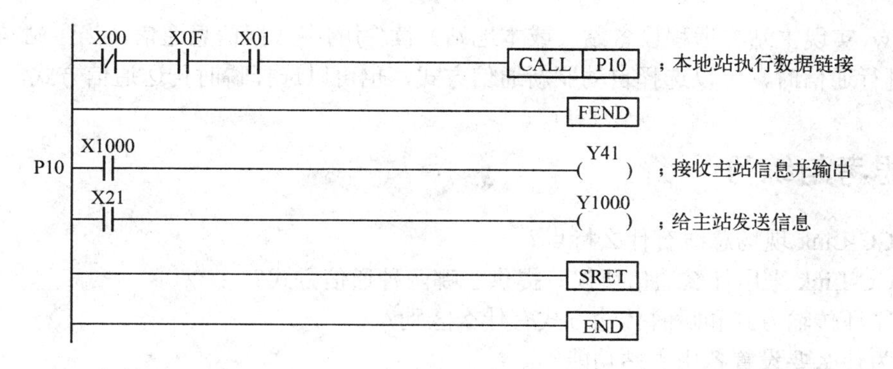

图 4-51　本地站程序

4.4　实训项目　CC-Link 现场总线控制系统的构建与运行

1．实训目的

1）了解 CC-Link 现场总线控制系统结构。

2）了解 CC-Link 现场总线通信的原理。

3）学会 CC-Link 现场总线控制系统的硬件连接与参数设置。

4）学会使用编程软件编写通信控制程序。

5）掌握现场总线控制系统联机调试的方法。

2．实训内容

1）控制要求。

① 主站点的输入点 X0～X2 的状态控制远程输出站 1 号的输出点 Y0～Y2 的状态。

② 远程输入站 2 号输入点 X0～X2 的状态控制主站点输出点 Y0～Y2 的状态。

2）编写控制程序。

3）联机调试控制系统功能，观察控制系统的运行情况。

3．实训报告要求

1）画出控制系统的外部接线图。

2）提交系统通信初始化程序。

3）提交系统通信控制程序。

4）写出并分析调试中遇见的问题及解决的办法。

4.5　小结

本章主要介绍 CC-Link 总线的发展、特点、通信方式及应用。CC-Link 总线的底层通信协议遵循 RS-485、采用主从通信方式；一个 CC-Link 系统必须有一个主站而且也只能有一个主站，主站负责控制整个网络的运行，每个系统中最多可链接 64 个站。对于 FX 系列 PLC，可以选用 FX_{2N}-16CCL-M 模块作为主站、FX_{2N}-32CCL 模块作为远程设备站，通信方式采用自动刷新方式；对于 Q 系列 PLC 可以配置 QJ61BT11 模块作为主站或本地站。通信时主站与从站之间通过缓冲区域 RX/RY 实现远程输入/输出的位信息通信，通过缓冲区域

RWr/RWw 实现主站与远程设备站（或本地站）读/写的字数据信息通信。当主站与本地站或智能站进行通信时，可以选择自动刷新通信方式，也可以选择瞬时传送通信方式。

4.6 思考与练习

1．CC-Link 现场总线有什么特点？

2．CC-Link 采用什么通信协议？提供了哪两种通信方式？

3．循环传输方式和瞬时传输方式有什么区别？

4．为什么要设置备用主站功能？

5．试分析当 FX 系列的 PLC 作为主站单元时 CC-Link 总线系统的最大配置情况。

6．为什么要在网络的终端站连接终端电阻？如何选择终端电阻？

7．什么是远程 I/O 站？什么是远程设备站？

8．什么是本地站？什么是智能设备站？

9．试阐述主站模块缓冲存储器所起的作用。

10．主站模块的参数信息区域起什么作用？如何设置站信息？

11．为什么要设置保留站？如何设置保留站？

12．远程寄存器的作用是什么？每个站可以使用几个字？

13．远程设备站是如何实现字数据的发送与接收的？

14．试阐述主站中初始化程序的结构和作用。

15．试阐述主站模块中缓冲存储器和 E^2PROM 的关系。

16．分析在 FX_{2N}-32CCL 接口模块中读/写专用缓冲寄存器的作用。

17．阐述在 CC-Link 现场总线中，PLC、主站缓冲存储器和远程 I/O 站之间的关系。

18．主站模块中 BFM #AH b0 的作用是什么？

19．试阐述 FX_{2N}-32CCL 模块的性能。

20．画出主单元、FX_{2N}-32CCL 模块和远程 I/O 单元之间的接线图。

21．什么情况下选用远程网络模式？什么情况下选择远程 I/O 网络模式？

22．什么是循环传送通信？什么是瞬时传送通信？

23．设计一个控制系统，采用循环传送通信方式，主站能读取远程 1 号设备站的两个输入信号，并能控制远程 1 号站的两个输出信号。

24．设计一个控制系统，采用远程 I/O 网络模式，主站能读取远程 1 号输入站的两个输入信号，并能控制 2 号远程输出站的两个输出信号。

第5章　Modbus现场总线及其应用

学习目标

1）了解Modbus现场总线的发展、特点及应用范围。

2）了解Modbus RTU协议的特点及常用功能码的含义。

3）学会PLC之间的Modbus RTU协议通信的系统构建方法，了解程序结构及设计要点。

重点内容

1）Modbus RTU常用功能码的含义及其使用方法。

2）Modbus现场总线系统的构建与运行。

5.1　Modbus的概念

Modbus是Modicon公司于1979年开发的一种通用串行通信协议，是国际上第一个真正用于工业控制的现场总线协议。由于其功能完善且使用简单，数据易于处理，因而在各种智能设备中被广泛采用。

许多工业设备包括PLC、智能仪表等都在使用Modbus协议作为它们之间的通信标准。在电器巨头施耐德公司的推动下，加上相对低廉的实现成本，Modbus现场总线在低压配电市场上所占的份额大大超过了其他现场总线，成为低压配电上应用最广泛的现场总线。Modbus尤其适用于小型控制系统或单机控制系统，可以实现低成本、高性能的主从式计算机网络监控。2008年3月，Modbus正式成为工业通信领域现场总线技术国家标准GB/T 19582-2008。

一个Modbus信息帧包括设备地址、功能代码、数据段和错误检测域。Modbus只定义了通信消息的结构，对端口没有作具体规定，支持RS-232、RS-422、RS-485和以太网设备，可以作为各种智能设备、仪表之间的通信标准，方便地将不同厂商生产的控制设备连接成工业网络。

Modbus的数据通信采用主/从方式。网络中只有一个主设备，通信采用查询-回应的方式进行，由主设备初始化系统通信设置，并向从设备发送消息，从设备正确接收消息后响应主设备的查询或根据主设备的消息作出响应的动作。主设备可以是PC、PLC或其他工业控制设备，还可以单独与从设备通信，也可以通过广播方式与所有从设备通信。单独通信时，从设备需要返回一消息作为回应，从设备回应消息也由Modbus信息帧构成，而以广播方式查询的，则不作任何回应。主从设备查询-回应周期如图5-1所示。

在图5-1中，查询消息中的功能代码表示被选中的从设备要执行何种功能，例如指定的从设备地址为1，功能码为03，则含义是要求读取1#从站的多个寄存器值并返回它们的内容；数据段包括了从设备要执行功能的任何附加消息，例如从哪个寄存器地址开始读数据、要读的寄存器数量是多少个；错误检测域为从设备提供了一种验证消息内容是否正确的方法。

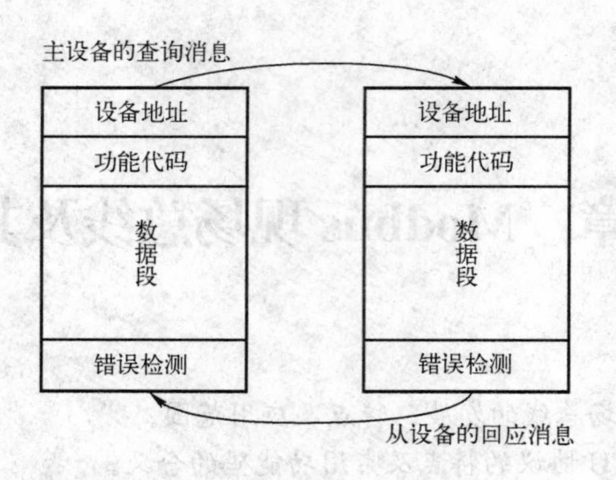

图 5-1 主从设备查询-回应周期

如果从设备产生正常的回应，则回应消息中的功能代码是对查询消息中的功能代码的回应。数据段包括了从设备收集的数据、寄存器的数据或状态，如果在消息接收过程中发生错误，或从设备不能执行其命令，从设备将建立一个错误的消息并把它作为回应发送，功能代码将被修改，以指出回应消息是错误的，同时数据段包含了描述此错误信息的代码。错误检测域允许主设备确认消息内容是否可用。

Modbus 协议目前有用于串口、以太网以及其他支持互联网协议的网络版本，大多数 Modbus 设备通信通过串口EIA-485物理层进行。Modbus 协议所具有的良好的适用性已经得到了诸如 GE、SIMENS 等大公司的应用，并把它作为一种标准的通信接口提供给用户。

对于串行连接，在 Modbus 系统中有两种传输模式可选择，一种为远程终端单元（RTU）模式，一种为美国标准信息交换代码（ASCII）模式。这两种模式只是信息编码不同而已。RTU 模式采用二进制表示数据的方式，而 ASCII 模式使用的字符是 RTU 模式的两倍，即在相同传输速率下，RTU 模式比 ASCII 模式传输效率要提高一倍；但 RTU 模式对系统的时间要求较高，而 ASCII 模式允许两个字符发送的时间间隔达到 1s 而不产生错误。

在一个 Modbus 通信系统中只能选择一种模式，不允许两种模式混合使用，即被设置为 RTU 通信方式的节点不会与设置为 ASCII 通信方式的节点进行通信，反之亦然。通信系统选用哪种传输模式可由主设备来选择。

Modbus RTU 是一种较为理想的通信协议，也是得到最为广泛应用的工业化协议。常见的通信速率为 9 600bit/s 和 19 200bit/s。本章主要介绍 Modbus RTU 的基本概念和应用。

5.2 Modbus RTU 通信

为了与从设备进行通信，主设备会发送一段包含设备地址、功能代码、数据段和错误检测的信息。Modbus RTU 模式下的信息帧传输报文格式如表 5-1 所示。使用 RTU 模式发送消息，至少要有 3.5 个字符的时间停顿间隔作为报文的开始，这种字符时间间隔在网络波特率多样的情况下是很容易实现的。

1）设备地址。信息帧的第一个字节是设备地址码，这个字节表明由用户设置地址的从机将接收由主机发送来的信息。每个从机都必须有唯一的地址码，并且只有符合地址码的从机才能响应回送；当从机回送信息时，相应的地址码表明该信息来自于何处。设备地址是一个从 0～247 的数字，发送给地址 0 的信息可以被所有从机接收到；但是数字 1～247 是特定设备的地址，相应地址的从设备总是会对 Modbus 信息作出反应，这样主设备就知道这条信息已经被从设备接收到了。

表 5-1 Modbus RTU 模式下的信息帧传输报文格式

起 始 位	设 备 地 址	功 能 代 码	数 据 段	CRC 校验	结 束
T1-T2-T3-T4	一个字节	一个字节	*N* 个字节	两个字节	T1-T2-T3-T4

2）功能码。功能码是通信传送的第二个字节，它定义了从设备应该执行的命令。例如读取数据、接收数据、报告状态等（见表 5-2）。有些功能代码还拥有子功能代码。主机请求发送，通过功能码告诉从机执行什么动作；作为从机响应，从机发送的功能码与从主机得到的功能码一样，并表明从机已响应主机进行操作。功能码的范围是 1～255。有些代码适用于所有控制器，有些代码只能应用于某种控制器，还有些代码保留以备后用。

表 5-2 功能代码的作用和数据类型

功 能 代 码	作 用	数 据 类 型
01	读开关量输出状态	位
02	读开关量输入状态	位
03	读取保持寄存器	整型、字符型、状态字、浮点型
04	读输入寄存器	整型、状态字、浮点型
05	写单个线圈	位
06	写单个寄存器	整型、字符型、状态字、浮点型
07	读异常状态	-
08	回送诊断校验	重复回送信息
15	写多个线圈	位
16	写多个寄存器	整型、字符型、状态字、浮点型
XX	根据设备的不同，最多可以有 255 个功能代码	

3）数据段。对于不同的功能码，数据段的内容会有所不同。数据段包含需要从机执行什么动作或由从机采集的返送信息，这些信息可以是数值、参考地址等。对于不同的从机，地址和数据信息都不相同。例如，功能码告诉从机读取寄存器的值，则数据段必须包含要读取寄存器的起始地址及读取长度。

4）CRC 码。循环冗余校验码（CRC）是包含两个字节的错误检测码，由传输设备计算后加入到消息中，接收设备重新计算收到消息的 CRC，并与接收到的 CRC 域中的值进行比较，如果两值不同，就表明有错误。在有些系统中，还需对数据进行奇偶校验，奇偶校验对每个字符都可用，而帧检测 CRC 应用于整个消息。

典型的 RTU 报文帧没有起始位，也没有停止位，而是以至少 3.5 个字符的时间停顿间隔标志一帧的开始或结束（如表 5-1 中的 T1-T2-T3-T4 所示）。报文帧由地址域、功能域、数据域和 CRC 校验域构成。所有字符位由十六进制 0～9、A～F 组成。

需要注意的是，在 RTU 模式中，整个消息帧必须作为一个连续的数据流进行传输。如果在消息帧完成之前有超过 1.5 个字符时间的停顿间隔发生，接收设备就将刷新未完成的报文，并假定下一个字节将是一个新消息的地址域；同样的，如果一个新消息在小于 3.5 个字符时间内紧跟前一个消息开始，接收设备就将认为它是前一个消息的延续。如果在传输过程中有以上两种情况发生的话，就会导致 CRC 校验产生一个错误消息，并反馈给发送方设备。

网络设备不断侦测网络总线，即使在停顿间隔时间内也不例外。当第一个域（地址域）接收到时，每个设备都进行解码，以判断是否是发给自己的；在最后一个传输字符之后，一个至少 3.5 个字符时间的停顿标定了消息的结束；一个新的消息可在此停顿后开始。

5.3 实现 Twido 系列 PLC 之间的 Modbus RTU 通信

作为 Modbus 的发明者和积极推广者，施耐德电气公司将 Modbus 内置于全系列产品中。Twido 是施耐德电气公司的一个功能强大的 PLC 产品，通过内部集成的 Modbus 通信协议，可以方便地实现 PLC 之间的 Modbus 通信功能。

5.3.1 Twido PLC 简介

1．外部接线

施耐德 Twido 控制器有两种型式，即一体型和模块型。其中一体型控制器包括 10 I/O、16 I/O、24 I/O 和 40 I/O 等点数。例如，TWDLCAA40DRF PLC 一体型控制器有 24 路输入、14 路继电器输出和 2 路晶体管输出，内置实时时钟（RTC）。其外部接线如图 5-2 所示。

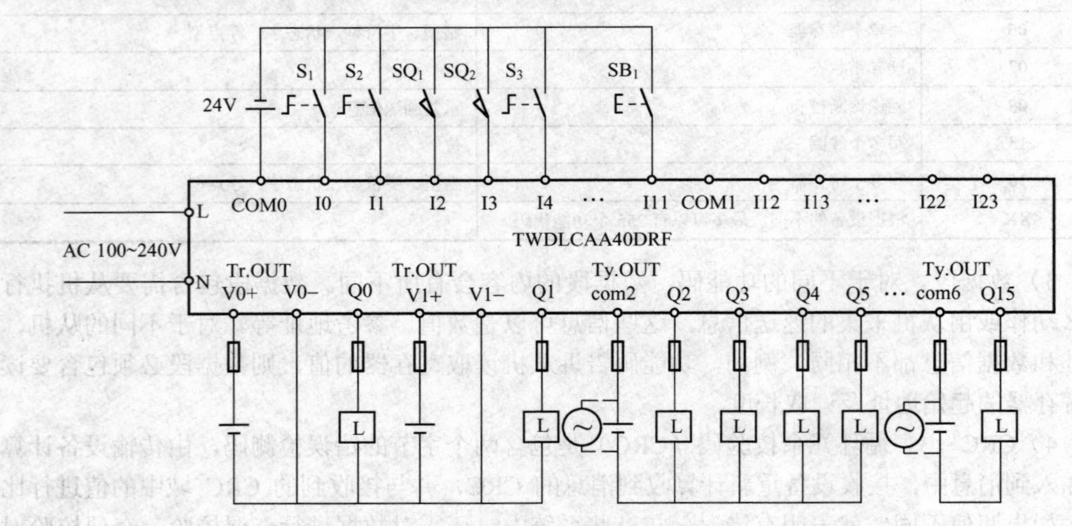

图 5-2 TWDLCAA40DRF PLC 外部接线图

2．语言介绍

（1）寻址方式

位对象包括 I/O 位、内部位、系统位和步位等。寻址方式为

%	M,S,X	i
符号	对象类型	编号

位寻址方式中各元素的描述如表 5-3 所示。例如：%M25 表示内部位编号 25；%S20 表示系统位编号 20；%X6 表示步位编号 6。

表 5-3　位寻址方式中各元素的描述

组	条　目	描　述
符号	%	用于软件变量前，表示寻址
对象类型	M	内部位在程序运行时存储中间值
	S	系统位提供控制器状态和控制信息
	X	步位提供步的活动状态
编号	i	最大编号取决于配置对象的编号

字对象包括立即值、内部字、常量字和系统字等。寻址方式为

%	M，K，S	W	i
符号	对象类型	格式	编号

字寻址方式中各元素的描述如表 5-4 所示。例如：%MW15 表示内部字编号 15；%KW26 表示常量字编号 26；%SW30 表示系统字编号 30。

表 5-4　字寻址方式中各元素的描述

组	条　目	描　述
符号	%	用于软件变量前，表示寻址
对象类型	M	内部字在程序运行时存储中间值
	K	常量字存储常量值或文字数字信息。它们的内容只能通过 Twidosoft 写或修改
	S	系统字提供控制器状态和控制信息
语法	W	16 位字
编号	i	最大编号取决于配置对象的编号

（2）梯形图的构成

梯形图由触点、线圈、程序流指令、功能块、比较块和操作块等表示程序流和功能的块组成。

用梯形图编写的程序由梯级构成，梯级由控制级按顺序执行。梯形图的构成如图 5-3 所示。由图中可见，每个梯级由 7 行 11 列组成，形成测试区和操作区两个区域。测试区包含为执行操作而测试的条件，由列 1～10 组成，包括触点、功能块和比较块等；操作区包含要执行的输出或操作，具体取决于测试区中条件的测试结果，由列 8～11 组成，包括线圈和操作块。测试逻辑为操作区提供了连续性，在操作区的线圈、数字运算和程序流控制指令被输入，并右对齐。梯级在网络中按从上到下、从左到右的顺序被解释或执行。

图 5-4 是一个由两个梯级组成的梯形图程序示例。梯级 1 由触点和线圈组成；梯级 2 的第 2 行由操作块组成，将操作块放置于编程网格的操作区，占用编程网格的 4 列 1 行，且在最后一列的右侧和末端显示。

（3）常用指令

常用指令包括测试指令、动作指令、功能模块指令、数字运算指令和通信类指令等。测

试指令、动作指令、功能模块指令的名称、等价梯形图元素和功能分别见表 5-5～表 5-7。数字运算指令包括赋值指令、比较指令、整数算术指令和移位指令等，通信类指令包括用于发送/接收消息的 EXCH 指令和用于控制数据交换的%MSG 指令。

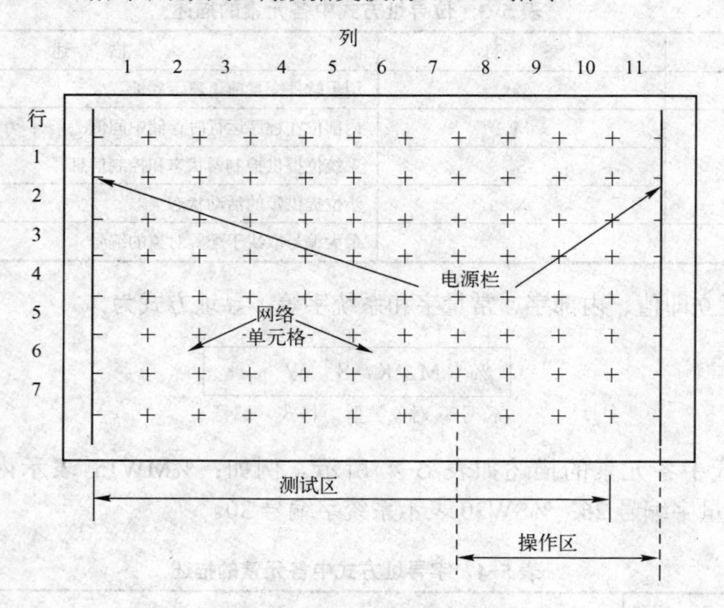

图 5-3　梯形图的构成

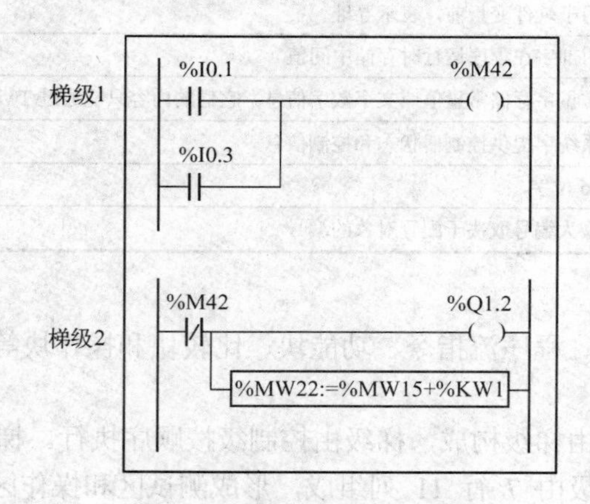

图 5-4　梯形图程序示例

表 5-5　测试指令的名称、等价梯形图元素和功能

名　称	等价梯形图元素	功　能
LD	┤├	布尔运算结果与操作数状态相同
LDN	┤/├	布尔运算结果与操作数状态相反
LDR	┤P├	当检测到操作数（上升沿）从 0 变为 1 时，布尔运算结果变为 1
LDF	┤N├	当检测到操作数（下降沿）从 1 变为 0 时，布尔运算结果变为 1
AND	—┤├——┤├—	布尔运算结果等于前面指令的布尔运算结果和操作数状态的逻辑与结果

（续）

名　　称	等价梯形图元素	功　　能
ANDN	—| |——|/|—	布尔运算结果等于前面指令的布尔运算结果和操作数状态取反的逻辑与结果
ANDR	—| |——|P|—	布尔运算结果等于前面指令的布尔运算结果和操作数上升沿检测的逻辑与结果
ANDF	—| |——|N|—	布尔运算结果等于前面指令的布尔运算结果和操作数下降沿检测的逻辑与结果
OR	—| |— (并联) —| |—	布尔运算结果等于前面指令的布尔运算结果和操作数状态的逻辑或结果
AND（	—| |—□—| |— / —| |—	逻辑与（8 层嵌套）
OR（	□—| |——| |— / —| |——| |—	逻辑或（8 层嵌套）
XOR XORN XORR XORF	—| XOR |— —|XORN|— —| XORR|— —| XORF|—	异或
MPS MRD MPP	MPS、MRD、MPP —( )—	多重输出
N	-	取反（NOT）

表 5-6　动作指令的名称、等价梯形图元素和功能

名　　称	等价梯形图元素	功　　能
ST	—(　)—	相关操作数取值为测试区结果值
STN	—(/)—	相关操作数取值为测试区结果值取反
S	—(S)—	当测试区结果为 1 时，相关操作数置为 1
R	—(R)—	当测试区结果为 1 时，相关操作数置为 0
JMP	-	无条件向上或向下转移到一个标记序列
SRn	-〉〉 %SRi	转移到子程序开始
RET	<RET>	从子程序返回
END	<END>	程序结束
ENDC	<ENDC>	当布尔运算结果为 1 时，程序结束
ENDCN	<ENDCN>	当布尔运算结果为 0 时，程序结束

表 5-7　功能模块指令的名称、等价梯形图元素和功能

名　　称	等价梯形图元素	功　　能
定时器、计数器、寄存器等	(功能模块方框)	每个功能模块均有模块控制指令。一个结构化的格式直接用于硬件连线模块的输入和输出。功能模块的输出不能互相连接（垂直短接）

【例 5-1】 输出%Q0.4 得电的梯形图及对应的时序图如图 5-5 所示。

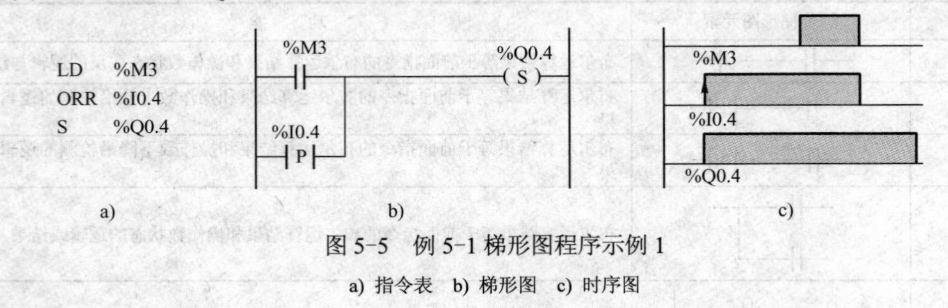

图 5-5 例 5-1 梯形图程序示例 1

a) 指令表 b) 梯形图 c) 时序图

【例 5-2】 设置一个时长为 10min，时基为 1s 的导通延时型定时器。

梯形图及对应的时序图如图 5-6 所示。

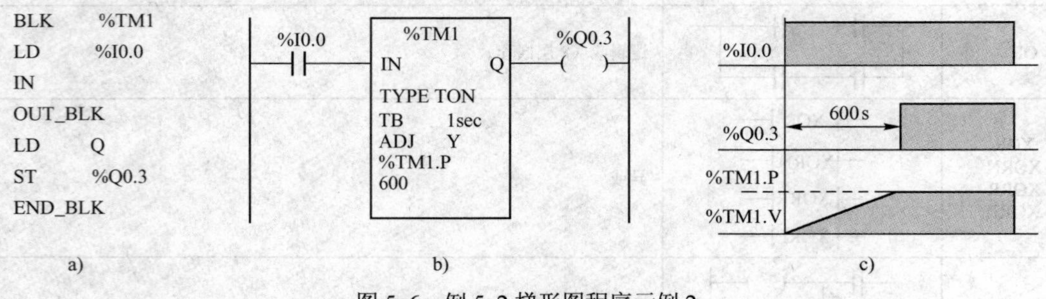

图 5-6 例 5-2 梯形图程序示例 2

a) 指令表 b) 梯形图 c) 时序图

在梯形图中输入定时器后，必须在配置中输入以下参数。

定时器类型：TON，TOF，TP 可选。

时基：1min，1s，100ms，10ms 或 1ms 可选。

预置值（%TMi.P）：0～9999 可选。

可调节：复选或不复选。

【例 5-3】 把操作数 OP2 装入操作数 OP1 中。装载操作数的指令语法如下。

[op1:=op2]

梯形图程序如图 5-7 所示。

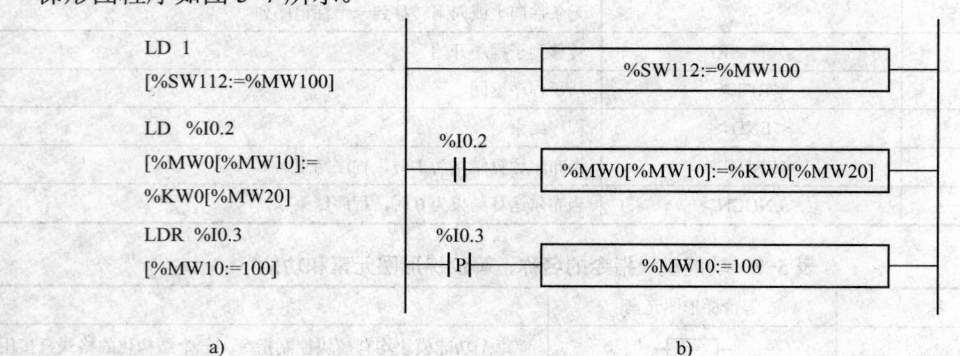

图 5-7 例 5-3 梯形图程序

a) 指令表 b) 梯形图

【例 5-4】 比较两个操作数的大小。

比较指令要加方括号，跟在指令 LD、AND 和 OR 的后面，当被请求的比较为真时，结果为 1。相应的梯形图程序如图 5-8 所示。

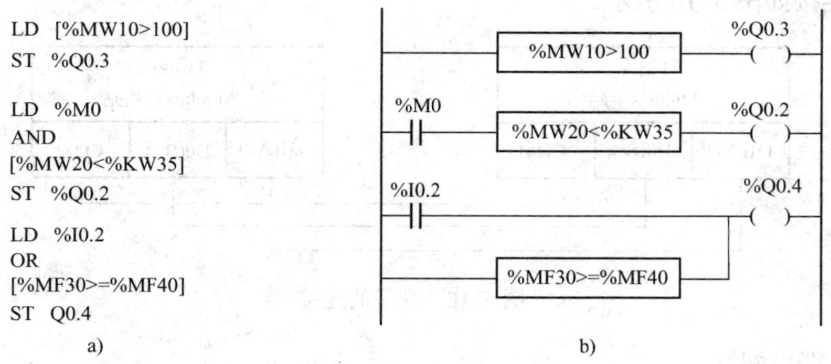

图 5-8 例 5-4 梯形图程序

a) 指令表 b) 梯形图

5.3.2 功能码 03 的应用

功能码 03 用于读取多路寄存器的输入。

1. 通信要求

两台 TWDLCAA40DR PLC 之间通过 Modbus 通信，使主站能读取从站位置%MW0 开始的 6 个字。

2. 实现的步骤

要实现主从设备之间的 Modbus 连接和通信，需要进行配置硬件、程序的编写和输入以及系统调试等步骤。

步骤 1：配置硬件。

TWDLCAA40DRF PLC 提供了两个串口用于与 PC、远程 I/O 控制器或其他设备通信。图 5-9 所示为 TWDLCAA40DRF PLC 与 PC 之间或两台 PLC 之间的硬件配置示意图。

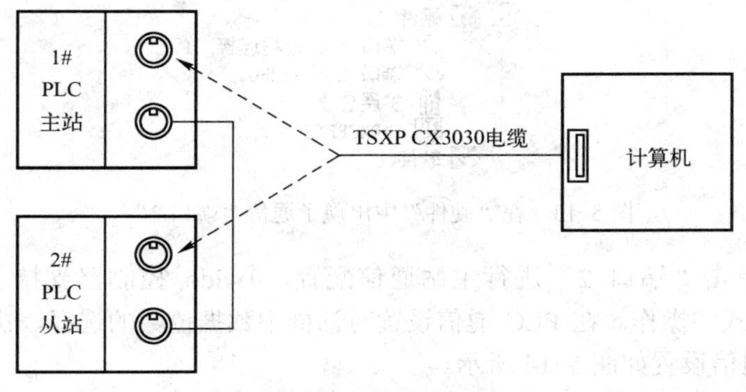

图 5-9 硬件配置示意图

选择型号为 TSXPCX3030 的编程电缆，该电缆通过 USB 接口提供串行连接及 RS-485 的信号转换。要设置控制器的通信参数，需要使用编程电缆将 PC 与 PLC 控制器的端口 1 连接；每次只能将 TSXPCX3030 连接到一个控制器上，而且仅位于 RS-485 EIA 端口 1 上。同样的步骤为第二个 PLC 控制器进行配置。

选用双绞屏蔽电缆，通过 PLC 的端口 2 将两台 PLC 的 A 线、B 线和 COM 口对应连接，端子的连接如图 5-10 所示。

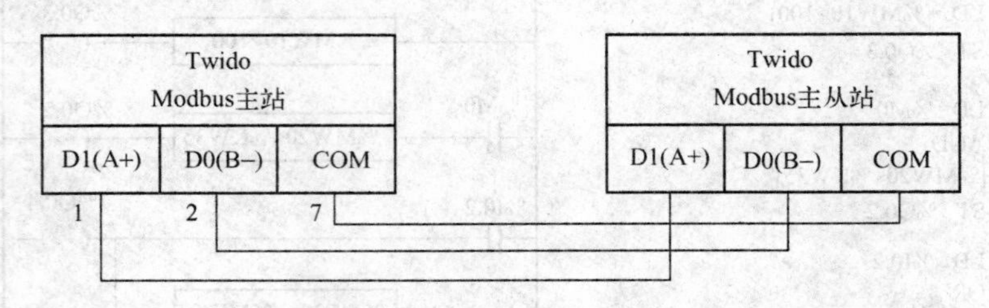

图 5-10　端子的连接

步骤 2：端口配置。

在 TwidoSoft 软件中新建文件，选择正确的控制器类型，即 TWDLCAA40DRF，用鼠标右键单击图 5-11 中所示的“硬件”将会出现“添加可选件对话框”，如图 5-12 所示，选择“TWDNCAC485D”，在“硬件”中出现了通信“端口 2”，如图 5-13 所示。

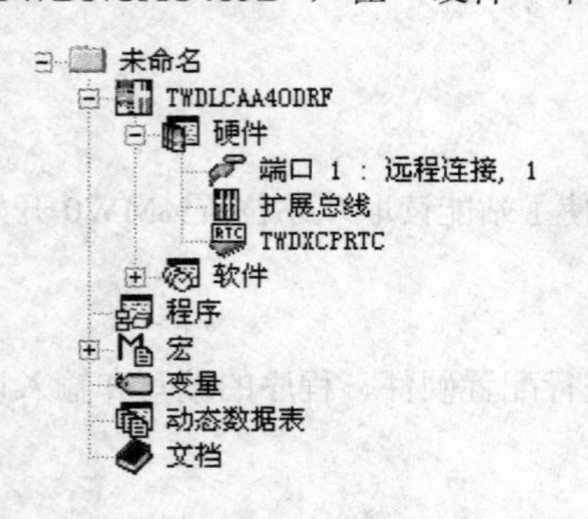

图 5-11　用鼠标右键单击“硬件”

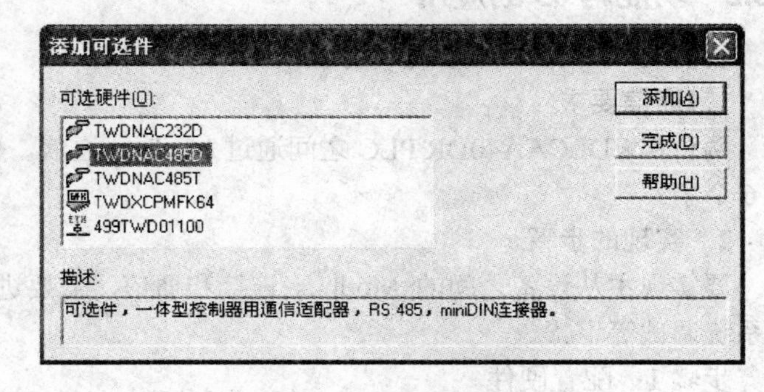

图 5-12　“添加可选件”对话框

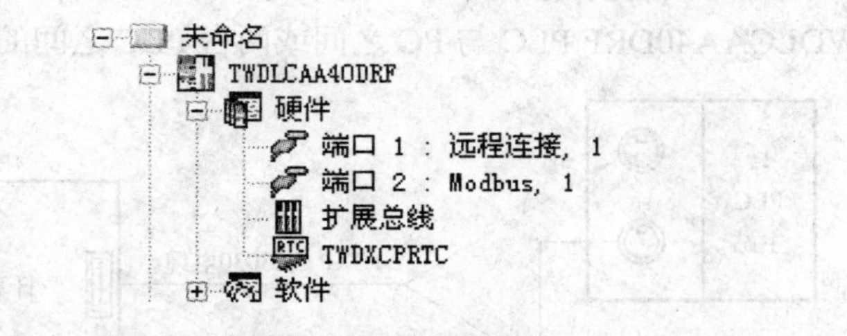

图 5-13　在“硬件”中出现了通信“端口 2”

用鼠标右键单击“端口 2”进行主站通信配置，Twido 控制器支持 Modbus RTU 和 Modbus ASCII 模式的操作。在 PLC 通信设置对话框中数据位数的选择，决定了哪种模式被激活。PLC 主站通信设置如图 5-14 所示。

将主站地址设置为 1，数据位数设置为 8，表明系统使用 Modbus RTU 模式。如果位数设置为 7，则将使用 Modbus ASCII 模式。对其他默认设置所做的唯一修改是将响应超时增加到 1s。

用同样的方法对从站的端口 2 进行配置，其设置参数如图 5-15 所示。从站地址设为 2，对其他默认设置所做的唯一修改为将响应超时增加到 10s。

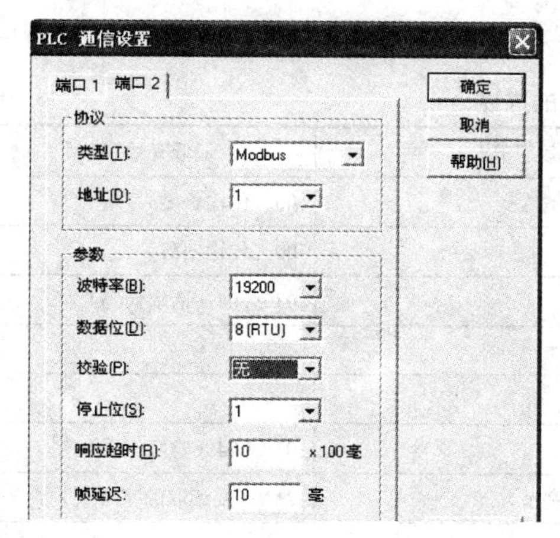

图 5-14　PLC 主站通信设置

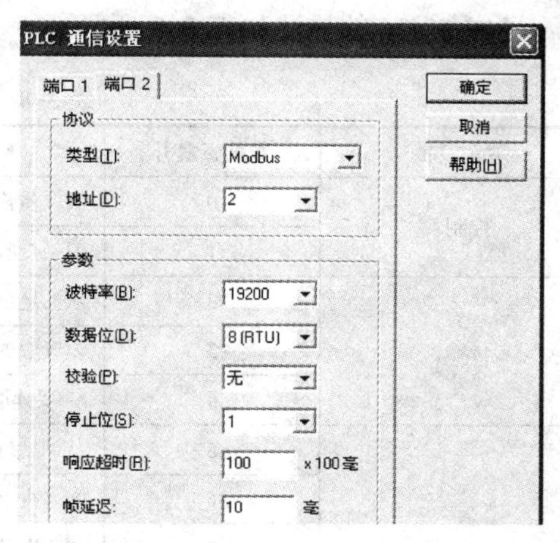

图 5-15　端口 2 的参数设置

步骤 3：使用 TwidoSoft 软件，为主站和从站写入应用程序。

1）写入主站程序如下。

```
LD      1
[ %MW0 := 16#0106 ]
[ %MW1 := 16#0300 ]
[ %MW2 := 16#0203 ]
[ %MW3 := 16#0000 ]
[ %MW4 := 16#0006 ]
LD      1
AND     %MSG2.D
[ EXCH2 %MW0:13 ]
LD      %MSG2.E
ST      %Q0.0
END
```

2）写入从站程序如下。

```
LD      1
[ %MW0 := 16#1111]
[ %MW1 := 16#2222]
[ %MW2 := 16#3333]
[ %MW3 := 16#4444]
[ %MW4 := 16#5555]
[ %MW5 := 16#6666]
END
```

步骤 4：初始化主站中的动态数据表编辑器。

下载并设置每个控制器使其处于运行状态，打开主控制器上的动态数据表。检查表的响应部分以确定响应代码为 03 以及已读取正确的字节数 0C（6 个字，12 个字节）。还需要注意的是，通过使用偏移，可以使自从站读取的字（开始于 %MW7）与主站中的字边界正确对齐。系统运行时主站 PLC 的动态数据如图 5-16 所示。

	地址	当前值	暂存值	格式	变量	合法
1	%MW5	0203	0000	十六进制		✓
2	%MW6	000C	0000	十六进制		✓
3	%MW7	1111	0000	十六进制		✓
4	%MW8	2222	0000	十六进制		✓
5	%MW9	3333	0000	十六进制		✓
6	%MW10	4444	0000	十六进制		✓
7	%MW11	5555	0000	十六进制		✓
8	%MW12	6666	0000	十六进制		✓

图 5-16　主站 PLC 的动态数据表

3．程序说明

（1）请求 03/04 的 RTU 格式

请求 03/04 的描述如表 5-8 所示。

表 5-8　请求 03/04 的描述

功　能	数据表索引	最高有效字节	最低有效字节
控制表	0	01（传输/接收）	06（传输长度）
	1	03（接收偏移）	00（传输偏移）
传输表	2	从站地址	03 或 04（请求代码）
	3	要读取的第一个字的地址	
	4	*N*=要读取的字数	
接收表（响应后）	5	从站地址	03 或 04（响应代码）
	6	00（由 Rx 偏移添加的字节）	2**N*（要读取的字节数）
	7	要读取的第一个字	
	8	要读取的第二个字（若 *N*>1）	
	⋮		
	N+6	要读取得第 *N* 个字（若 *N*>2）	

（2）通信指令

Twido 控制器进行硬件参数设置后可以与 Modbus 从设备进行通信。TwidoSoft 为通信提供了两条指令，分别是用于发送/接收消息的 EXCH 指令和用于控制数据交换的%MSG 指令。

EXCHx 指令使 Twido 控制器可以将信息发送到 Modbus 从设备，也可以接收来自 Modbus 从设备的信息。用户定义一个含有发送/接收数据的字表%MWi：L，L 的长度不超过 250 个字节。使用 EXCHx 指令执行消息交换的格式为

[EXCHx　%MWi：L]

其中，x 为通信端口号（1 或 2）；L 为控制字、传输字以及接收表中的字数，包含将发送或接收的控制信息和数据。本例中控制字 2 个，传输字 3 个，接收数据表占用 2+6=8 个字，所以将 L 的长度设为 13。

Twido 控制器必须在第二个交换指令开始之前通过第一个 EXCHx 指令完成交换；Twido 控制器必须完成来自第一个 EXCHx 指令的交换，才能启动第二个指令。发送多条消息时，必须使用%MSGx 功能块。%MSGx 功能模块管理数据交换且可以完成通信错误校验、多消息协调、优先消息发送等功能。%MSGx 指令格式如图 5-17 所示。其功能模块参数如表 5-9 所示。

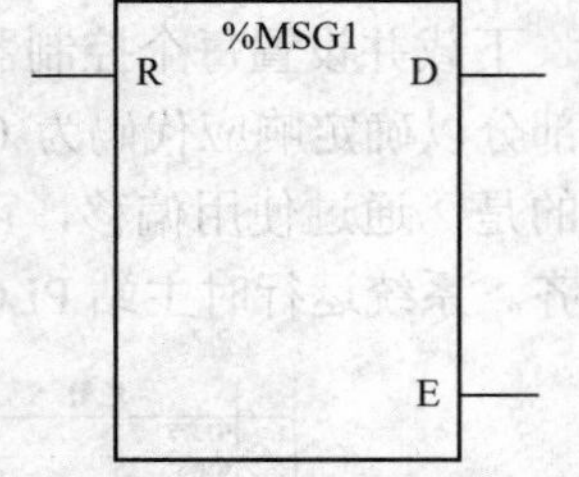

图 5-17　%MSG 指令格式

这里 x 的值若为 1 或 2，则分别表示控制器串口 1 或 2；x=3，表示控制器的以太网端，适用于支持以太网的模块，例如 TWDLCAE40DRF 控制器。

表 5-9 %MSG 功能模块参数

参数	标识	值
输入（或指令）复位	R	置为 1 时，通信重新初始化；%MSGx.E=0 和%MSGx.D=1
通信完成输出	%MSGx.D	状态 1 表示通信在下列情况完成： 发送结束（如果是发送）；接收结束（收到结束字符） 错误；模块重启；状态 0 表示请求在处理过程中
故障（出错）输出	%MSGx.E	状态 1 表示通信在下列情况完成： 命令错误；表配置错误 收到不争取的字符（速率、奇偶等） 接收表满（未更新）；状态 0 表示消息长度和连接都正确

（3）偏移量 Rx 的设置

Modbus 主站的%MW1 中 Rx 偏移设置是为了读取数据的方便而使用的。若偏移为 3，则将在接收表中的第三个位置添加一个 00 字节，如图 5-16 所示（%MW6=000C，%MW7=1111…每个字接收正确）；若偏移为 4，则将在接收表中的第 4 个位置添加一个 00 字节，如图 5-18 所示（%MW6=0C00，%MW7=1111…每个字接收正确）；若偏移为 5，则将在接收表中的第 5 个位置添加一个 00 字节，如图 5-19 所示（%MW6=0C11，%MW7=0011…每个字的高位字节和低位字节错位）；若在接收表中没有设置偏移，则主站从从站中接收到的字也将错位一个字节，如图 5-20 所示。

	地址	当前值	暂存值	格式	变量	合法
1	%MW5	0203	0000	十六进制		✓
2	%MW6	0C00	0000	十六进制		✓
3	%MW7	1111	0000	十六进制		✓
4	%MW8	2222	0000	十六进制		✓
5	%MW9	3333	0000	十六进制		✓
6	%MW10	4444	0000	十六进制		✓
7	%MW11	5555	0000	十六进制		✓
8	%MW12	6666	0000	十六进制		✓

图 5-18 在接收表中的第 4 个位置添加一个 00 字节

	地址	当前值	暂存值	格式	变量	合法
1	%MW5	0203	0000	十六进制		✓
2	%MW6	0C11	0000	十六进制		✓
3	%MW7	0011	0000	十六进制		✓
4	%MW8	2222	0000	十六进制		✓
5	%MW9	3333	0000	十六进制		✓
6	%MW10	4444	0000	十六进制		✓
7	%MW11	5555	0000	十六进制		✓
8	%MW12	6666	0000	十六进制		✓

图 5-19 在接收表中的第 5 个位置添加一个 00 字节

	地址	当前值	暂存值	格式	变量	合法
1	%MW5	0203	0000	十六进制		✓
2	%MW6	0C11	0000	十六进制		✓
3	%MW7	1122	0000	十六进制		✓
4	%MW8	2233	0000	十六进制		✓
5	%MW9	3344	0000	十六进制		✓
6	%MW10	4455	0000	十六进制		✓
7	%MW11	5566	0000	十六进制		✓
8	%MW12	6600	0000	十六进制		✓

图 5-20 在接收表中没有设置偏移

可见，设置正确的偏移量 Rx，可以使主站中的字处于正确的位置，能够方便地定位数据表中要读取的字节数和字的值。如果没有此偏移设置或偏移值设置不合适，则在交换块中数据字就可能被拆分。

5.3.3 功能码 16 的应用

功能码 16 用于将数值写入多路寄存器中。

1．控制要求

实现两台 TWDLCAA40DR PLC 之间 Modbus 通信，使得主站能将输出字写入从站中。

2．实现的步骤

要实现主从设备之间的 Modbus 连接和通信，需要进行硬件配置、程序的编写和下载以及系统调试等步骤。实现的步骤、端口设置等内容参考 5.3.2 节。

使用 TwidoSoft 软件，为主站和从站写入应用程序。

（1）主站程序

```
LD     1
[ %MW0 := 16#010C ]
[ %MW1 := 16#0007 ]
[ %MW2 := 16#0210 ]
[ %MW3 := 16#0010 ]
[ %MW4 := 16#0002 ]
[ %MW5 := 16#0004 ]
[ %MW6 := 16#1111 ]
[ %MW7 := 16#2222 ]
LD     1
AND    %MSG2.D
[ EXCH2 %MW0:11 ]
LD     %MSG2.E
ST     %Q0.0
END
```

（2）从站程序

```
LD     1
[ %MW18 := 16#FFFF ]
END
```

3．初始化动态数据表编辑器

下载并设置每个控制器使其运行后，分别在主站从站上创建动态数据表，观察主从站上相应变量中的当前值变化情况。

主站中的动态数据表可以用于检查交换数据的接收表部分。该数据表显示了从站地址、响应代码、写入的第一个字的地址和从 %MW16 处开始写入的字数。主站动态数据表如图 5-21 所示。

打开从站控制器上的动态数据表。将 %MW16 和 %MW17 中的两个值写入从站。在从站上创建的从站动态数据表如图 5-22 所示。

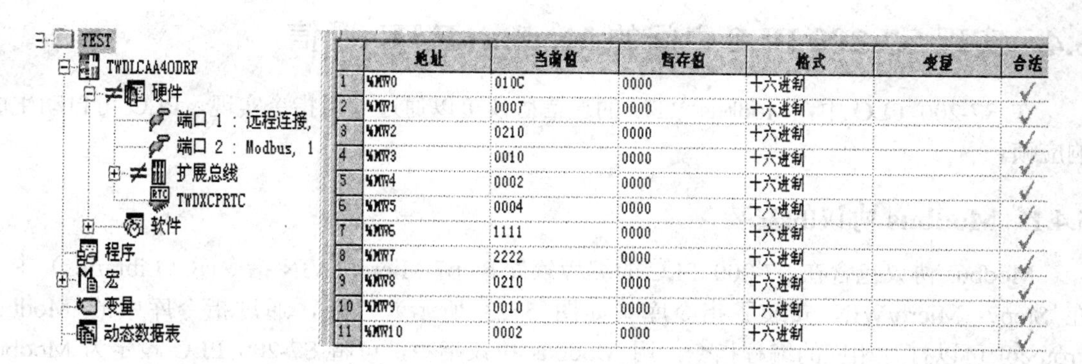

图 5-21　主站动态数据表

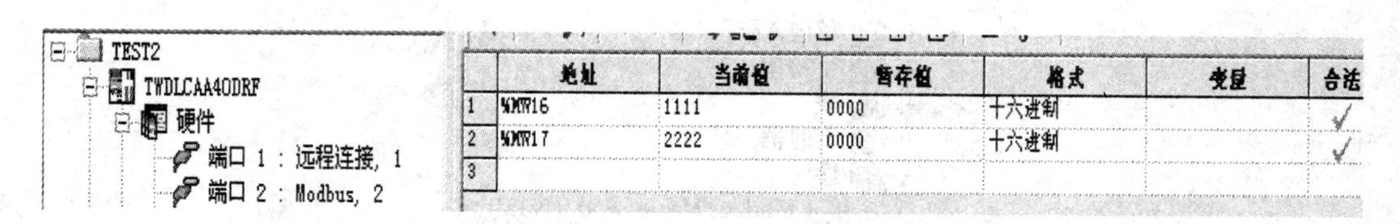

图 5-22　从站动态数据表

4．程序说明

1）请求 16 的 RTU 模式。请求 16 的描述如表 5-10 所示。

表 5-10　请求 16 的描述

功　　能	数据表索引	最高有效字节	最低有效字节
控制表	0	01（传输/接收）	8+2*N（传输长度）
	1	00（接收偏移）	07（传输偏移）
传输表	2	从站地址	16（请求代码）
	3	要写入的第一个字的地址	
	4	N=要写入的字数	
	5	00（未发送的字节，偏移影响）	2*N=要写入的字节数
	6	要写入第一个字的值	
	7	要写入第二个字的值	
	⋮		
	N+5	要写入第 N 个字的值	
接收表（响应后）	N+6	从站地址	16（响应代码）
	N+7	已写入的第一个字的地址	
	N+8	已写入的字数（=N）	

2）对于从站，写入单个存储器字%MW18。给%MW18 任意赋一个值都可以，目的是给从站%MW0～%MW18 的存储器地址分配空间。如果未分配空间，Modbus 将请求尝试写入从站上不存在的位置。

5.4 实现 S7-200 PLC 之间的 Modbus RTU 通信

在 S7-200 PLC 中，Modbus RTU 的通信协议可以通过专用指令实现，PLC 可自动生成响应帧。

5.4.1 Modbus 协议的安装

Modbus 协议包含在 S7-200 PLC 的编程软件 Step7-Micro/ WIN 指令库（Libraries）中。在 Step7- Micro/WIN 安装了指令库（如图 5-23 所示）以后，通过指令库中的 Modbus Protocol 可以打开相应的编程指令，用 Modbus 协议指令，可将 S7-200 PLC 设定为 Modbus 主站或从站进行工作。

图 5-23 Modbus Protocol 指令库

指令库中有针对端口 0 和端口 1 的主站指令库 Modbus Master Port0 和 Modbus Master Port1，也有针对端口 0 的从站指令库 Modbus Slave Port0，故可利用指令库实现 S7-200 PLC 端口 0 的 Modbus RTU 主/从站通信。

西门子 Modbus RTU 协议库支持的最常用 8 条功能码含义如表 5-11 所示。

表 5-11 西门子 Modbus RTU 协议库支持的最常用 8 条功能码含义

功能码	描 述	说 明
1	读取单个/多个线圈的实际输出状态	返回任意数量输出点的接通/断开状态（Q）
2	读取单个/多个线圈的实际输入状态	返回任意数量输入点的接通/断开状态（I）
3	多个保持寄存器	返回 V 存储器的内容。在一个请求中最多可读 120 个字
4	读单个/多个输入寄存器	返回模拟输入值
5	写单个线圈（实际输出）	将实际输出点设置为指定值，用户程序可以重写由 Modbus 的请求而写入的值
6	写单个保持寄存器	将单个保持寄存器的值写入 S7-200 的 V 存储器中
15	写多个线圈（实际输出）	写多个实际输出值到 S7-200 的 Q 映像区。起始输出点必须是一个字节的开始（如 Q0.0 或 Q1.0），并且要写的输出数量是 8 的倍数，用户程序可以重写由 Modbus 的请求而写入的值
16	写多个保持寄存器	将多个保持寄存器写入 S7-200 的 V 区中。在一个请求中最多可写 120 字

使用 Modbus 指令库编写程序需要注意以下几点。

1）使用 Modbus 指令库前，必须将其安装到 Step7-Micro/WIN V3.2 或以上版本的软件中。

2）S7-200 PLC 的 CPU 版本必须为 2.00 或者 2.01（即订货号为 6ES721*－***23-0BA*），1.22 版本之前（包括 1.22 版本）的 CPU 不支持 Modbus 指令库。

3）如果 CPU 端口被设为 Modbus 通信，该端口就无法用于其他任何用途，包括用 STEP7-Micro/WIN 软件下载程序。

5.4.2 Modbus 地址

Modbus 地址由 5 个字符组成，包含数据类型和地址的偏移量，第 1 个字符用来指出数据类型，后 4 个字符用来选择数据类型内的适当地址。

1．主站寻址

Modbus 主站指令根据地址进行分类，以便完成相应的功能，并发送至从站设备。Modbus 主站指令支持下列 Modbus 地址。

00001～09999：离散输出（线圈）。

10001～19999：离散输入（触点）。

30001～39999：输入寄存器（通常是模拟量输入）。

40001～49999：保持寄存器。

所有 Modbus 地址都是从地址 1 开始编号。有效地址范围取决于从站设备的参数设置。不同的从站设备将支持不同的数据类型和地址范围。

2．从站地址

Modbus 从站指令支持的通信内容及相应地址如下。

00001～00128：实际输出，对应于 Q0.0～Q15.7。

10001～10128：实际输入，对应于 I0.0～I15.7。

30001～30032：模拟输入寄存器，对应于 AIW0～AIW62，注意地址为偶数。

40001～4xxxx：保持寄存器，对应于 V 区。

与主站相同，所有 Modbus 地址是从地址 1 开始编号的。表 5-12 为 Modbus 地址与从站 S7-200 PLC 地址的对应关系。

表 5-12 Modbus 地址与从站 S7-200 PLC 地址的对应关系

序号	Modbus 地址	S7-200 PLC 地址
1	00001	Q0.0
	00002	Q0.1
	⋮	⋮
	00127	Q15.6
	00128	Q15.7
2	10001	I0.0
	10002	I0.1
	⋮	⋮
	10127	I15.6
	10128	I15.7

（续）

序　号	Modbus 地址	S7-200 PLC 地址
3	30001	AIW0
	30002	AIW2
	⋮	⋮
	30031	AIW60
	30032	AIW62
4	40001	HoldStart
	40002	HoldStart+2
	⋮	⋮
	4xxxx	HoldStart+2*(xxxx-1)

Modbus 从站指令 MBUS_INIT 可以对 Modbus 主站要访问的输入、输出、模拟量输入和保持寄存器的数量、位置等进行限定。例如，指令中的参数 MaxIQ 可以限定 Modbus 主站要访问的 I、Q 的最大数量；参数 MaxHold 可以限定 Modbus 主站要访问的保持寄存器的最大数量，而参数 HoldStart 则可以确定主站要访问的保持寄存器的初始位置。有关参数的用法可参考 5.4.3 节内容。

5.4.3　Modbus 通信的建立

1．硬件配置与参数设定

如图 5-24 所示，Modbus 通信在两个 S7-200 PLC 的 Port0 通信口之间进行。选择具有两个通信口的 CPU 构成通信系统较为方便，一个作为通信口用，一个与计算机连接。在主站侧选择 Port0 或 Port1 作 Modbus 通信口都可以，这取决于在主站指令库中对相关指令的选择。在这里 Port1 通信口与 PC 连接，便于实现程序编制、下载和在线监控，两个 CPU 的 Port0 通信口通过 Profibus 电缆进行连接，实现两台 PLC 的 Modbus 通信传输。

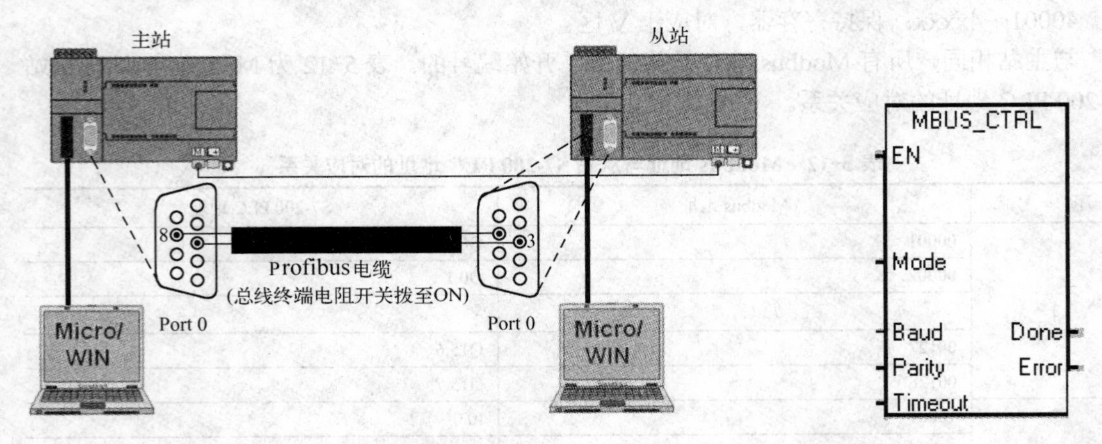

图 5-24　硬件连接　　　　图 5-25　MBUS_CTRL 指令

对于 Modbus 通信，主站侧需要使用“MBUS _CTRL”和“MBUS_MSG”指令，从站侧需要使用“MBUS_INIT”和“MBUS_SLAVE”指令。

2. 主站侧 MBUS_CTRL 指令

MBUS_CTRL 指令如图 5-25 所示，其参数选项及其意义如表 5-13 所示。该指令用于初始化主站通信，可初始化、监视或禁用 Modbus 通信。

MBUS_CTRL 指令必须在每次扫描且“EN”输入使能被调用，以允许监视随 MBUS_MSG 指令启动的任何突出消息的进程。指令完成后立即设定“Done”位，才能继续执行下一条指令。在使用 MBUS_MSG 指令之前，必须正确执行 MBUS_CTRL 指令。

表 5-13　MBUS_CTRL 参数选项及其意义

参数	意　义	选　项	数 据 类 型
EN	使能		BOOL
Mode	协议选择	0-PPI，1-Modbus	BOOL
Baud	传输速率/(kbit/s)	1 200，2 400，4 800，9 600，19 200，38 400，57 600，115 200	DWORD
Parity	校验选择	0——无校验，1——奇校验，2——偶校验	BYTE
Timeout	从站的最长响应时间	1～32 767ms；典型值是 1 000ms(1s)。应将“超时”参数设置得足够大，以便从站有时间对所选的波特率作出应答	INT
Done	完成标志位	若完成，则输出为 1，否则为 0	BOOL
Error	错误代码	Done=1 有效时：0——无错误，1——奇偶校验选择无效，2——波特率选择无效，3——超时选择无效，4——模式选择无效	BYTE

3. 主站侧 MBUS_MSG 指令

MBUS_MSG 指令如图 5-26 所示，其参数选项及其意义如表 5-14 所示。该指令用于启动对 Modbus 从站的请求并处理应答。当“EN”输入和“First”输入都为 1 时，MBUS_MSG 指令启动对 Modbus 从站的请求；通常需要多次扫描完成发送请求、等待应答和处理应答。

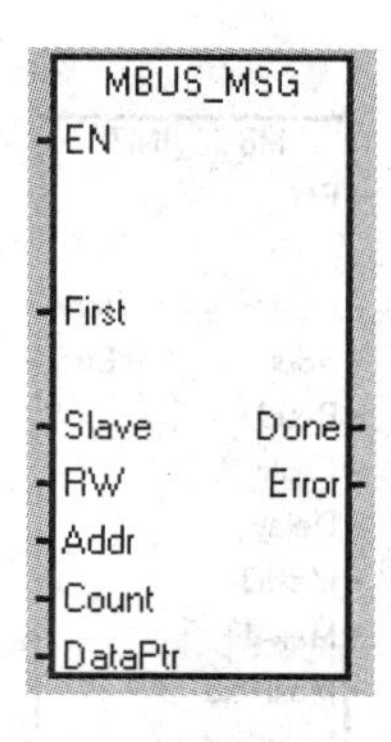

图 5-26　MBUS_MSG 指令

表 5-14　MBUS_MSG 参数选项及其意义

参数	意　义	选项及说明	数 据 类 型
EN	使能		BOOL
First	读/写请求位	在有新请求要发送时打开，以进行一次扫描	BOOL
Slave	从站地址	0～247；其中地址 0 是广播地址	BYTE
RW	读/写	0——读，1——写	BYTE

（续）

参数	意　义	选项及说明	数据类型
Addr	读/写从站的数据地址	00001～00128=数字量输出（Q0.0～Q15.7） 10001～10128=数字量输入（I0.0～I15.7） 30001～30032=模拟量输入（AIW0～AIW62） 40001～49999=保持寄存器	DWORD
Count	位/字的个数	地址 0xxxx：读取/写入的位数 地址 1xxxx：读取的位数 地址 3xxxx：读取的输入寄存器字数 地址 4xxxx：读取/写入的保持寄存器字数	INT
DataPtr	V 存储区起始地址指针	对于读取请求，DataPtr 指向用于存储从 Modbus 从站读取的数据的第一个 CPU 存储器位置；对于写入请求，DataPtr 指向要发送到 Modbus 从站的数据的第一个 CPU 存储器位置	DWORD
Done	完成标志位	完成输出在发送请求和接收应答时关闭。完成输出在应答完成或 MBUS_MSG 指令因错误而中止时打开	BOOL
Error	错误代码	0——无错误；1——应答时奇偶校验错误；2——未使用；3——接收超时；4——请求参数出错；5——Modbus 主设备未启用；6——Modbus 忙于处理另一个请求…	BYTE

MBUS_MSG 指令一次只能激活一条，如果启用了多条 MBUS_MSG 指令，则将处理所执行的第一条 MBUS_MSG 指令，其后的所有 MBUS_MSG 指令将被中止，并产生错误代码 6。

4．从站侧 MBUS_INIT 指令

MBUS_INIT 指令如图 5-27 所示。其参数选项及其意义如表 5-15 所示。该指令用于启用和初始化或禁止 Modbus 通信。指令完成后立即设定“Done”位，才能继续执行下一条指令。应当在每次通信状态改变时执行 MBUS_INIT 指令，因此“EN”输入采用一个上升沿或下降沿打开，或者仅在首次扫描时执行。在使用 MBUS_SLAVE 指令之前，必须正确执行 MBUS_INIT 指令。

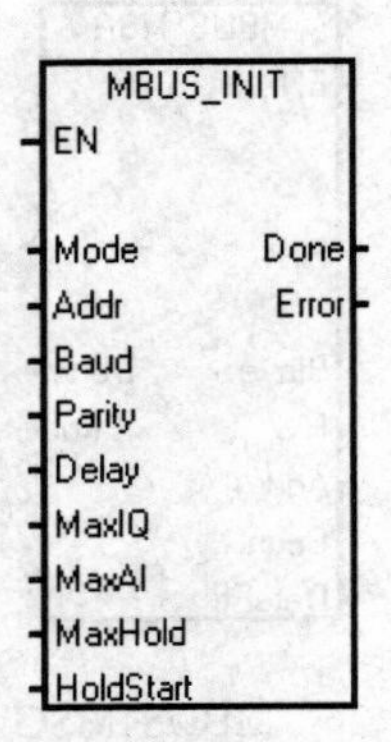

图 5-27　MBUS_INIT 指令

表 5-15　MBUS_INIT 参数选项及其意义

参数	意　义	选项及说明	数据类型
EN	使能		BOOL
Mode	接口通信模式选择	0——PPI，1——Modbus	BOOL
Baud	传输速率/（kbit/s）	1 200，2 400，4 800，9 600，19 200，38 400，57 600，115 200	DWORD

（续）

参数	意　义	选项及说明	数据类型
Addr	从站地址	1～247	BYTE
Parity	奇偶校验设定	0——无校验，1——奇校验，2——偶校验	BYTE
Delay	报文延迟时间	0～32 760ms；默认值为 0	WORD
MaxIQ	可使用的最大数字输入输出点数	0～128，建议使用的 MaxIQ 数值是 128，该数值可在 S7-200 中存取所有的 I 和 Q 点	WORD
MaxAI	可使用的最大模拟量输入字数	最大 AI 字数，参与通信的最大 AI 通道数，可为 16 或 32	WORD
MaxHold	最大保持型变量寄存器字数	例如，为了允许主设备存取 2000 个字节的 V 存储器，将 MaxHold 设为 1000 个字的数值(保持寄存器)	WORD
HoldStart	保持型变量寄存器的起始地址	该数值一般被设为 VB0，因此 HoldStart 参数被设为 &VB0 (VB0 地址)	WORD
Done	初始化完成标志	初始化成功后置 1	BOOL
Error	出错代码	0——无错误；1——内存范围错误； ⋮ 10——从属功能未启用	BYTE

5．从站侧 MBUS_SLAVE 指令

MBUS_SLAVE 指令如图 5-28 所示。其参数意义如表 5-16 所示，该指令用于为 Modbus 主设备发出请求服务。在每次扫描且“EN”输入使能时执行该指令，以便检查和回答 Modbus 请求。MBUS_SLAVE 指令无输入参数，当 MBUS_SLAVE 指令对 Modbus 请求作出应答时，将“Done”置为 1；当没有需要服务的请求时，将“Done”置为 0。“Error”输出包含执行指令的结果，该输出只有在“Done”为 1 时才有效，否则错误参数不会改变。

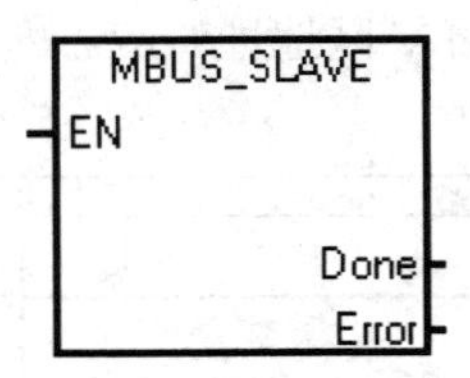

图 5-28　MBUS_SLAVE 指令

表 5-16　MBUS_SLAVE 参数意义

参　数	意　义	备　注	数 据 格 式
EN	使能		BOOL
Done	完成标志位	Modbus 执行通信中时置 1，无 Modbus 通信活动时为 0	BOOL
Error	错误代码	0——无错误；1——内存范围错误； ⋮ 10——从属功能未启用	BYTE

5.4.4　应用举例

1．控制要求

两台型号为 S7-200 CPU226 CN 的 PLC 进行 Modbus 通信，其中一台作为 Modbus 通信主站，另一台作为 Modbus 通信从站。当主站 I0.1 为 ON 时，主站给从站发送信息，并使从站的输出 Q0.0～Q0.7 随主站 & VB1000 的值变化。

2．硬件配置

一台 PC，两台 PLC，一根 Profibus 网络电缆（含有两个网络总线连接器）。

3．实现步骤

1）编写作为 Modbus 主站的 S7-200 CPU 的 PLC 程序，将程序下载到主站 PLC 中。主站程序——网络 1 如图 5-29 所示。网络 1 用于每次扫描时调用 MBUS_CTRL 指令，初始化和监视 Modbus 主站设备。Modbus 主设备设置为 9 600bit/s、奇校验、允许从站延时 1ms 应答时间。

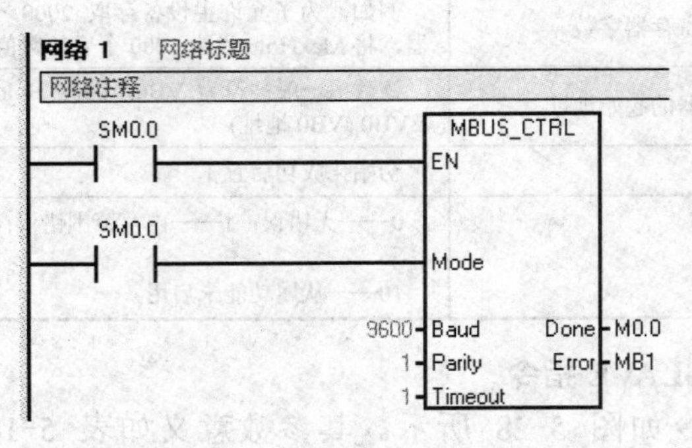

图 5-29　主站程序——网络 1

主站程序——网络 2 如图 5-30 所示。网络 2 实现在 I0.1 正跳变时执行 MBUS_MSG 指令，将地址 VB1000 的值写入从站 5 的保持寄存器中。参数“DataPtr”代表了 V 区被读的起始地址，设为 VB1000，即主站读取 VB1000 的值并被写入地址为“40001”的保持寄存器中。保持寄存器以字为单位，与从站的 V 区地址对应。

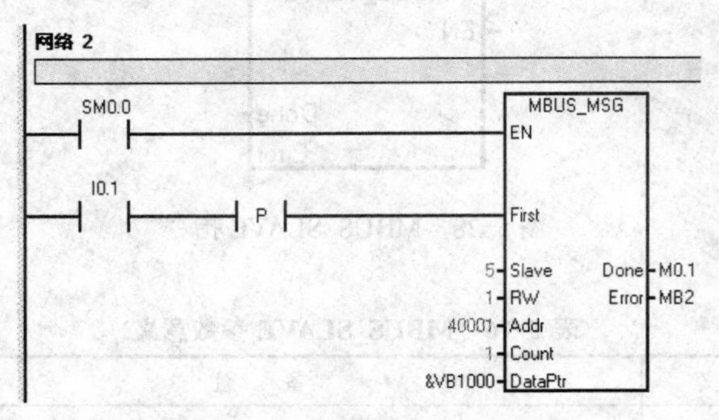

图 5-30　主站程序——网络 2

主站程序——网络 3 如图 5-31 所示。网络 3 为给 VB1000 存储器赋初值，使其低 4 位为 1，以便监视从站的变化。

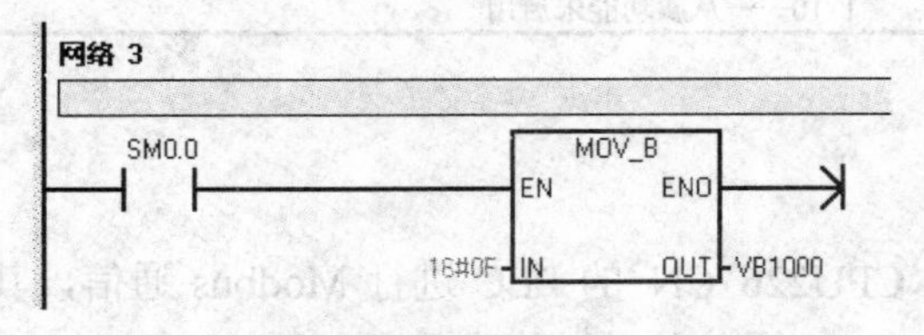

图 5-31　主站程序——网络 3

需要注意的是，利用指令库编程前首先应为其分配存储区，否则 Step7-Micro/WIN 编译时会报错。具体方法如下。

① 执行 Step7-Micro/WIN 菜单命令“文件”→“库存储区”，打开主站“库存储区分配”对话框，如图 5-32 所示。

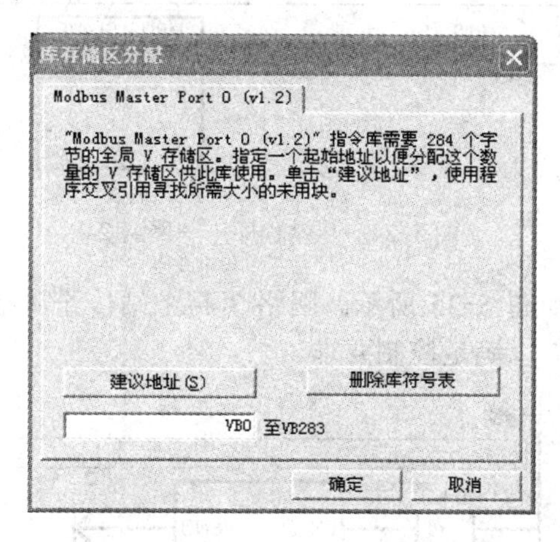

图 5-32　主站“库存储区分配”对话框

② 在“库存储区分配”对话框中输入库存储区的起始地址 VB0，注意避免该地址与程序中已经采用或准备采用的其他地址重合。

③ 单击“建议地址”按钮，系统将自动计算存储区的截止地址。

④ 单击“确定”按钮确认分配，关闭对话框。

2）编写作为 Modbus 从站的 S7-200 CPU 的 PLC 程序，将程序下载到从站 PLC 中。

从站程序——网络 1 如图 5-33 所示。网络 1 用于初始化 Modbus 从站，即将从站地址设为 5，将端口 0 的波特率设为 9 600bit/s、奇校验、延迟时间为 0；MaxIQ 取值 128、MaxAI 取值 32，表明允许存取所有的 I、Q 和 AI 数值；将可以使用的 V 区寄存器地址字数设为 1000，设起始地址为 VB1000，即将主站的保持寄存器 40001 的值写入从站的 & VB1000 中。

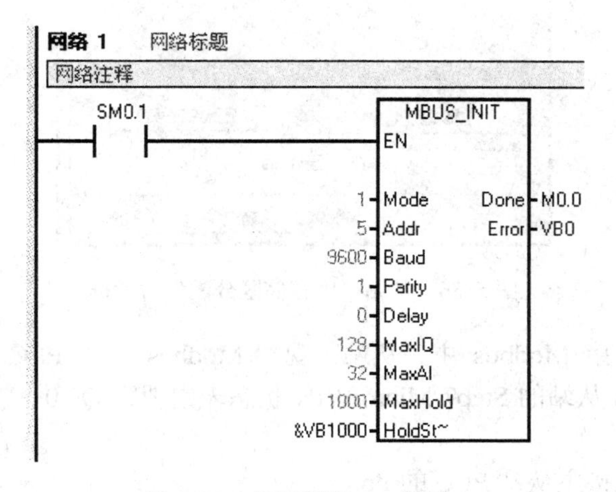

图 5-33　从站程序——网络 1

从站程序——网络 2 如图 5-34 所示。网络 2 用于在每次扫描时执行 Modbus_Slave 指令，以便响应主站报文。

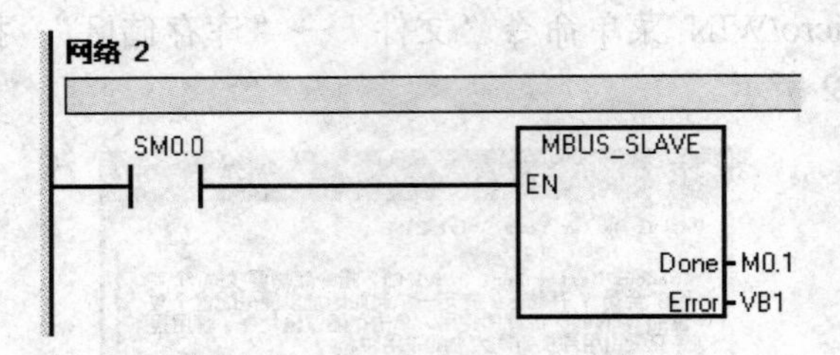

图 5-34　从站程序——网络 2

从站程序——网络 3 如图 5-35 所示。网络 3 将主站传给从站的值传给 QB0，使得输出 Q0.0～Q0.7 受主站的控制，以满足控制要求。

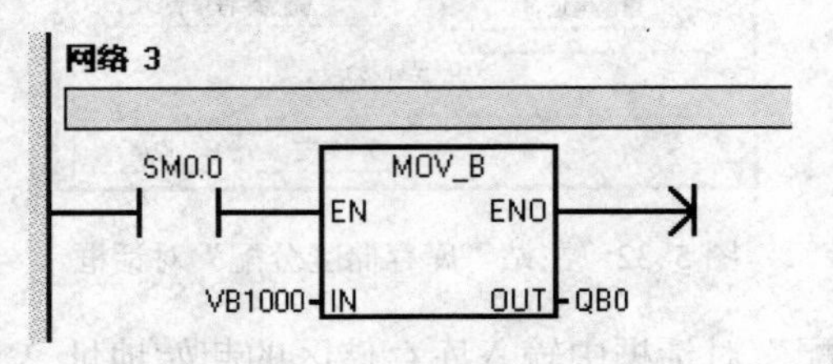

图 5-35　从站程序——网络 3

同样需要注意的是，利用指令库编程前首先应为其分配存储区，否则 Step7-Micro/WIN 编译时会报错。从站“库存储器分配”对话框如图 5-36 所示。

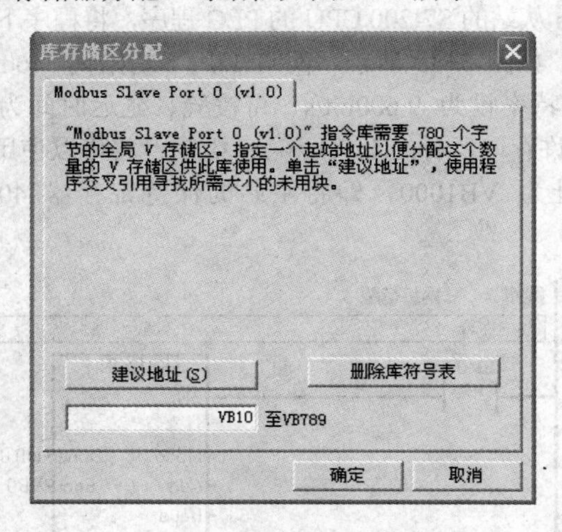

图 5-36　从站“库存储区分配”对话框

3）用串口电缆连接 Modbus 主、从站，观察 Modbus 从站 PLC 的 Q0.0～Q0.7 输出指示灯，或者在 Modbus 从站的 Step7-Micro/WIN 状态表中观察 Q0.0～Q0.7 的数值。操作步骤如下。

① 用串口电缆连接主从站 PLC 的 Port0。

② 将主、从站 PLC 设置为 Run 状态。

③ 将主站 I0.1 的开关闭合，使其状态为 ON。

④ 利用 Step7-Micro/WIN 状态表在线监控从站 QB0 的数值。从站状态监控表如图 5-37 所示。

	地址	格式	当前值	新值
1	VB1000	十六进制	16#0F	
2	QB0	十六进制	16#0F	
3		有符号		
4		有符号		
5		有符号		

图 5-37　从站状态监控表

从图中可以看出，在主站的 I0.1 使能后，主站 VB1000 中的数据就被发送到从站中，并写入从站的 VB1000 中。

4．操作要点

1）必须保证主站与从站的“Baud”和“Parity”的参数设置一致，并且“MBUS_MSG”指令中的“Slave”参数要与“MBUS_INIT”中的“Addr”参数设置一致。

2）注意在 Step7-Micro/WIN 中定义库的存储地址。

3）在从站的“MBUS_INIT”指令中，参数“HoldStart”确定了与保持寄存器起始地址 40001 相对应的 V 存储区初始地址。从站的 V 区目标指针可以这样计算，即

2*(Addr-40001)+HoldStart=2*(40001-40001)+&VB1000=&VB1000

在从站的“MBUS_INIT”指令中，参数“MaxHold”设置的数据区要能够包含主站侧所要写入的全部数据。

5.5　实现 FX_{2N} PLC 之间的 Modbus RTU 通信

在 FX_{2N} PLC 中，Modbus RTU 的通信协议可以通过 RS-485 通信接口实现，使得 FX_{2N} PLC 能方便地与具有 Modbus 通信协议的设备（例如 PLC、变频器和温湿度模块等）进行通信。

5.5.1　Modbus 通信的设置

Modbus 通信格式用 FX_{2N} PLC 中的特殊数据寄存器 D8120 进行设置，D8120 数据的设置必须与外围连接的设备保持一致。通信格式决定 PLC 的无协议通信（RS 指令）设置，包括数据长度、奇偶校验和波特率等。D8120 参数的设置内容如表 5-17 所示。

表 5-17　D8120 参数的设置内容

位　号	含　义	可 选 内 容
b0	数据长度	0：7 位。1：8 位
b2b1	奇偶性	00：None（无）。01：Odd（奇）。11：Even（偶）
b3	停止位	0：1 位。1：2 位
b7～b4	波特率/(bit/s)	0100：600。　0101：1 200。　0110：2 400 0111：4 800。　1 000：9 600。　1001：19 200
b8	起始符	0：无。1：有（D8124）、初始值 STX（02H）
b9	终止符	0：无。1：有（D8125）、初始值 ETX（03H）

（续）

位　号	含　义	可 选 内 容
b11b10	控制线	当 RS-485 未考虑设置控制线时，设定值为（1，1）
b12	—	—
b15～b13		计算机链接通信时的设定项目，当使用 RS 指令时必须将其设置为 0

例如，设置两台设备之间的通信参数为 8 位数据位，无校验，1 位停止位，波特率为 9 600bit/s，无帧头无帧尾，则 FX_{2N} PLC 的 D8120=2#0000110010000001=16#0C81。

如果 PLC 是与变频器通信（例如三菱 FR-A540、施耐德 ATV31 等），就需要先设置好变频器的通信参数，然后再根据变频器参数设置 D8120 参数，使得 D8120 的通信格式与变频器保持一致。

5.5.2 RS 通信指令

RS 指令为使用 RS-232C 及 RS-485 功能扩展板及特殊适配器进行发送接收数据的指令，格式如下。

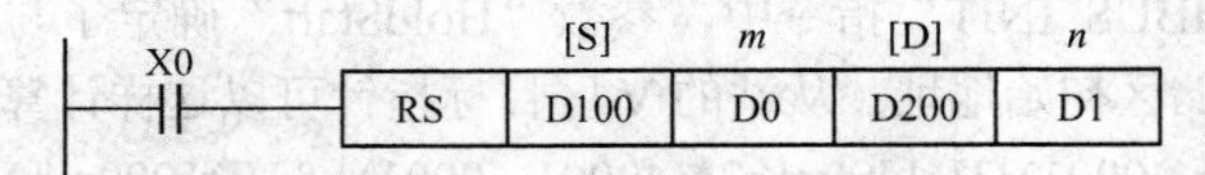

RS 指令说明及使用方法如下。

1）[S]和 *m* 分别为发送数据帧起始地址和数目；[D]和 *n* 分别为接收数据帧起始地址和数目。

2）数据的传送格式可以通过前面介绍的 D8120 设定。RS 指令在驱动时即使改变 D8120 的设定，程序也不接受。

3）在只发送的系统中，可将接收数设定为 K0（K 表示常数）；在只接收的系统中，可将发送数设定为 K0。

4）在程序中可以多次使用 RS 指令，但在同一时间必须保证只有一个 RS 指令被驱动；在一次完整的通信过程中，必须使 RS 指令保持一直有效，直至接收数据完成为止。

5）RS 指令需要与发送请求位 M8122 及接收完成位 M8123 位配合。程序配合格式如下。

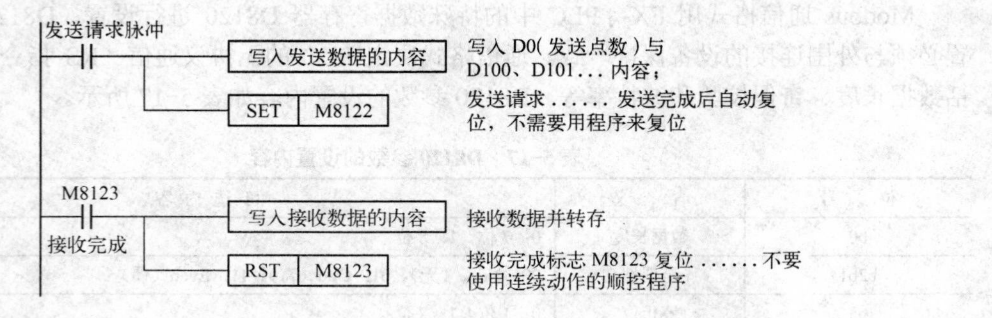

5.5.3 应用举例

1．控制要求

要求两台 FX_{2N} PLC 采用 Modbus 协议通信，实现信息的交互；通信格式设置为：8 位数据位，无校验，1 位停止位，波特率为 9 600bit/s，无帧头无帧尾。

2．硬件配置及接线

根据控制要求，配置设备如下：一台 PC、两台 PLC 配有 FX_{2N}-485-BD 的 FX_{2N} PLC，导线若干。两台 FX_{2N} PLC 的外部连接如图 5-38 所示。

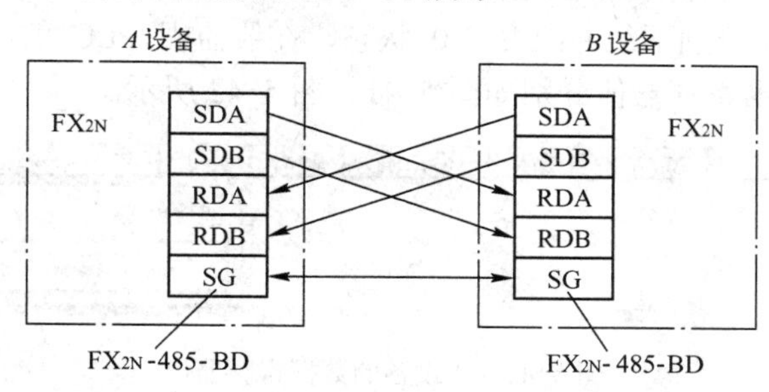

图 5-38　两台 FX_{2N} PLC 的外部连接

3．程序实现

根据控制要求，分别设计 *A*、*B* 设备的程序，如图 5-39 和图 5-40 所示。

```
     M8002
 3 ──┤├──────────────────────────[MOV   H0C81   D8120 ]
                                                 3201
     M8000（闭合状态）
 9 ──┤├──────────────[RS   D200   K2    D300   K2   ]
                            10           30
     X000
19 ──┤↓├──┬──────────────────────[MOV   K10     D200  ]
          │                                      10
          ├──────────────────────[MOV   K20     D201  ]
          │                                      20
          └──────────────────────────[SET       M8122 ]

33 ──────────────────────────────────────────[END     ]
```

图 5-39　*A* 设备的程序（在线监控状态）

```
     M8002
 3 ──┤├──────────────────────────[MOV   H0C81   D8120 ]
                                                 3201
     M8000（闭合状态）
 9 ──┤├──────────────[RS   D200   K2    D300   K2   ]
                            30           10
     X000
19 ──┤↓├──┬──────────────────────[MOV   K30     D200  ]
          │                                      30
          ├──────────────────────[MOV   K40     D201  ]
          │                                      40
          └──────────────────────────[SET       M8122 ]

33 ──────────────────────────────────────────[END     ]
```

图 5-40　*B* 设备的程序（在线监控状态）

根据 *A* 设备程序，需要将 *A* 中的 D200、D201 中的常数 10、20 发送给通信伙伴 *B*，同时将通信伙伴 *B* 发送的信息接收到数据寄存器 D300、D301 中。

根据 *B* 设备程序，需要将 *B* 中的 D200、D201 中的常数 30、40 发送给通信伙伴 *A*，同时将通信伙伴 *A* 发送的信息接收到数据寄存器 D300、D301 中。

将 *A*、*B* 设备程序分别下载并改变 X0 状态，在线监视 PLC 的 D200、D201、D300、D301 状态，对应的数据寄存器值分别如图 5-41、图 5-42 所示。

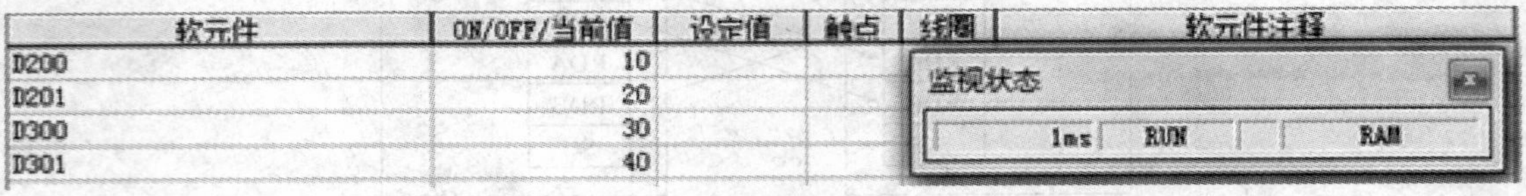

软元件	ON/OFF/当前值	设定值	触点	线圈	软元件注释
D200	10				
D201	20				
D300	30				
D301	40				

监视状态 1ms RUN RAM

图 5-41　*A* 设备的数据寄存器值

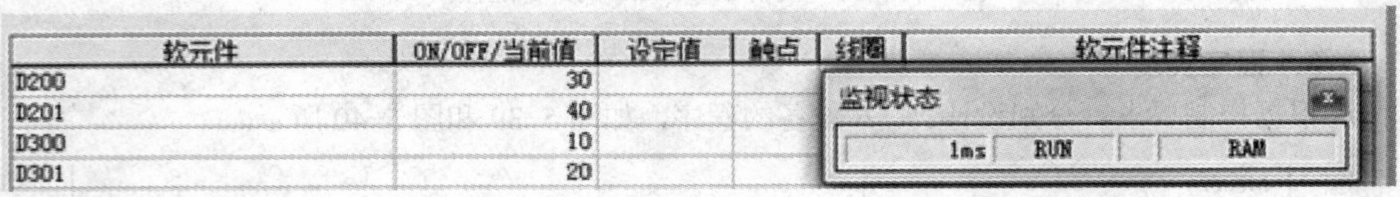

软元件	ON/OFF/当前值	设定值	触点	线圈	软元件注释
D200	30				
D201	40				
D300	10				
D301	20				

监视状态 1ms RUN RAM

图 5-42　*B* 设备的数据寄存器值

5.6　Modbus 协议在变频调速控制系统中的应用

变频调速以其优异的调速和起制动性能，高效率、高功率因数和节电效果，广泛应用于异步电动机调速系统和风机泵类负载的节能改造项目中。目前它是国内外公认的交流电动机最理想、最有前途的调速方案。自 20 世纪 80 年代被引进我国以来，变频器作为节能应用与速度控制中重要的自动化设备，得到了快速发展和广泛的应用。

在变频器实际应用中，设置变频器频率的方法大多采用面板或外部端子。在需要经常调整频率参数或规模较大的调速控制系统等应用场合，变频器一般与现场设备安装在一起，位置分散、工作环境恶劣，现场面板调整存在操作困难，而且容易引起误操作，而通过外部端子进行模拟量调整时也存在远距离调整精度偏低、操控不便的问题。通过 PLC 接变频器的外部控制端子开关量进行频率控制，属于有级调速，限制了应用范围。

采用 Modbus 通信方式控制变频器是一种比较新的方法，相对于传统的控制方式，接线简单，实现方便，可以发挥出变频器更多的功能，从而解决了上述一系列问题。如可以使 PLC 以通信的方式得到变频器当前的运行状态，可以进行设备的远距离操作和信息的双向交换，工作人员通过监控系统就能准确地把握现场变频设备的运行状态并随时进行控制操作。

5.6.1　控制要求及硬件配置

在本系统中，要求 PLC 与变频器之间通过 Modbus 通信，实现通过 PLC 控制变频器，对系统运行状态进行监控、完成速度设定和运行状态的调整等功能。

在设备选取上，选择施耐德电气公司的 Twido PLC 和 ATV31 变频器。型号如下：

TWDLCAA40DRF PLC，TSXPCX3030 电缆，ATV31H075N4A 变频器，Modbus 通信电缆，一头为圆形 8 针、一头为 RJ45 的水晶头。

将 PLC 设为主站，变频器设为从站，主站通过站号区分不同的从站，从站在收到主站的读/写命令后发送和接收数据。

系统的外部接线如图 5-43 所示。

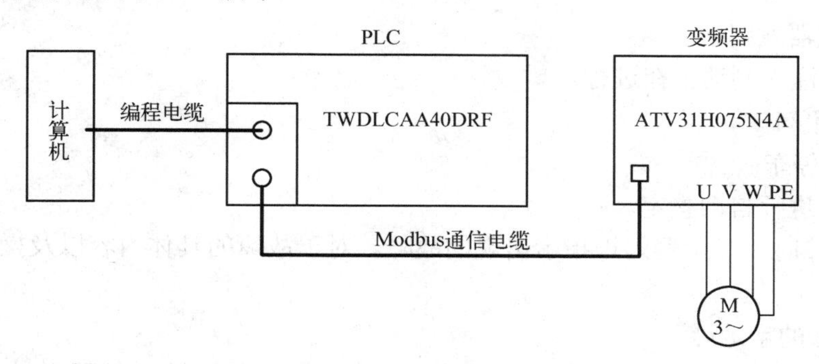

图 5-43　系统的外部接线

5.6.2　ATV31 变频器简介

1. 面板

ATV31 变频器面板布置及功能如图 5-44 所示。

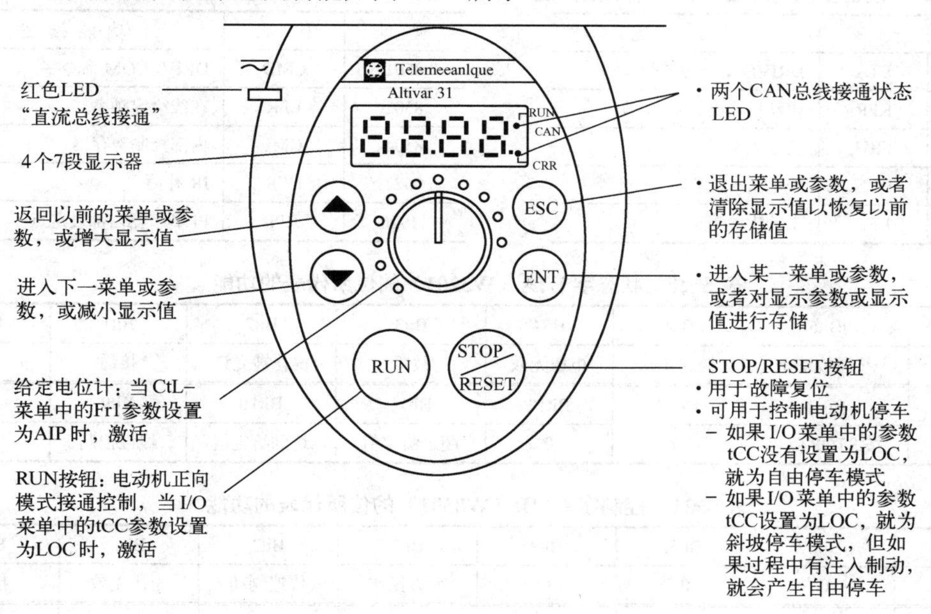

图 5-44　ATV31 变频器面板布置及功能

2. 操作方法及显示状态

（1）操作方法

分别按▲▼上下键可对菜单进行浏览，而不会对选定项进行存储。若要存储选定项，则可长按 ENT 键，当数值被存储时，显示器会闪烁。分别按住▲▼上下键超过 2s，就可以快速滚动浏览数据。

（2）显示状态

当变频器无故障出现或无起动时，显示器正常显示，且有以下几种状态。

43.0：SUP 菜单中所选参数的显示。

init：初始化顺序。

rdY：变频器就绪。

dcb：直流注入制动正在进行。

nSt：自由停车。

FSt：快速停车。

tUn：正在进行自动整定。

当出现故障时，显示器闪烁指示出现的故障。对于故障的具体内容以及操作过程，可以查阅相关手册。

3．ATV31 的字地址

ATV31 变频器内的变量分为读出变量和写入变量，其地址、代码和功能描述分别如表 5-18 和表 5-19 所示。所谓读出变量是指 ATV31 变频器的状态可以通过相应的地址字进行识别；写入变量是指变频器的动作可以通过写入变量的地址来改变。表 5-20 和表 5-21 分别是状态字 ETA 和控制字 CMD 的位所代表的功能。

表 5-18　读出变量的地址、代码和功能描述

地　址	代　码	功 能 描 述
3201	ETA	DRIVECOM 状态字
3202	RFR	电动机输出频率
3203	FRH	给定频率
3207	ULN	线电压
7121	LFT	上一次故障

表 5-19　写入变量的地址、代码和功能描述

地　址	代　码	功 能 描 述
8501	CMD	DRIVECOM 命令字
8502	LFR	在线给定频率
8504	CMI	内部控制寄存器
9623	UFR	IR 补偿
11920	RPI	PI 调节器内部设定点

表 5-20　状态字 ETA（W3201）的位所代表的功能

Bit7	Bit6	Bit5	Bit4	Bit3	Bit2	Bit1	Bit0
报警	接通被禁止	快速制动	电压无效	故障	操作被允许	接通	准备接通
Bit15	Bit14	Bit13	Bit12	Bit11	Bit10	Bit9	Bi8
旋转方向	按 STOP 停止	0	0	超过给定值	达到给定值	线性控制	0

表 5-21　控制字 CMD（W8501）的位所代表的功能

Bit7	Bit6	Bit5	Bit4	Bit3	Bit2	Bit1	Bit0
故障复位	0	0	0	允许操作	快速制动	电压无效	接通
Bit15	Bit14	Bit13	Bit12	Bit11	Bit10	Bit9	Bi8
0	快速制动	注入制动	斜坡制动	正转/反转	0	0	0

由表 5-20 和表 5-21 可以看出，通过对每一位的值进行读取和设定可得到状态字、控制字的值与变频器状态、动作之间的具体关系，典型数值如表 5-21 和表 5-22 所示。

表 5-22 状态字对应的变频器状态典型数值

状态字 ETA 的值（十六进制）	变频器状态
0008	故障
0627	正转运行，达到速度
8627	反转运行，达到速度
0000（0020）	未准备好接通
0040（0060）	接通禁止
0021	准备好接通
0023	接通
0027	运行激活

表 5-23 控制字对应的变频器动作典型数值

控制字 CMD 的值（十六进制）	命 令
000F	正转
080F	反转
100F	停止
0006	准备好接通
0007	接通
200F	直流注入停车
400F	快速停车

根据表 5-18，地址 3201、3202 等为只读状态寄存器。3201 反映变频器的当前状态，3202 为电动机的输出频率，3203 为电动机的给定频率。例如，想要得到变频器的电动机输出频率与给定频率，只要读出地址 3202 和 3203 里面的值即可；如果控制器读出变频器地址 3201 的值为 16#0008，那么根据表 5-22 可知，当前变频器发生故障。

根据表 5-19，地址 8501 为命令字、8502 为在线给定频率等。如果要改变变频器的参数，控制器将数值写入相应的变量地址中即可。例如要求变频器反转，根据表 5-23，控制器将 16#080F 值写入地址 8501 中，就可以实现变频器的状态切换；如果要改变变频器的频率，那么只需通过总线将改变的频率值写入地址 8502（注：实际频率值需要将此给定值乘以 0.1 来换算）中即可。

4．Modbus 通信的设置

（1）变频器通信参数的设置

要实现 PLC 对 ATV31 变频器的 Modbus 通信控制，需要对变频器设置 7 个与通信相关的参数，如表 5-24 所示。设置完毕后，需要重新上电变频器，数据设置才能生效。

表 5-24 变频器通信参数的设置

序 号	参数路径	参数类型	选项	内 容
1	CTL-LAC	控制方式	L3	访问高级功能与混合控制模式的管理
2	CTL-FR1		ndb	通过 Modbus 总线给定
3	CTL-CHCF		SIN	如果 LAC=L3 可访问此参数：SIN——组合，控制和频率给定由同一种方式设定；SEP——分离，控制和频率给定由不同的方式设定
4	Flt-OPL		No	带小电动机试验时，禁止因为输出电流过小出现的电动机缺相故障；一般在变频器最小输出电流大于电动机额定电流时，需要禁止电动机缺相故障
5	CON-ADD	通信参数	2	范围 1～247
6	CON-tbr		19 200	4.8 为 4 800bit/s；9.6 为 9 600 bit/s；19.2 为 19 200 bit/s
7	CON-tFO		8n1	8O1：8 个数据位，奇校验，1 个停止位 8E1：8 个数据位，偶校验，1 个停止位 8n1：8 个数据位，无校验，1 个停止位 8n2：8 个数据位，无校验，2 个停止位

（2）PLC 通信端口的设置

PLC 通信端口参数的设置如图 5-45 所示。其中端口 1 为编程端口，端口 2 为 Modbus

通信口且与变频器 ATV31 的通信参数设置一致。

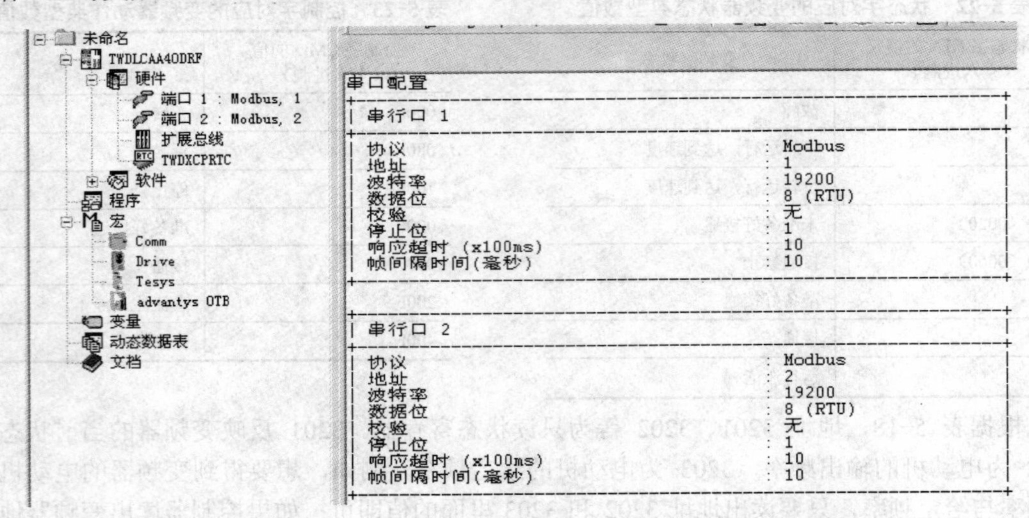

图 5-45 PLC 通信端口参数的设置

5.6.3 通信程序的实现

在 PLC 中输入图 5-46 的程序。

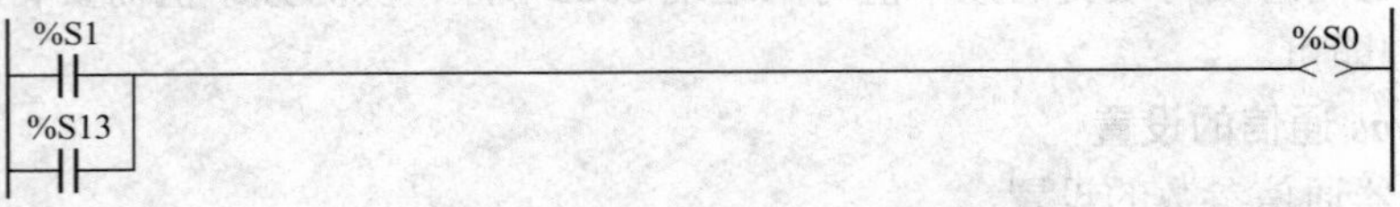

%S1
%S13
%S0

图 5-46 总程序复位

动作说明：程序中，%S0 为冷启动，在设备断电或者重新启动后进行系统复位。

控制数据交换程序如图 5-47 所示。

图 5-47 控制数据交换程序

动作说明：R 为输入复位，当任意一个输入条件满足时通信就重新初始化。%MSG2.E=0 和%MSG2.D=1 通信完成输出；%MSG2.E=1 为故障输出。

从变频器读数据如图 5-48 所示。该程序用来实现 PLC 从变频器中读取状态字 ETA、实现在线监控的功能。

图 5-48 从变频器读数据

动作说明：%MW10 中，01 为传输/接收功能，06 为传输长度；%MW11 中，03 为接收偏移，00 为传输偏移；%MW12 中，02 为从站地址，03 为功能代码；%MW13 中，16#0C81 代表状态字 ETA 地址 W3201；%MW14 为读取的数据长度 1 个字。根据功能码 03 的格式，%MW15～%MW17 为从站响应后主站的接收数据，其中%MW17 的值就是要读取的变频器状态。

读数据通信完成情况如图 5-49 所示。

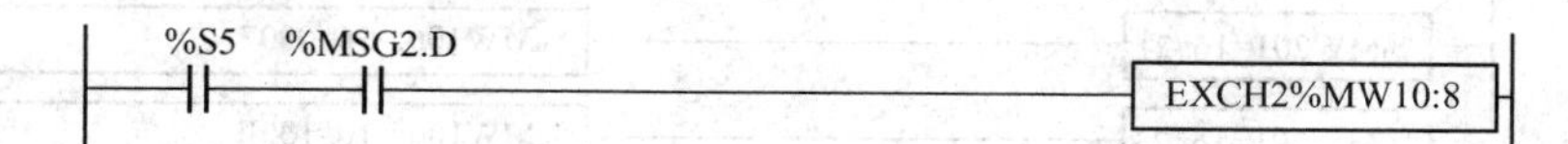

图 5-49 读数据通信完成情况

动作说明：若%MSG2.D=0，则表示系统正在通信；若%MSG2.D=1，则表示系统完成通信。EXCH2 为发送/接收指令，%MW10：8 表示发送从%MW10 开始的 8 个字。

对变频器写数据如图 5-50 所示。该程序用来实现 PLC 对变频器写入控制字 CMD、修改状态的功能。

图 5-50 对变频器写数据

动作说明：系统要实现通过 PLC 程序改变当前变频器控制的电动机运行状态和运行频率等参数，需要选用 Modbus 的 16（16#10）号功能代码，通过此代码可以将数据写到指定的从站寄存器中，即往变频器的控制字 CMD 中写入控制命令和需要调整的频率。在%MW100 中，01 为传输/接收功能，0C 为传输长度；在%MW101 中，00 为接收偏移，07 为传输偏移；在%MW102 中，02 为从站地址，16#10 为功能代码 16；在%MW103 中，16#2135 代表控制字 CMD 地址 W8501，为起始变量的地址；在%MW104 中的值为数据长度两个字；在%MW105 中，00 为发送偏移值，04 为写入的字节数。根据功能码 16 的格式，地址% MW106、%MW107 中的值应该是要分别写入变频器地址 W8501、W8502 中的两个值；而地址

%MW108、%MW109、%MW110 中的值应该是从站响应后返回主站的接收数据。

写数据通信完成情况如图 5-51 所示。

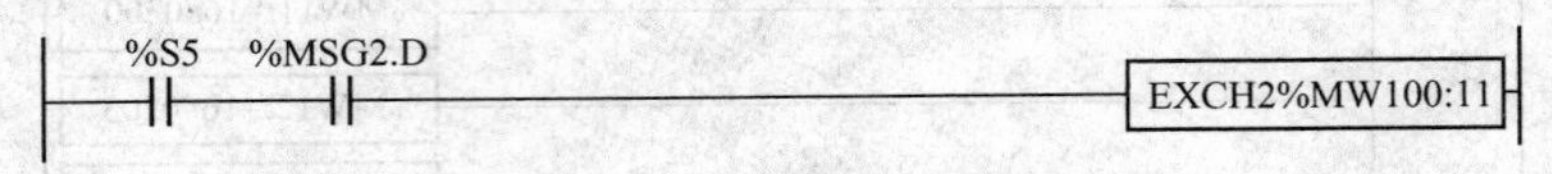

图 5-51　写数据通信完成情况

动作说明：若%MSG2.D=0，则表示系统正在通信；若%MSG2.D=1，则表示系统完成通信。EXCH2 为发送/接收指令，%MW100：11 表示发送从%MW100 开始的 11 个字。

状态比较如图 5-52 所示。

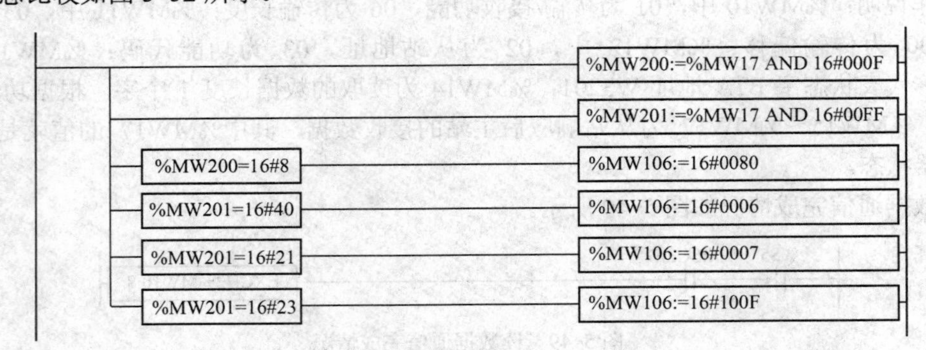

图 5-52　状态比较

动作说明：该段程序是对状态字 ETA 表示的不同状态进行判断和处理，若变频器出现异常，则需采取处理措施。例如，%MW17 中的内容是要读取寄存器状态字的值，若当前值是 16#0227，则表明变频器处在正转加速中；若系统出现故障，则%MW17 中的值为 16#0008；根据程序，将 16#0080 的值赋给%MW106，由表 5-21 可以看出，该值为变频器故障复位信号。

PLC 控制变频器的运行状态如图 5-53 所示。

图 5-53　PLC 控制变频器的运行状态

动作说明：%I0.12、%I0.13、%I0.14 分别为电动机正转、反转和停止控制按钮，%I0.15、%I0.16 分别为设定电动机频率为 50Hz 和 10Hz 的转换开关，用%MW106 控制变频器的起停状态。若值为 16#000F，则电动机正转；若值为 16#080F，则电动机反转；若值为 16#100F，则电动机停止。用%MW107 来给定变频器的频率，若开关%I0.15 闭合，则电动机速率设定为 50Hz；若开关%I0.16 闭合，则电动机速率设定为 10Hz。若要通过触摸屏来改变变频器的频率或运行状态，只需在程序中的%I0.12～%I0.16 常开触点两端并联一些中间继电器 M 的常开触点即可。

图 5-54 为主站读/写变频器的动态数据表。%MW15～%MW17 为从站响应后主站的接收数据，%MW17 的值为 16#0227，表明变频器当前处在正转加速中。地址% MW106、%MW107 中的值是主站要写入变频器地址 W8501、W8502 中的两个值，%MW106 中的值为 16#000F，表明要求电动机正转；%MW107 的值为 500，表明为电动机设定的频率是 50Hz。地址% MW108～% MW110 中的值是从站响应后返回主站的接收表数据。

地址	当前值	暂存值	格式	变量	合法
%MW15	0203	0000	十六进制		✓
%MW16	0002	0000	十六进制		✓
%MW17	0227	0000	十六进制		✓
%MW106	000F	0000	十六进制		✓
%MW107	500	0	十进制		✓
%MW108	0210	0000	十六进制		✓
%MW109	2135	0000	十六进制		✓
%MW110	0002	0000	十六进制		✓

图 5-54　主站读/写变频器的动态数据表

图 5-55 为电动机正转运行达到设定速度 50Hz 时对变频器工作状态监控的动态数据表。图 5-56 为电动机反转运行达到 10Hz 速度时对变频器工作状态监控的动态数据表。

地址	当前值	暂存值	格式	变量	合法
%MW15	0203	0000	十六进制		✓
%MW16	0002	0000	十六进制		✓
%MW17	0627	0000	十六进制		✓
%MW106	000F	0000	十六进制		✓
%MW107	500	0	十进制		✓
%MW108	0210	0000	十六进制		✓
%MW109	2135	0000	十六进制		✓
%MW110	0002	0000	十六进制		✓

图 5-55　电动机正转运行达到设定速度 50Hz 时对变频器工作状态监控的动态数据表

地址	当前值	暂存值	格式	变量	合法
%MW15	0203	0000	十六进制		✓
%MW16	0002	0000	十六进制		✓
%MW17	8627	0000	十六进制		✓
%MW106	080F	0000	十六进制		✓
%MW107	100	0	十进制		✓
%MW108	0210	0000	十六进制		✓
%MW109	2135	0000	十六进制		✓
%MW110	0002	0000	十六进制		✓

图 5-56　电动机反转运行达到设定速度 10Hz 时对变频器工作状态监控的动态数据表

根据控制需要，还可以读出电动机输出频率、给定频率和线电压等参数，只需修改程序中的指定地址或读取的字数，即可完成对变频器各种工作状态的实时监控。

PLC 通过 Modbus 通信方式控制变频器，增强了变频器数据处理、故障报警等方面的功能，而且接线简单，维护方便，可以实现远距离控制。若要连接多台变频器，只需要选用相应的扩展设备（如接线盒、分配器模块等）即可，系统扩展非常方便。

5.7　实训项目　Modbus 通信系统的构建与运行

1．实训目的

1）了解 Modbus RTU 通信方式的工作原理。

2）熟悉 ATV31 变频器 Modbus 通信时的参数设置方法。

3）熟悉 Modbus 通信时编写主从站程序的通信格式及编程方法。

4）掌握现场总线控制系统联机调试的方法，初步具备现场总线控制系统联机调试的能力。

2. 实训内容

1）控制要求：将 PLC 作为 Modbus 通信主站，可以修改和监控变频器的参数。

2）设计主从站程序，实现控制要求。

3）联机调试控制系统功能，观察控制系统的运行情况。

3. 实训报告要求

1）画出控制系统的外部接线图。

2）提交实现控制功能的程序。

3）写出变频器 Modbus 通信方式的参数设置步骤。

4）写出并分析调试中遇见的问题，找出解决办法。

5.8 小结

本章主要介绍 Modbus 总线的发展、特点、通信方式及应用。Modbus 只定义了通信消息的结构，对端口没有作具体规定，支持 RS-232、RS-422、RS-485 和以太网设备，可以作为各种智能设备、仪表之间的通信标准。Modbus 信息帧包括设备地址、功能代码、数据段和错误检测域。

Modbus 的数据通信采用主/从方式。网络中只有一个主设备，通信采用查询-回应的方式进行，主设备初始化系统通信设置，并向从设备发送消息，从设备正确接收消息后响应主设备的查询或根据主设备的消息作出响应。

5.9 思考与练习

1. 在 Modbus 系统中有哪两种传输模式？各有什么特点？
2. 写出 Modbus 主从设备查询-回应的过程。
3. Modbus 的 03、06、16 功能码的含义是什么？
4. 写出 TWIDO PLC 之间 Modbus 通信的设置过程。
5. EXCH 指令的格式是什么？各个参数有什么含义？
6. %MSG 指令的格式是什么？各个参数有什么含义？
7. 为什么要对偏移量 Rx 进行设置？
8. 写出功能码 03 的通信格式。
9. 写出功能码 16 的通信格式。
10. 在 S7-200 PLC 中，使用 Modbus 指令库对 CPU 的版本有什么要求？
11. 试阐述 MBUS_INIT 指令的意义及各参数的含义。
12. 试阐述 S7-200 PLC Modbus 主站中地址 00001、10001、30001 及 40001 的含义。
13. 试阐述 S7-200 PLC Modbus 从站中地址 00001、10001、30001 及 40001 的含义。

14．试总结 S7-200 PLC Modbus 通信的要点。

15．设计一个控制系统，要求：满足在两台 TWDLCAA40DR PLC 之间进行 Modbus 通信，主站能读取从站位置%MW100 开始的 6 个字。

16．如何设置 ATV31 变频器的通信参数？

17．什么是变频器的写入变量和读出变量？如何实现变频器的状态切换？

18．设计一个控制系统，满足要求：在 TWDLCAA40DR PLC 与变频器之间进行 Modbus 通信，PLC 能在线监视变频器的运行状态。

19．设计一个控制系统，满足要求：在 TWDLCAA40DR PLC 与变频器之间进行 Modbus 通信，PLC 能在线改变变频器当前的运行频率。

20．设计一个控制系统，满足要求：在两台 S7-200 PLC 进行 Modbus 通信时，主站能读取从站 I0.0～I0.7 的状态。

第6章　工业以太网及其应用

工业控制市场存在多种现场总线标准并存的现象、且短期内无法统一。从用户应用的角度来看，多种现场总线标准并存导致在一个具体应用系统中涉及多种不同标准的现场总线设备，需要解决不同标准系统之间的相互连接和相互操作的问题。为了解决该问题，出现了工业以太网技术。

工业以太网是工业环境中一种有效的子网，它既适用于管理级，又适用于单元级，传输速率从 10Mbit/s 到 100Mbit/s。在自动化领域，越来越多的企业需要建立包含从工厂现场设备层到控制层、管理层等各个层次的综合自动化网络管控平台，建立以工业控制网络技术为基础的企业信息化系统。

学习目标

1）了解工业以太网的概念、特点及发展趋势。

2）了解 Profinet 技术特点及其应用系统的硬件配置及组态方法。

3）了解 Ethercat 技术特点及其应用系统硬件配置及组态方法。

重点内容

1）工业以太网的特点及发展趋势。

2）光纤环网的安装要点及优点。

3）实时以太网的特点及技术应用。

6.1　工业以太网基础知识

工业以太网是以太网技术向控制网络延伸的产物，是工业应用环境下信息网络与控制网络的结合。目前对工业以太网没有严格的定义，各家推出的工业以太网在技术上也存在相当大的差距，一般来讲工业以太网是指技术上与商用以太网（IEEE802.3 标准）兼容，在产品设计时在材质的选用、产品的强度以及网络的实时性、可靠性、抗干扰性和安全性等方面能满足工业现场要求。

1．以太网

以太网进入工业控制领域无论是价格还是技术都具有一定的优势。

1）价格优势。信息网络的存在和以太网的大量使用，使得其具有价格明显低于控制网络相应软硬件的特点，如通过普通网卡就可将计算机连接到工业以太网络中。

2）技术优势。技术成熟，易于得到，已为许多人掌握，有利于企业网络的信息集成，便于上层网络的连接。

以太网最早来源于 Xerox 公司于 1973 年建造的网络系统，是一种总线型局域网，以基带同轴电缆作为传输介质，采用 CSMA/CD 协议。其核心思想是使用共享的公共传输信道，即遵循 IEEE 802.3 标准、可以在光缆和双绞线上传输的网络。以太网也是当前主要应用的一种局域网（Local Area Network，LAN）类型。目前的以太网按照传输速率大致可分为以下 4 种。

1）10Base-T 以太网。传输速率为 10Mbit/s，传输介质是双绞线。

2）100Base 以太网。也称为快速以太网，传输速率为 100Mbit/s，采用光缆或双绞线作为传输介质，兼容 10Base-T 以太网。

3）Gigabit 以太网。扩展的以太网协议，传输速率为 1Gbit/s，采用光缆或双绞线作为传输介质，基于当前的以太网标准，兼容 10Mbit/s 以太网和 100Mbit/s 以太网。

4）10 Gigabit 以太网。是一种速度更快的以太网技术，传输速率达到百亿比特每秒，采用光缆作为传输介质。主要用于局域网（LAN）、广域网（WAN）以及城域网（MAN）之间的相互连接。

随着信息技术的发展，信息交换技术涉及领域越来越广，控制网络与普通计算机网络、互联网的联系更为密切。控制网络技术需要考虑与计算机网络连接的一致性，需要提高对现场设备通信能力的要求，这些都是控制网络设备的开发者与制造商把目光转向以太网技术的重要原因。

工业网络与传统办公室网络相比，有其自身的要求和特点，如表 6-1 所示。

表 6-1　工业网络与传统办公室网络的比较

比较项目	办公室网络	工业网络
应用场合	普通办公场合	用于工业现场，环境恶劣，存在各种干扰
用途	办公、通信	设备通信，远程监控，故障诊断等
拓扑结构	支持线形、环形、星形等结构	支持线形、环形、星形等结构，便于各种结构的组合和转换，具有一定的柔性安装和扩展能力
实时性	一般的实时性需求	对数据传输的快速性和系统响应的实时性要求高
信息特征	信息量大且综合、多样	数据量小
网络监控和维护	网络监控必须有专职人员使用专用工具完成	网络监控成为工厂监控的一部分，网络模块可以被 HMI 软件监控，故障模块易于更换

可见，以太网要用于工业控制中，在设计与制造中必须充分考虑并满足工业网络应用的需求。工业以太网是普通以太网技术在控制网络延伸的产物，是专为工业设计、适用于工业现场环境的控制网络。以太网技术经过多年的发展，特别是它在互联网中的广泛应用，使得它的技术更为成熟，并得到了广大开发商与用户的认同。因此，无论从技术上还是产品价格上，以太网较之其他类型的网络技术都具有明显的优势。

但作为传统上用于办公室和商业用途的以太网，在引入工业控制领域时，仍然以其不确定性引起了有关从业人员很大的争议，存在着怎样解决工业控制网络的实时性和可靠性问题。

2．以太网应用于工业现场的关键问题

（1）通信的实时性

以太网采用 CSMA/CD 的总线访问机制，遇到碰撞时无法保证信息及时发送出去，这种平等竞争的介质访问控制方式不能满足工业自动化领域对通信的实时性要求，因此需要有针对这一问题的切实可行的解决方案。

（2）对环境的适应性与可靠性

以太网是按办公环境设计的，将它用于工业控制环境，其环境适应能力、抗干扰能力等是许多从事自动化的专业人士所关注的问题。像 RJ45 一类的连接器，在工业上应用非常容易损坏，应该采用带锁紧机构的连接件，使设备具有更好的抗振动、抗疲劳能力；在产品的设计时要考虑各种环境因素，使得参数能满足工业现场的要求。

（3）总线供电

在控制网络中，现场控制设备的位置分散性使得它们对总线有提供工作电源的要求。现有的许多控制网络技术都可以利用网线对现场设备供电。工业以太网目前没有对网络节点供电做出规定。一种可能的方案是利用现有的 5 类双绞线中另一对空闲线供电。一般在工业应用环境下，要求采用直流 10～36V 低压供电。

（4）本质安全

工业以太网如果要用在一些易燃易爆的危险工业场所，就必须考虑本安防爆问题，这是在总线供电解决之后要进一步解决的问题。

以太网技术用于工业现场虽然存在上述一些问题，但并不意味着以太网就不能用于现场控制层，事实上，以太网在很多对时间要求不是非常苛刻的现场层，已有很多成功应用范例。而且随着以太网技术的发展和标准的进步，以太网在工业环境中应用存在的问题正在逐渐完善和解决，例如：采用专用的工业以太网交换机、定义不同的以太网帧优先等级，让用户所希望的信息能够以最快的速度传递出去；网络采用双绞线电缆、光缆等传输介质，以提高网络的抗干扰能力和可靠性。

事实上，在工业数据通信与控制网络中，直接采用以太网作为控制网络的通信技术只是工业以太网发展的一个方面，现有的许多现场总线控制网络都提出了与以太网结合，用以太网作为现场总线网络的高速网段，从而使控制网络能与互联网融为一体。

在控制网络中，采用以太网技术无疑有助于控制网络与互联网的融合，使控制网络无需经过网关转换即可直接与互联网连接，使测控节点也能成为互联网络的节点。在控制器、测量变送器、执行器、I/O 卡等设备中，嵌入以太网通信接口、嵌入 TCP/IP 协议、嵌入 Web Server，便可形成支持以太网、TCP/IP 协议和 Web 服务器的互联网现场节点。在应用层协议尚未统一的环境下，借助 IE 等通用的网络浏览器实现对生产现场的监视与控制，进而实现远程监控，也是人们提出且正在实现的一个有效的解决方案。

3．实时以太网

根据设备应用场合，按照实时性要求可将工业自动化系统划分为以下 3 个范围。

1）信息集成和较低要求的过程自动化应用场合，实时响应时间要求是 100ms 或更长。

2）绝大多数的工厂自动化应用场合实时响应时间的要求最少为 5～10ms。

3）对于高性能的同步运动控制，特别是在 100 个节点以下的伺服运动控制应用场合，实时响应时间要求低于 1ms，同步传送和抖动小于 1μs。

研究表明，工业以太网的响应时间可以满足绝大多数工业过程的控制要求，但对于响应时间小于 4ms 的应用，工业以太网已不能胜任。为了满足工业控制实时性能的要求，各大公司和标准组织纷纷提出各种提升工业以太网实时性的技术解决方案，这些方案建立在 IEEE802.3 标准的基础上，通过对其相关标准的实时扩展，提高实时性，并且做到与标准以太网的无缝连接，这就是实时以太网（Real Time Ethernet，RTE）。

为了规范 RTE 工作的行为，2003 年 5 月，IEC/SC65C 专门成立了 WG11 实时以太网工作组，负责制定 IEC61784-2“基于 ISO/IEC8802.3 的实时应用系统中工业通信网络行规”国际标准，在该标准中包括 Ethernet/IP、Profinet、P-NET、Interbus、VNET/IP、TCNET、EtherCAT、Ethernet Powerlink、EPA、Modbus/TCP 及 SERCOS 等 11 种实时以太网行规集。

我国制定的“用于工业测量与控制系统的 EPA 系统结构与通信标准”，规定了网络的时间同步精度为 8 个等级，等级如下。

0——无精度要求；1——时间同步精度<1s；2——时间同步精度<100ms；3——时间同步精度<10ms；4——时间同步精度<1ms；5——时间同步精度<100μs；6——时间同步精度<10μs；7——时间同步精度<1μs。

据美国权威调查机构（Automation Reserch Company，ARC）报告，今后 Ethernet 不仅继续垄断商业计算机网络和工业控制系统的上层网络通信市场，而且必将领导未来现场控制设备的发展，Ethernet 和 TCP/IP 将成为器件总线和现场设备总线的基础协议。

6.2 工业以太网的现状与发展前景

6.2.1 工业以太网的现状

1．技术改造

现在，针对以太网在工业现场使用面临的问题，已经出现了不少解决方案。如对以太网的数据链路层进行改进来实现实时性和确定性的要求，当然对其只是小改进或者变相的改进，而不能改动最基本的 CSMA/CD 介质访问方式，不然就改变了以太网的性质；采用能满足工业现场要求的连接方式来满足现场设备的安装和可靠性要求。至于在以太网上实现总线供电和防爆等技术还在进一步的开发和研究之中。

2．大公司增加开发力度

许多大公司都提出了工业以太网的实现方案，并且也陆续推出了自己的产品。比较有影响的如 FF 的高速以太网（HSE）、Rockwell 公司的以太网工业协议 Ethernet/IP、Siemens 公司的 Profinet、Schneider 公司的 Modbus/TCP，以及 IDA 集团的分布式自动化接口（Interface for Distributed Automation，IDA）等。

3．几种主要的工业以太网

1）Ethernet/IP。由 ODVA、CI 和 IEA 这 3 个国际组织于 2000 年联合推出，Rockwell 公司是它的主要支持者。基于以太网技术、TCP/IP 技术以及以太网和通用工业协议（Control and Information Protocol，CIP）技术，因此它兼具工业以太网和 CIP 网络的优点。

2）高速以太网（HSE）。现场总线基金会（ FF）于 2000 年发布了 HSE 的技术规范，定位于实现控制网络与 Internet 的集成，由 HSE 链接设备将 H1 网段信息传送到以太网的主干上，并进一步送到企业的 ERP 和管理系统。

3）Profinet。德国西门子公司于 2001 年发布。Profinet 的基础是组件技术，每一个设备都被看成是具有 COM 接口的自动化设备，简化了编程。Profinet 是我国国家标准，标准号为 GB/Z 20541-2006。

4）Modbus/TCP。Schneider 公司于 1999 年公布，以一种非常简单的方式将 Modbus 框架潜入到 TCP/IP 结构中，基本上没有对 Modbus 协议本身修改，只是为了满足控制网络实时性的需要，改变了数据的传输方法和通信速率。Modbus/TCP 是我国国家标准，标准号为

GB/Z 19582.3-2008。

5）EtherCAT。由德国倍福（Beckhoff）公司开发，并由 EtherCAT 技术组（EtherCAT TechnologyGroup，ETG）支持。它采用以太网帧，并以特定的环状拓扑发送数据；EtherCAT 保留了标准以太网功能，并与传统 IP 协议兼容。

6.2.2 工业以太网的发展前景

由于各个国家各个公司的利益之争，虽然早在 1984 年国际电工技术委员会/国际标准协会（IEC/ISA）就着手开始制定现场总线的标准，但至今仍未完成统一的标准。很多公司也推出其各自的现场总线技术，但彼此的开放性和互操作性还难以统一。随着以太网技术的不断发展与进步，有着逐步取代传统现场总线的趋势。以太网的传输速率以及其标准化和开放性对于有高速传输要求的现场总线也是一种提速，而工业自动化产品制造商也同样对以太网技术融合在不断进行探索。

因此可以说，工业以太网在工业通信网络中的使用将构建从底层的现场设备到控制层、企业管理决策层的综合自动化网络平台，从而消除企业内部的各种自动化孤岛。以太网作为 21 世纪未来工业网络的首选，将在控制层和现场设备级成为标准的高速工业网络，有着广泛的应用和发展前景。

以太网所具有的低成本、全开放、传输速率高及应用广泛等优点，使它在工业控制系统应用中拥有无可比拟的优势。应用于工业控制现场的固有缺陷（如通信实时性、可互操作性、网络安全性等）都已得到了很大程度的改善。

工业以太网用于控制网络的优势如下。

1）易于实现设备通信及远程访问。基于 TCP/IP 的以太网采用国际主流标准，协议开放，容易实现不同厂商设备之间的互连和互操作，容易实现远程访问和远程诊断等功能。

2）系统配置灵活。不同的传输介质可以灵活组合，支持冗余连接配置，不会因系统增大而出现不可预料的故障，有成熟可靠的系统安全体系。

但以太网还不能够完全解决实时性和确定性问题，大部分现场层仍然会首选现场总线技术。技术的局限性和各个厂家的利益之争，使这样一个多种工业总线技术并存、以太网技术不断渗透的现状还会维持一段时间，用户可以根据技术要求和实际情况来选择所需的解决方案。

6.3 Profinet 技术及其应用

6.3.1 Profinet 技术介绍

Profinet 是（Profibus International，PI）由德国西门子公司推出的开放性标准，用于实现基于工业以太网的集成自动化方案，其标准涵盖了控制器各个层次的通信、其中包括 I/O 设备的普通自动控制领域和功能更加强大的运动控制领域。

德国西门子公司于 1998 年发布工业 Ethernet 白皮书，并于 2001 年发布其工业 Ethernet 的规范，称为 Profinet。Profinet 基于工业以太网技术，使用 TCP/IP 和 IT 标准，是一种实时以太网技术，同时它无缝地集成现有的现场总线系统，从而实现现有的现场总线技术与工业以太网的有机融合。

作为国际标准 IEC61158 的重要组成部分，Profinet 是完全开放的协议，而且 Profinet 和标准以太网完全兼容，集成 IRT 功能的交换机和一个普通交换机在平时工作起来是完全一样的。也就是说，IRT 交换机可以和普通交换机一样使用，即使在使用实时通道时，也同样可以在它的开放通道使用其他标准功能。

为了给不同类型的自动化应用提供最佳的技术支持，Profinet 标准提供了两种基于工业以太网的自动化集成解决方案，即分布式 I/O（Profinet I/O）、基于组件的分布式自动化系统（Profinet CBA）。

其中，Profinet I/O 是使用以太网连接和 Profinet 通信的分散的外围设备，Profinet I/O 关注的是，采用简单的通信设备实现适合的数据传输；Profinet CBA 以工艺技术模块的面向对象的模块化为基础，这些模块的功能采用统一的 Profinet 定义方式进行封装，它满足成套构造者和操作者对于系统级的工程设计过程而与制造商无关的要求。使用 Profinet，能使简单的分布式 I/O 和严格时间要求的应用以及基于组件的分布式自动化系统集成到以太网通信中。

6.3.2 S7-300 PLC 与 ET200S 的以太网通信

1．硬件配置及介绍

CPU315 2PN/DP PLC 一台、PS307 5A 电源模块一只、ET200S 模块（配置包括 IM151-3 PN 接口模块、PM-E 24V 电源模板、4DI/DC24V、4DO/DC24V/0.5A）一块、Profinet 电缆（包括 RJ45 插头）两根。

ET200S 为分布式 I/O 系统，其中 IM151-3 PN 为接口模块，可以连接 ET200S 与 Profinet I/O，带有两个端口的集成交换机，其主要属性如下。

1）可以为装配的电子模块和电动机起动器准备数据。

2）可以为背板总线供电。

3）传送并备份 SIMATIC 微型存储卡上的设备名称。

4）支持的以太网服务有 ping、arp、网络诊断（SNMP）/MIB-2。

5）中断包括诊断中断、过程中断、插入/卸下模块中断、维护中断。

6）最大地址空间为 256 个字节的 I/O 数据。

7）最多可操作 63 个模块。

要想更好的使用 IM151-3 PN 接口模块，可查看相关手册。

Profinet 电缆如图 6-1 所示。Profinet 电缆导线由 4 根绞合线组成，并采用双屏蔽，特别适用于易受电磁干扰的工业环境。RJ45 插头（如图 6-2 所示）具有坚固的金属外壳和集成绝缘穿刺触点，可用于连接工业以太网电缆；用于连接非交叉 100Mbit/s 以太网，距离最远为 100m，无需使用插接线；打开金属外壳，里面有彩色标记，能方便地将芯线与端子连接。Profinet 电缆线很容易与 IE FC 接头的绝缘刺破触点连接，无需专门工具。

2．系统硬件组态

打开 SIMATIC Manager 编程软件的 Project manage 界面，新建“test”项目，如图 6-3 所示，用鼠标右键单击“test”→插入新对象→单击“SIMATIC 300 站点”，出现图 6-4 的界面。

图 6-1　Profinet 电缆

图 6-2　RJ45 插头

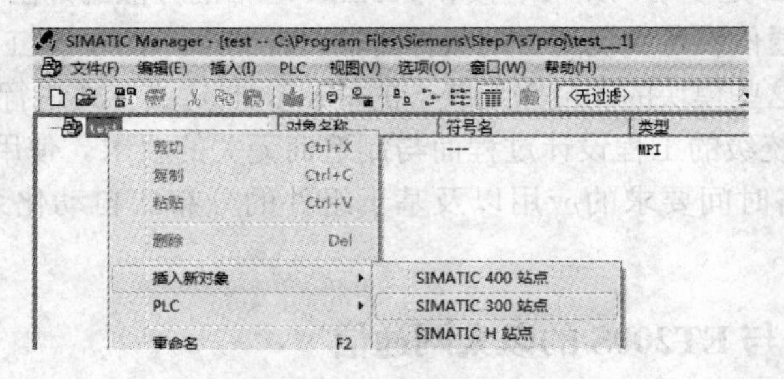

图 6-3　插入 PLC 站点操作步骤

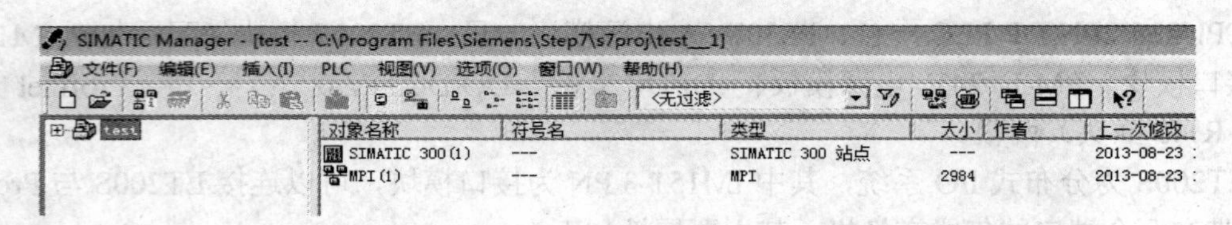

图 6-4　插入 PLC 站点

展开“test”前面的加号，出现图 6-5 所示的界面，用鼠标双击右边“硬件”，进入硬件配置界面，如图 6-6 所示。插入机架、电源模块、CPU 模块以及组态 ET200S 模块，分别如图 6-7～图 6-15 所示。

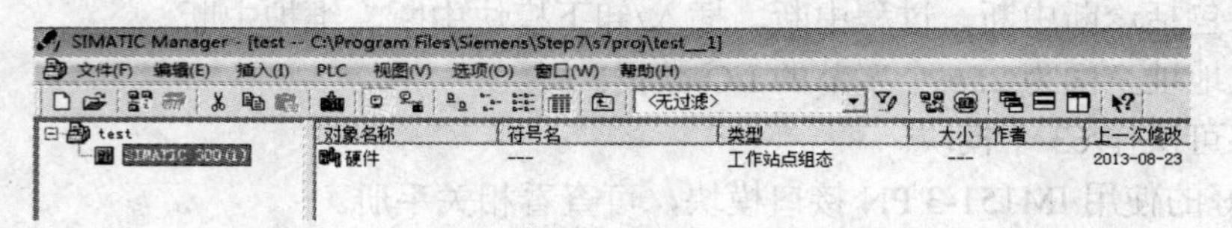

图 6-5　展开左边 test 菜单栏

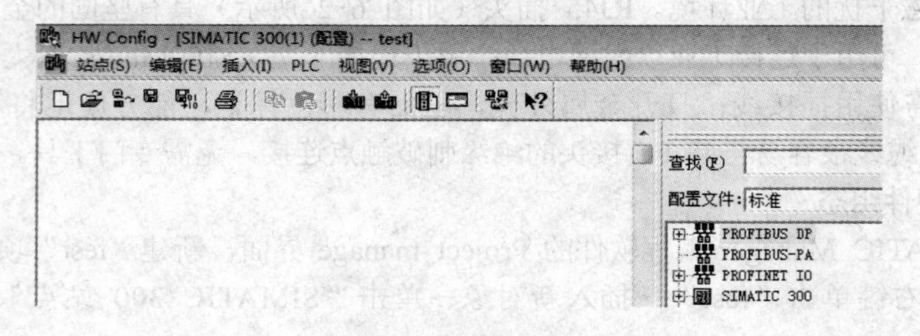

图 6-6　硬件配置界面

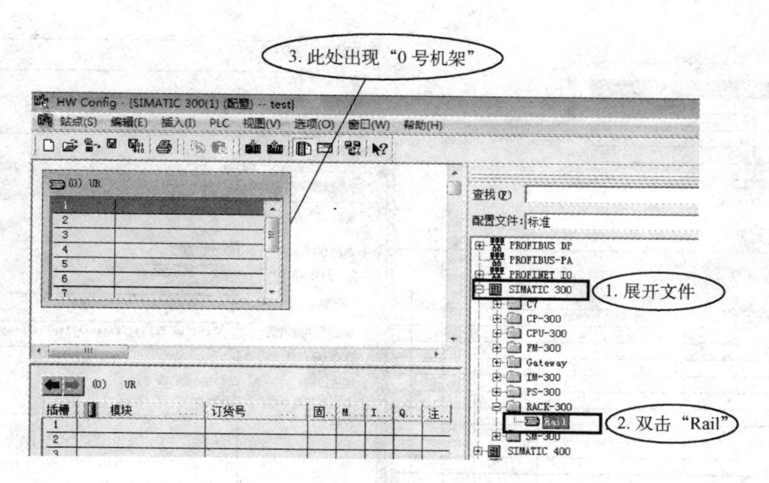

图 6-7　插入机架

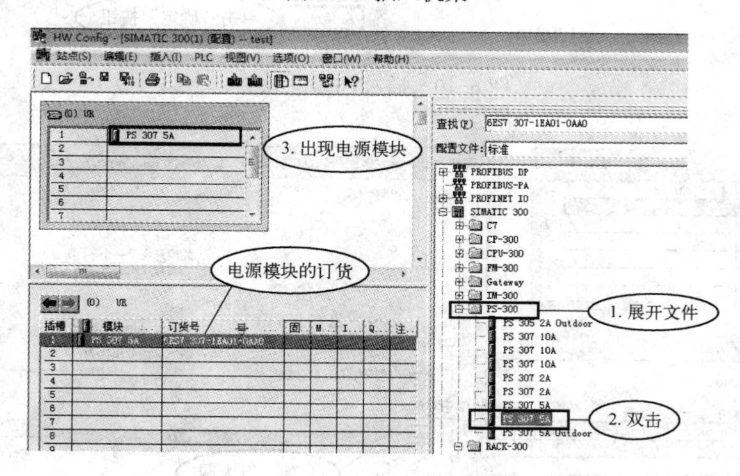

图 6-8　插入电源模块

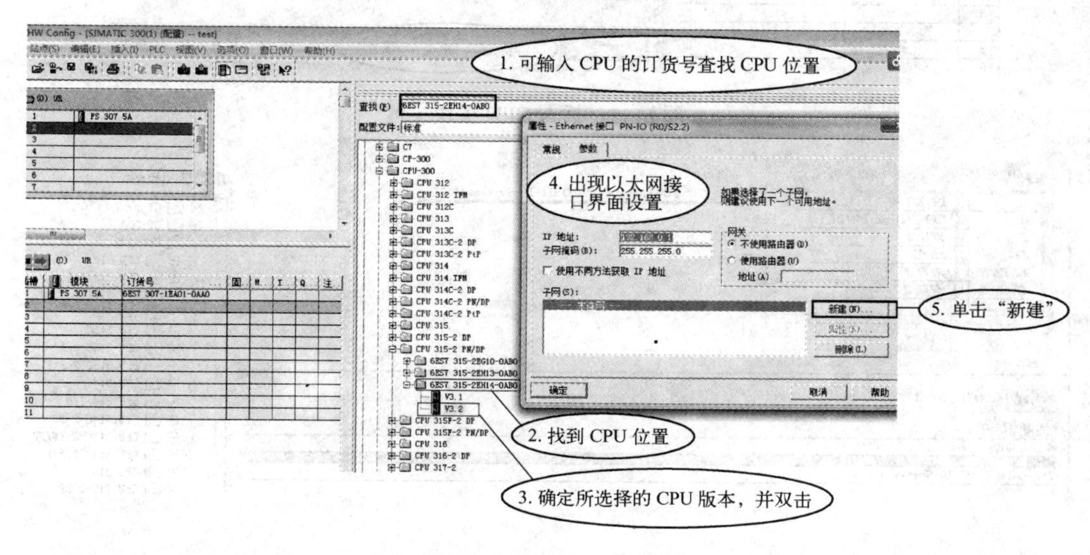

图 6-9　插入 CPU 模块 1

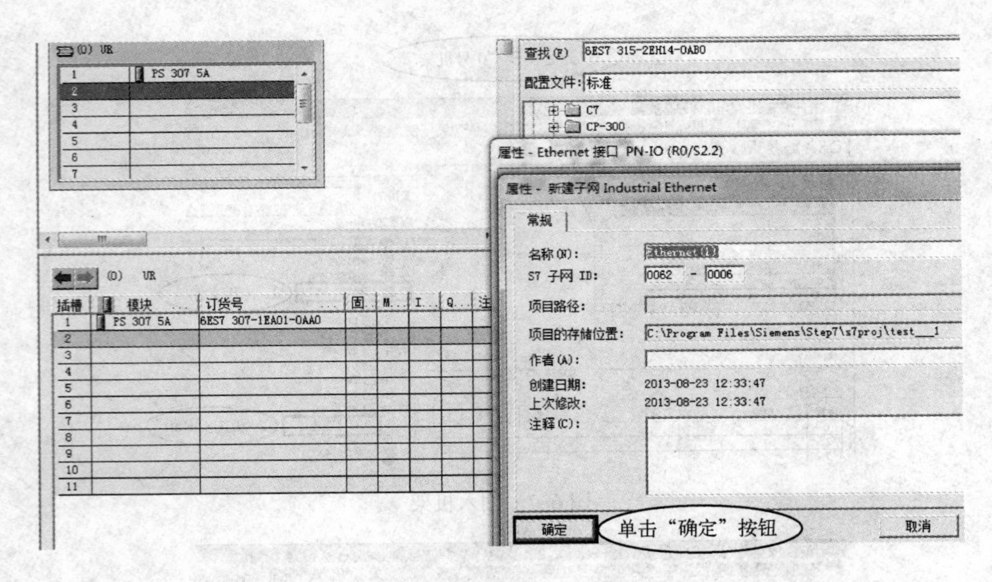

图 6-10　插入 CPU 模块 2

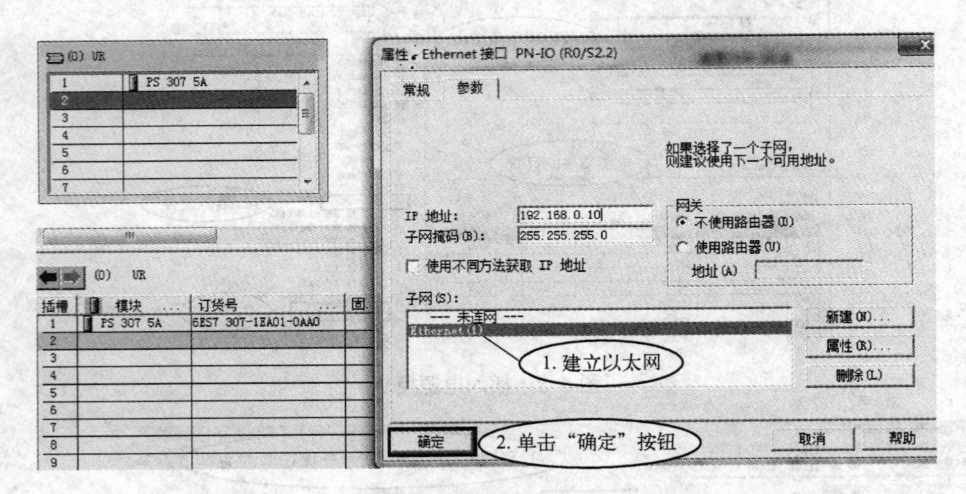

图 6-11　插入 CPU 模块 3

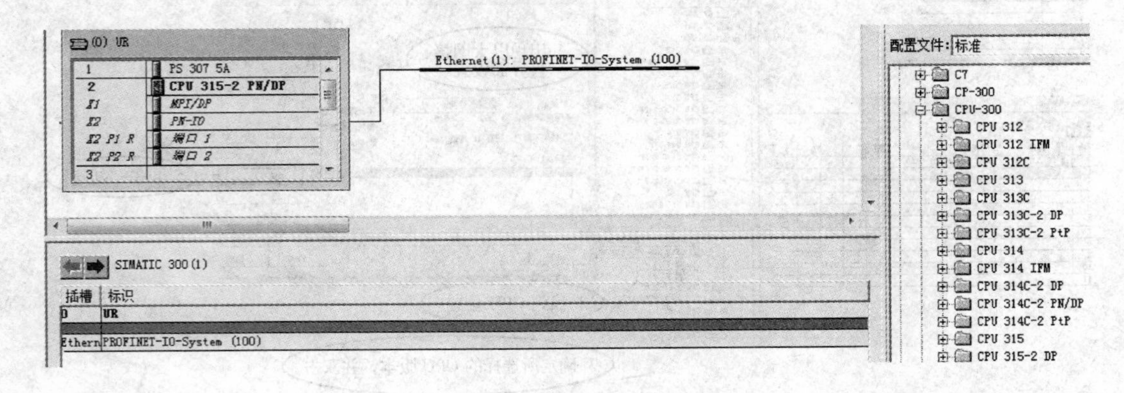

图 6-12　插入 CPU 模块 4

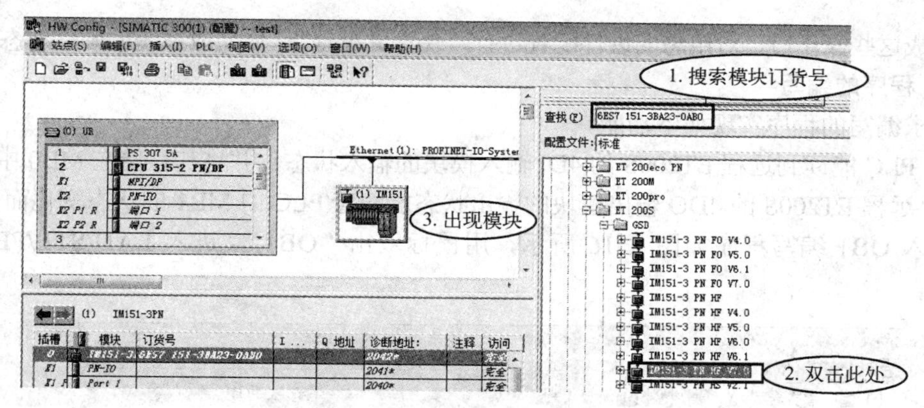

图 6-13　组态 ET200S 模块 1

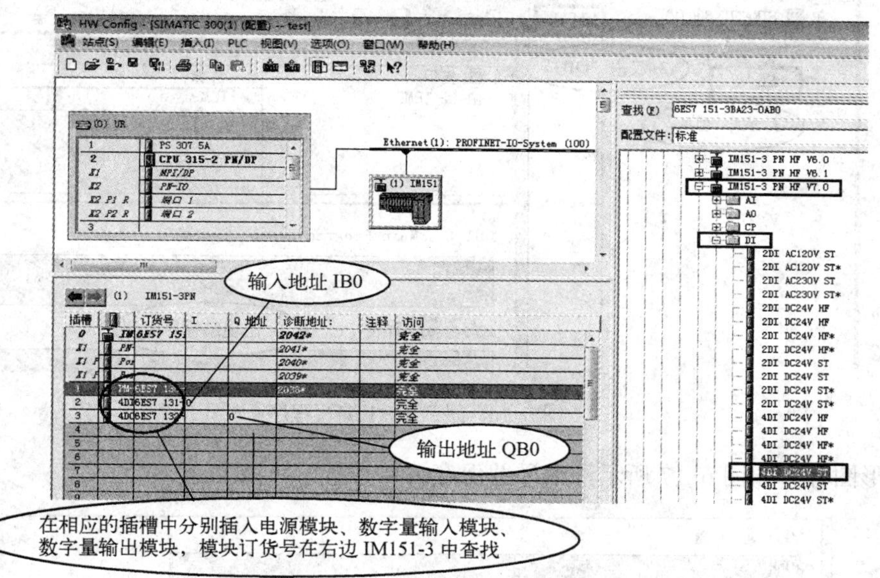

图 6-14　组态 ET200S 模块 2

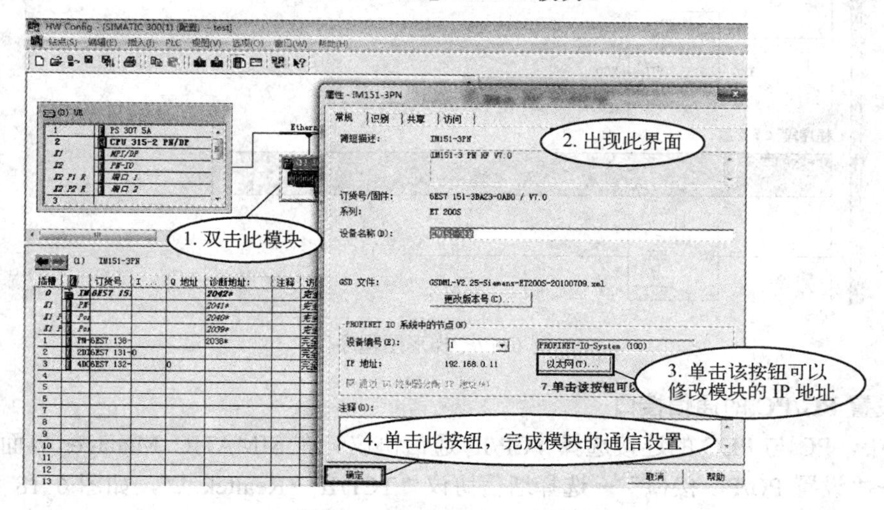

图 6-15　组态 ET200S 模块 3

完成这些操作后，对组态的硬件配置进行“保存并编译”，便完成系统的硬件组态。

3．程序的编写

要求编写的程序实现如下功能。

1）PLC 能读到远程 ET200S 的 4DI 输入模块的输入状态，并将其存储在 MB0 中。

2）远程 ET200S 的 4DO 输出模块的输出状态能随着 PLC 中 MB1 的状态变化而变化。

进入 OB1 编写程序如图 6-16 所示，用鼠标双击“OB1”，进入 LAD/STL/FBD 的编程界面。

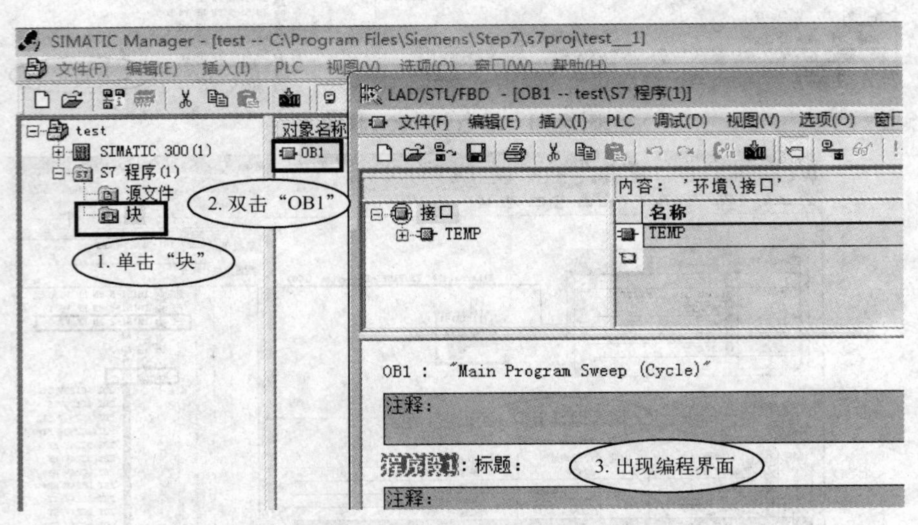

图 6-16 进入 OB1 编写程序

梯形图程序如图 6-17 所示，编译并保存。

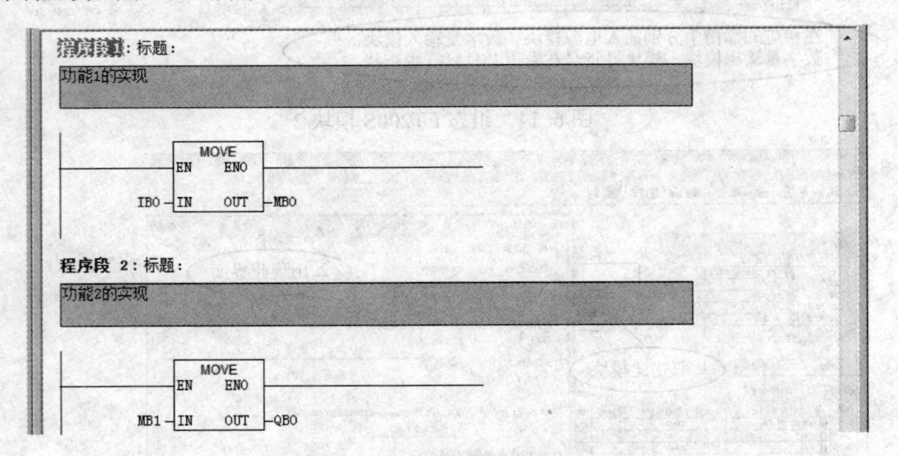

图 6-17 梯形图程序

4．设置 PG/PC 的通信接口

本例中，PC 与 PLC 的连接选择 TCP/IP 通信协议。在 SIMATIC Manager 界面中，选择“选项”→“设置 PG/PC 接口”→选择通信协议“TCP/IP→Realtek…”，如图 6-18 和图 6-19 所示。

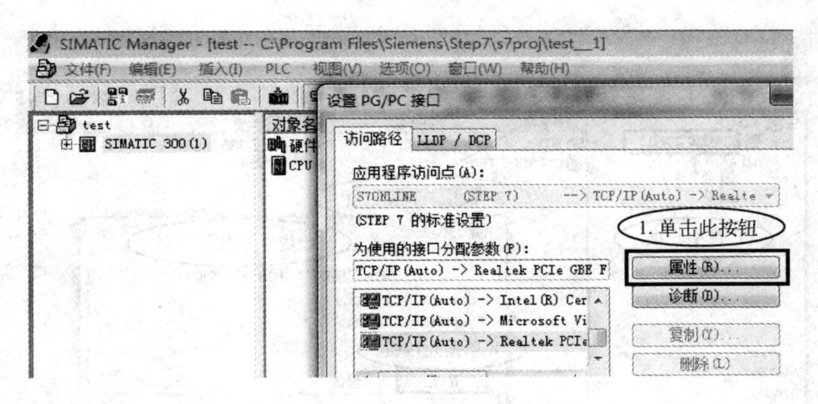

图 6-18　设置 PG/PC 接口

单击“属性”按钮，出现图 6-19 的接口“属性”窗口，并单击“确认”按钮，完成 PLC 与 PC 的通信设置。

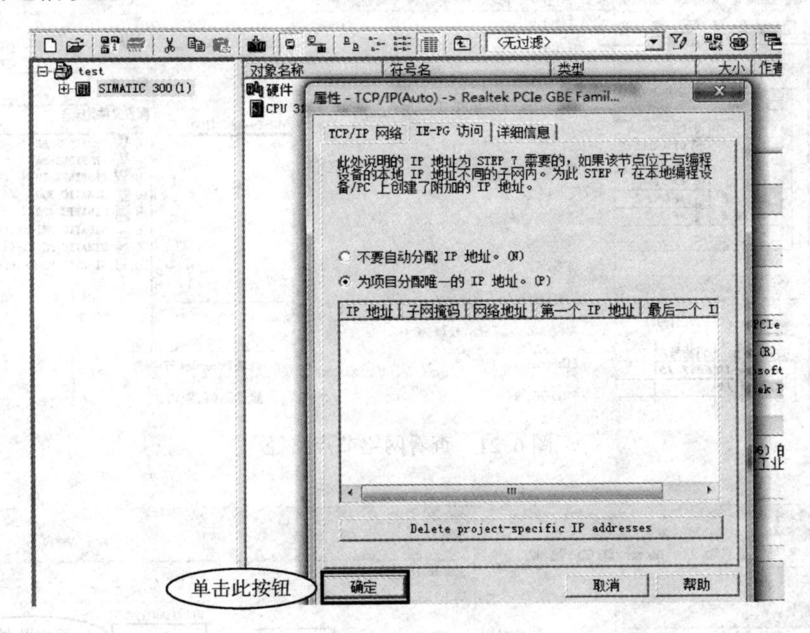

图 6-19　接口“属性”窗口

设置完成后，将 Profinet 电缆一端接入 CPU315 PLC 的一个 PN 接口，另一端插入计算机的 RJ45 接口，即可实现计算机对 PLC 的硬件组态和程序下载、上传、在线监视等功能。

5. 系统硬件组态并将用户程序下载至 PLC 中

硬件组态和程序的下载如图 6-20 所示。当完成步骤 4 时，下载工作完成。也可以分别在硬件组态界面下载硬件配置和在 OB1 中下载程序。

6. 系统调试

（1）查看系统网络结构是否正常

1）方法 1。进入硬件组态界面，查看网络节点是否被连接，如图 6-21 和图 6-22 所示。如果全部节点都能收到，就说明网络正常连接。

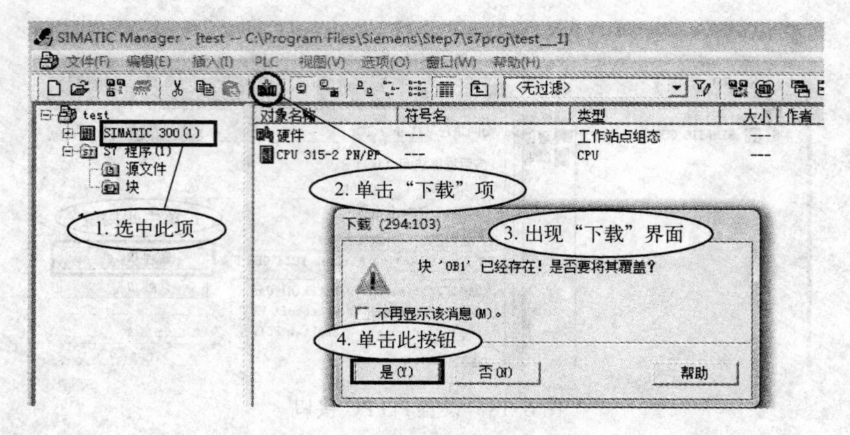

图 6-20　硬件组态和程序的下载

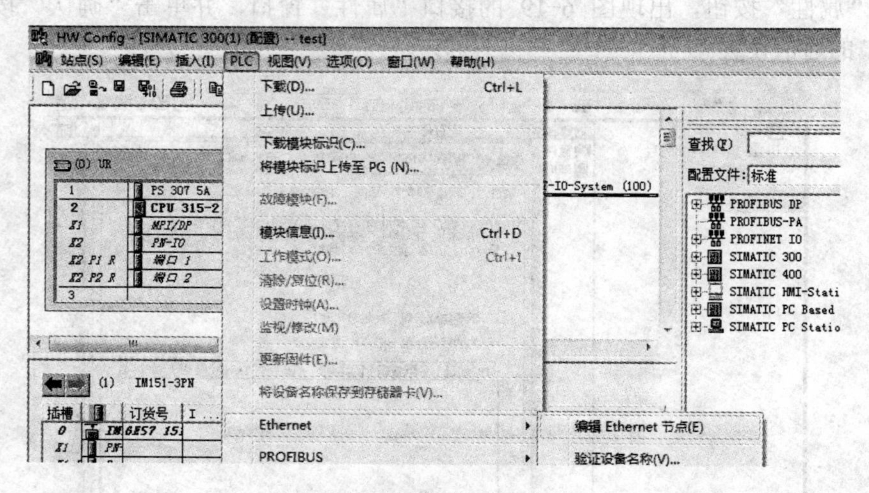

图 6-21　查看网络节点路径

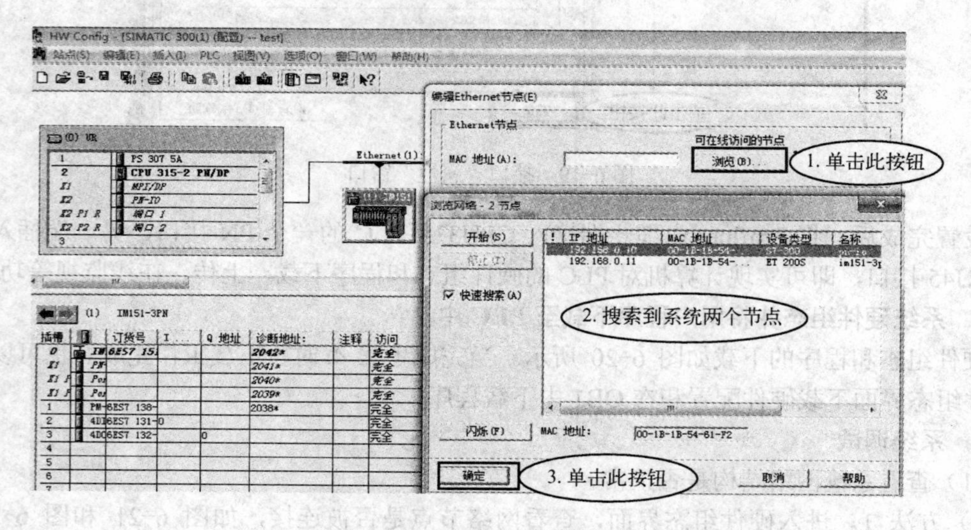

图 6-22　网络节点全部搜索完成

2）方法 2。进入“硬件配置界面”→单击“组态网络”，出现图 6-23 的组态网络界面。

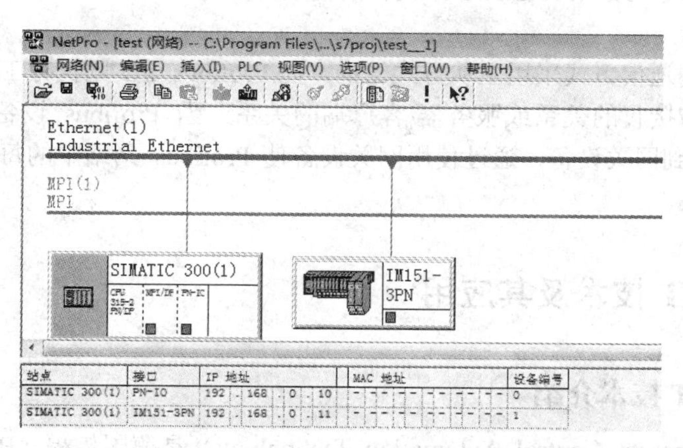

图 6-23 组态网络界面

（2）在线监控 PLC 变量

可以在线监控 OB1 程序，也可建立变量表 VAT_1，观察程序中变量的变化。例如，打开变量表输入需要监控的变量，并在线监控，如图 6-24 所示。从图中可以看到，远程 I/O 模块的 I0.0 变量外部开关接通，状态为 1；由于 PLC 内部变量 MB 未赋值，所以远程输出模块状态都为 0。在线修改 MB1 值为 16#03，并“激活修改数值”（变量表如图 6-25 所示），观察远程 4DO 模块，输出状态发生变化，图 6-26 为远程 I/O 模块的工作状态。

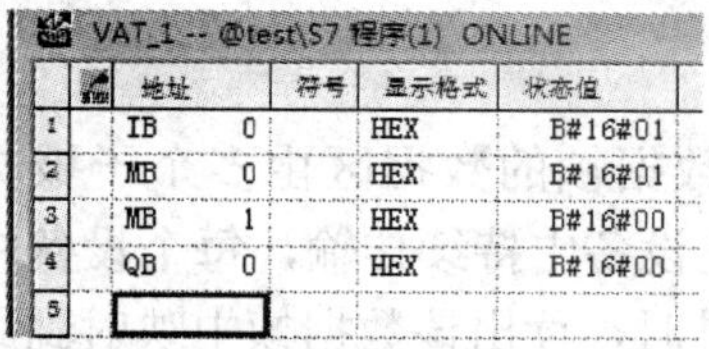

VAT_1 -- @test\S7 程序(1) ONLINE

	地址		符号	显示格式	状态值
1	IB	0		HEX	B#16#01
2	MB	0		HEX	B#16#01
3	MB	1		HEX	B#16#00
4	QB	0		HEX	B#16#00
5					

图 6-24 在线监控变量表

VAT_1 -- @test\S7 程序(1) ONLINE

	地址		符号	显示格式	状态值	修改数值
1	IB	0		HEX	B#16#01	
2	MB	0		HEX	B#16#01	
3	MB	1		HEX	B#16#03	B#16#03
4	QB	0		HEX	B#16#03	

图 6-25 PLC 对 MB 赋值

图 6-26 远程 I/O 模块的工作状态

7. 小结

Profinet I/O 是在工业以太网中实现分布式应用和模块化的通信标准，它支持现场设备和分布式 I/O 集成到工业以太网络，使所有系统设备都可以接入一致的网络结构中，使生产车间中的所有通信模式一致。Profinet I/O 设备的使用方法与 Profibus DP 一致，其组态、编程和诊断大体相同。

Profibus DP 的通信方式采用主从方式轮询，而 Profibus I/O 则执行工业以太网的对等方式，可以看做发送/接收的关系或服务器/客户端的关系。当 Profibus 设备需要接入 Profinet 网络中时，需要用到网关设备，通过使用网关设备使 Profibus 网络中的每个设备无缝集成到 Profinet I/O 网络中。

6.4 EtherCAT 技术及其应用

6.4.1 EtherCAT 技术介绍

EtherCAT（Ethernet Control Automation Technology）是德国倍福（Beckhoff）公司提出的开放式实时以太网，由独立的技术小组 ETG 负责管理和推广。它具有高速、高有效数据率的特点，支持几乎所有的拓扑结构。从站使用专用的从站控制芯片，如 ESC10 和 ESC20 等。当主站为 PC 时，使用通用的以太网卡 NIC（Network Interface Card）。

EtherCAT 是基于以太网系统，但它是动作更快、通信性能更高效的一种高性能网络系统，是直达 I/O 级的实时以太网。EtherCAT 网络特点如下。

1）能处理 100Mbit/s 超高速的通信。

2）与以太网兼容。

3）无需下挂子系统，所有设备位于同一个总线上。

4）没有网关延时。

EtherCAT 协议使用一个特殊类型的以太网数据帧，数据帧的数据区由多个子报文组成，每个子报文都服务于一个特定的逻辑映像区，数据帧在设备中持续传输，每个设备中的 FMMU（Fieldbus Memory Management Unit）在数据帧通过时，读出该数据帧中映射到此设备的逻辑地址中的数据；通常每个通信周期只需要传输一个以太网数据帧，这个数据帧沿着逻辑环传输一周，完成所有的广播式、多播式以及从站间的通信。这种通信方式大大提高了 EtherCAT 的通信速率和有效数据率：控制 100 个输入/输出、数据均为 8B 的伺服轴只需要 100μs；而 1 000 个 I/O 的刷新只需要 30μs。EtherCAT 的高性能特性使它还可以处理分布式驱动器的电流（转矩）控制。

EtherCAT 协议基于以太网接口，在 MAC 层上增加了一个确定性调度的软件层，该软件层实现了通信周期内的数据交换。在高层协议中，EtherCAT 并没有定义任何设备规范，而是支持现有的各种设备规范和服务，以使用户和设备生产商可以方便地从现有的现场总线标准移植到 EtherCAT 中。

6.4.2 Omron PLC 与伺服驱动器的 EtherCAT 通信功能实现

1．系统要求

本项目来自第八届全国信息技术应用水平大赛“Omron 杯”Sysmac 自动化控制应用设计大赛。

（1）被控对象

系统被控对象为两自由度机械手，其外形结构如图 6-27 所示，其活动范围为 $W\times H$=300×150mm。

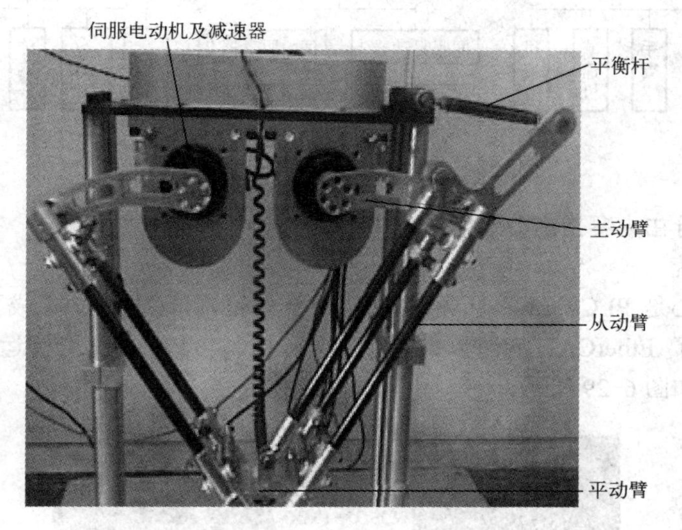

图 6-27　两自由度机械手外形结构

两自由度并联机械手具有平稳、准确、快速等优点，在食品、医药、包装和物流等行业中应用非常广泛。该装置由两个伺服电动机安装在静平台上，带动主动臂动作，主动臂连接从动臂动作，从而控制平动盘的移动，实现被抓物体从位置 *A* 到位置 *B* 的移动功能。

（2）控制要求

1）初始状态为 *A* 点有 10 个铁片（铁片片数可调），*B*、*C* 两点没有铁片。按下起动按钮，机械手从原点出发，达到 *A* 点，通过平动盘上的电磁铁吸合铁片，并越过屏障放回到 *B* 点；机械手每次只吸合一个铁片，将 *A* 点铁片吸合完后，再把 *B* 点处的铁片通过电磁铁吸合越过屏障放回 *A* 点，每次吸合一个，将 *B* 点铁片吸合完后，再把 *A* 点处的铁片通过电磁铁吸合越过屏障放回 *C* 点，*A* 点处的铁片吸合完后，再把 *C* 点的铁片通过电磁铁吸合放回到 *A* 点，*C* 点处的铁片吸合完后，接着重复以上动作……，直到按下停止按钮为止。

2）对于 *A*、*B*、*C* 3 点坐标在人机界面（HMI）中可以任意设置，位置的顺序是从左向右依次定位，变动范围如下。

① *A* 点位置（L_1）：0～112mm。

② *B* 点位置（L_2）：188～300mm。

③ *C* 点位置（L_3）：188～300mm（并且 $L_3>L_2$）。

3）在 HMI 界面中可以任意设置铁片厚度和障碍物高度。

4）如果机械手活动范围超限，则机械手不动作，并在 HMI 界面上显示机械手活动范围超限等报警信息。

5）平动盘坐标要在 HMI 界面中实时显示，并且能显示平动盘运动轨迹。

2．系统的构建

两自由度并联机械手系统结构如图 6-28 所示。

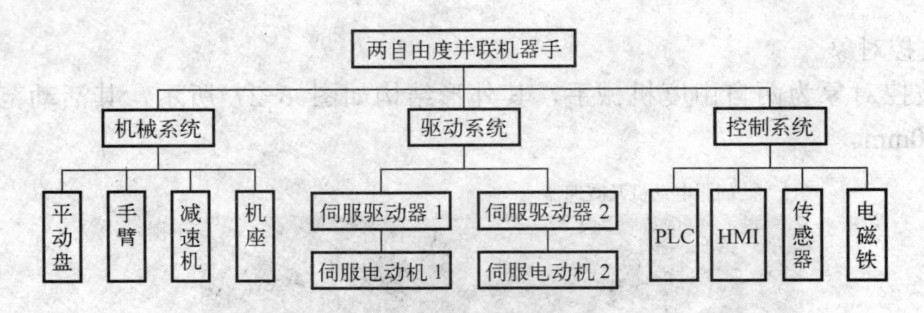

图 6-28　两自由度并联机械手系统机构

系统硬件部分由大赛指定型号配置完成。

（1）控制系统

控制系统核心是 PLC。PLC 选择 NJ501-1300 产品，该款 PLC 集成了 Ethernet 网络接口，同时也集成了 EtherCAT 实时以太网，最大可控制 64 轴，融合了运动功能和 PLC 功能，其外形结构如图 6-29 所示。

图 6-29　NJ501-1300 PLC 外观图

控制系统输入信号通过 HMI 操作，信号源由 PLC 内部变量提供；输出负载由左电动机抱闸、右电动机抱闸以及平动盘上电磁铁控制。PLC 输出模块外部接线如图 6-30 所示。

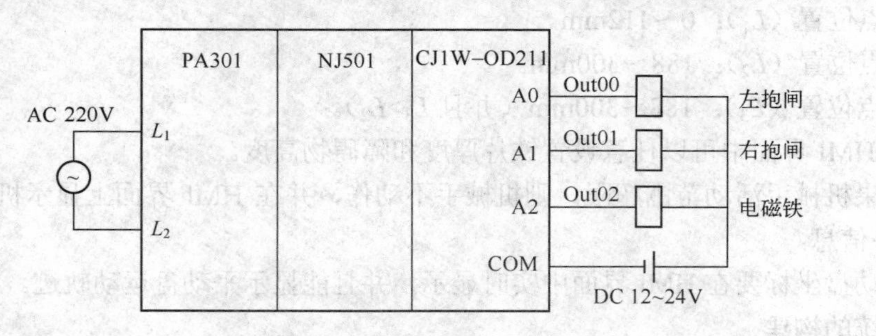

图 6-30　PLC 输出模块外部接线图

（2）驱动系统

伺服驱动器选择内置 EtherCAT 通信的高精度 G5 系列伺服驱动器 R88D-KN04H-ECT，该伺服驱动器带绝对值编码器，精度为 2^{17}，最大适用电动机容量为 400W、3000r/min。伺服驱动器面板结构及各部分接线端子名称如图 6-31 所示。

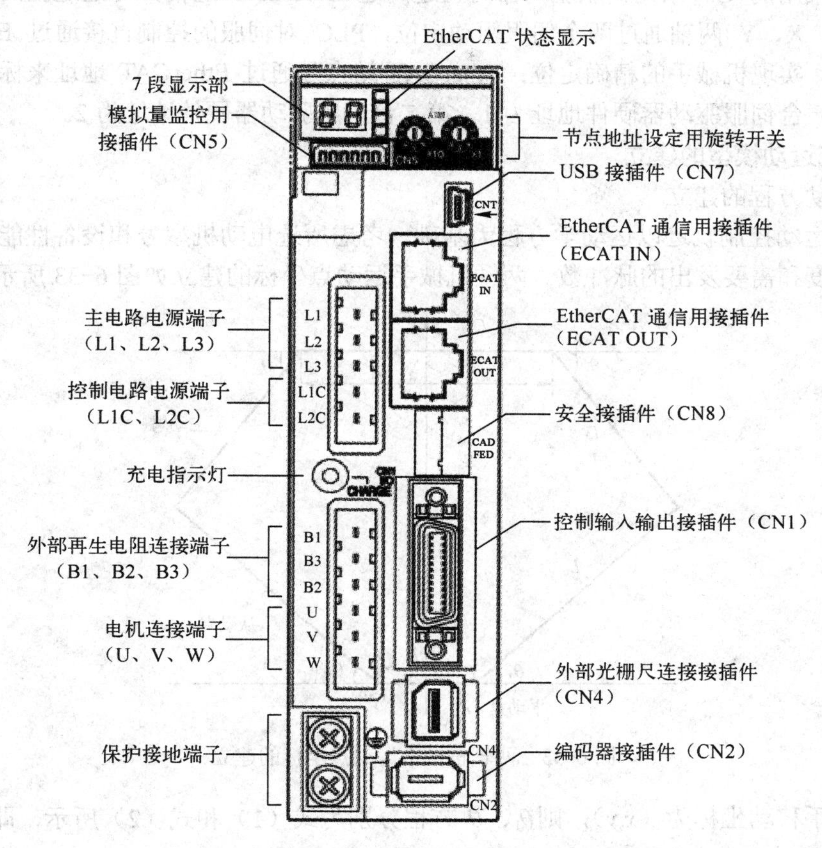

图 6-31　伺服驱动器面板结构及各部分接线端子名称

（3）系统网络结构

两自由度机械手控制系统网络结构如图 6-32 所示。

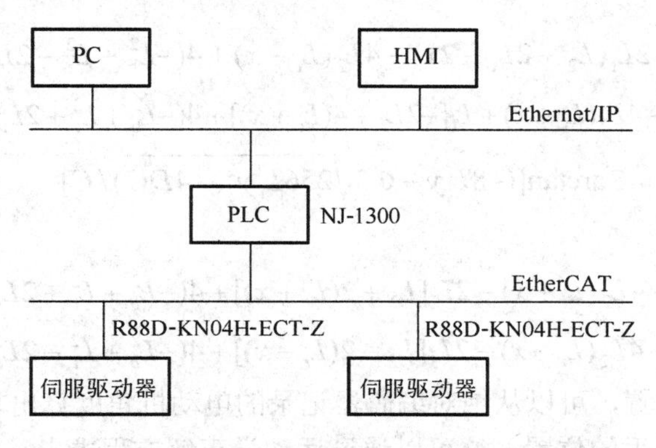

图 6-32　两自由度机械手控制系统网络结构图

PLC 与上位机、触摸屏之间采用 Ethernet/IP 协议通信，各站点之间是通过 IP 地址来标识身份的。通信设置时，只需要将设备 IP 地址设在同一个网段内即可，例如将 PLC IP 地址设为 192.168.250.1，可将 PC IP 地址设为 192.168.250.2。

本系统采用的 G5 系列伺服驱动器内置超高速 EtherCAT 通信，可通过全闭环控制实现高精度定位。X、Y 两轴通过两个伺服驱动定位，PLC 对伺服的控制直接通过 EtherCAT 总线连接进行，实现机械手的精确定位；EtherCAT 站点是通过 EtherCAT 地址来标识身份的，例如设定第一台伺服驱动器硬件地址为 1，第二台伺服驱动器硬件地址为 2。

3．系统运动模型的建立

（1）运动方程的建立

机械手运动控制轨迹以运动学方程为基础，考虑所选电动机型号和设备性能，算出每根轴的旋转角度和需要发出的脉冲数。两轴机械手运动点坐标的建立如图 6-33 所示。

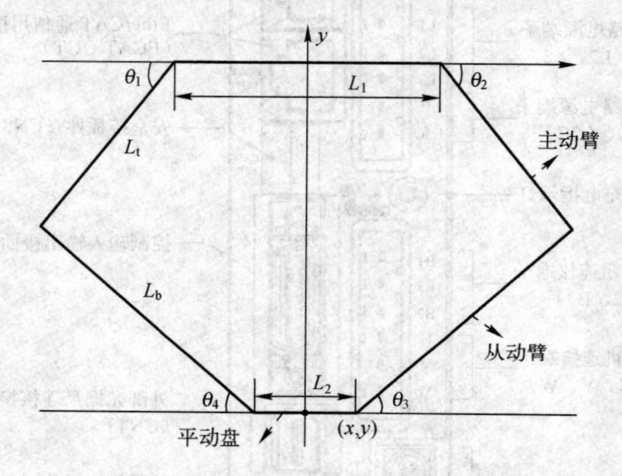

图 6-33　两轴机械手运动点坐标的建立

设机械手移动坐标为（x,y），则θ_1、θ_2方程分别为式（1）和式（2）所示，即

$$\theta_1 = 2\arctan\left[\left(-8L_t y - \frac{\sqrt{256L_t^2 y^2 - 4AB}}{2}\right)\Big/ A\right] \tag{1}$$

式中：

$$A = L_1^2 + L_2^2 - 2L_1(L_2 + 2L_t - 2x) + 4L_2(L_t - x) + 4(-L_b^2 + L_t^2 - 2L_t x + x^2 + y^2)$$

$$B = L_1^2 + L_2^2 - 4L_2(L_t + x) + L_1[-2L_2 + 4(L_t + x)] + 4(-L_b^2 + L_t^2 + 2L_t x + x^2 + y^2)$$

$$\theta_2 = 2\arctan[(-8L_t y - 0.5\sqrt{256L_t^2 y^2 - 4DC})/C] \tag{2}$$

式中：

$$C = L_1^2 + L_2^2 + 4L_2(L_t + x) - 2L_1[L_2 + 2(L_t + x)] + 4(-L_b^2 + L_t^2 + 2L_t x + x^2 + y^2)$$

$$D = L_1^2 + L_2^2 - 4L_2(L_t - x) - 2L_1[L_2 - 2(L_t - x)] + 4(-L_b^2 + L_t^2 - 2L_t x + x^2 + y^2)$$

对于机械手初始位置，可以从绝对编码器记录的电动机角度算出末端的坐标。已知伺服电动机角度，求出机械手的位置，这可以通过运动学正解方程求出，例如定位指定点 A、B 的坐标。读者可根据图 6-33 自行推导系统的正解方程。

（2）运动路径的规划

在规划机械手行走路径时，主要考虑以下两个因素。

1）机械手搬运铁片时，搬运点的高度在不断变化。

2）机械手在可运行区域内设置了高度可变的障碍。

机械手常用的行走路径如图 6-34 所示。考虑路径 2 所走线路平滑性好，机械手行走起来振动小、对设备伤害小，因此选用直线差补和圆弧插补的路径行走。

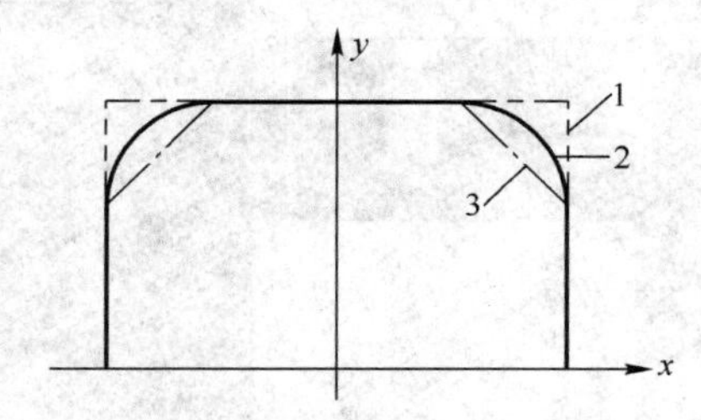

图 6-34　机械手常用的行走路径

在机械手运行范围内设置了高度可调的障碍物，为避免在搬运过程中机械手碰撞障碍物，需要计算机械手的活动死区，非工作区域的计算如图 6-35 所示。由θ_3、θ_4组成的三角形为死区范围，规划路径时需避开障碍物行走；如果判断给定位置在非工作区域，则机械手不动作，并给出相应提示。

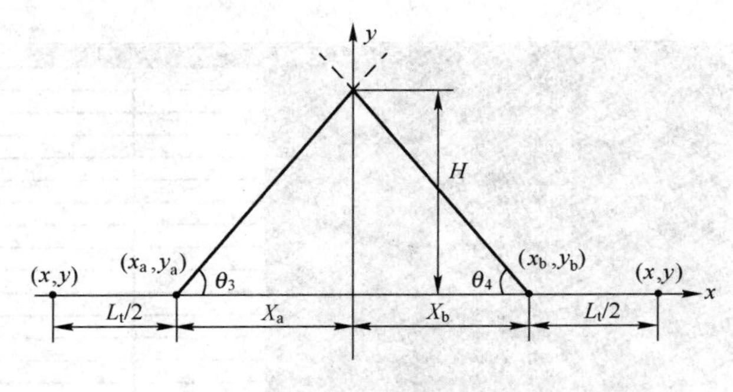

图 6-35　非工作区域的计算

4．系统组态

NJ 系列 PLC 软件平台为 Sysmac Studio，该软件结合运动控制与逻辑控制，可实现多达 64 轴的运动控制，并带有直线插补、圆弧插补等动作功能。通过简单的设定，即可完成对控制器、网络、伺服以及其他现场设备的配置，通过调用内部功能块可完成复杂的运动控制。

（1）硬件组态

打开 Sysmac Studio 软件，新建工程“test”，硬件配置界面如图 6-36 所示。单击软件左边菜单栏（多视图浏览器），展开“配置和设置”，用鼠标双击“CPU 扩展机架”，右边显示模块 NJ-PA3001 电源模块、NJ501-1300 CPU 以及端盖 CJ1W-TER01，查找并用鼠标双击软件右边菜单栏（元器件类别）中的输出模块 CJ1W-OD211，在机架上添加，完成此模块配置。

硬件配置完毕，需要给输入输出模块分配变量，在左边菜单栏中，展开“配置和设置”，用鼠标双击“I/O 映射”，寻找 CJ1W-OD211 模块的 16 个输出点，为该模块的 0 位、1

位、2 位分别分配程序中的变量“左抱闸输出”、“右抱闸输出”、“电磁阀输出”，如图 6-37 所示。

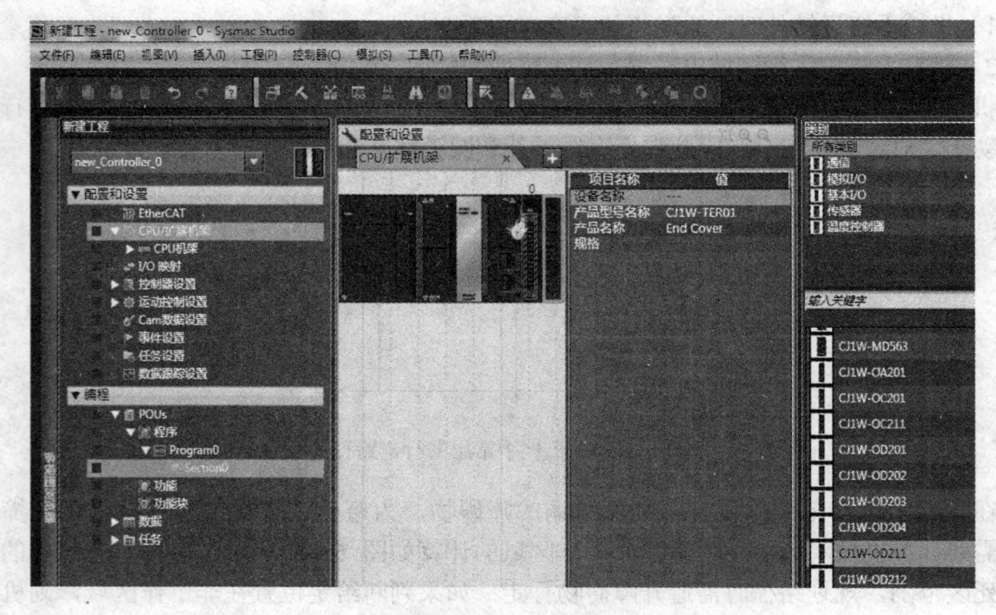

图 6-36　硬件配置界面

位置	端口	说明	R/W	数据类型	变量	变量注释	变量类型
	▼Ch1_In	Input CH1	R	WORD			
	Ch1_In00	Input CH1 bit 00	R	BOOL			
	Ch1_In01	Input CH1 bit 01	R	BOOL			
	Ch1_In02	Input CH1 bit 02	R	BOOL			
	Ch1_In03	Input CH1 bit 03	R	BOOL			
	Ch1_In04	Input CH1 bit 04	R	BOOL			
	Ch1_In05	Input CH1 bit 05	R	BOOL			
	Ch1_In06	Input CH1 bit 06	R	BOOL			
	Ch1_In07	Input CH1 bit 07	R	BOOL			
	Ch1_In08	Input CH1 bit 08	R	BOOL			
	Ch1_In09	Input CH1 bit 09	R	BOOL			
	Ch1_In10	Input CH1 bit 10	R	BOOL			
	Ch1_In11	Input CH1 bit 11	R	BOOL			
	Ch1_In12	Input CH1 bit 12	R	BOOL			
	Ch1_In13	Input CH1 bit 13	R	BOOL			
	Ch1_In14	Input CH1 bit 14	R	BOOL			
	Ch1_In15	Input CH1 bit 15	R	BOOL			
[0	▼ CJ1W-OD211 (Transistor Outpu						
	▼Ch1_Out	Output CH1	RW	WORD			
	Ch1_Out00	Output CH1 bit 00	RW	BOOL	pv100	左抱闸输出	全局变量
	Ch1_Out01	Output CH1 bit 01	RW	BOOL	pv101	右抱闸输出	全局变量
	Ch1_Out02	Output CH1 bit 02	RW	BOOL	pv105	电磁阀输出	全局变量

图 6-37　输出点的变量分配

（2）EtherCAT 系统配置

EtherCAT 系统采用主从结构。本系统中 NJ501-1300 PLC 为主站，其 EtherCAT 总线连接两套伺服驱动器，从而解决两台伺服同步控制的问题。

在 Sysmac Studio 软件中采用了能够简单进行 EtherCAT 系统配置的用户界面（UI）。进入“配置和设置”菜单，用鼠标双击“EtherCAT”，出现图 6-38 的界面，用鼠标双击右边伺服驱动器名称“R88D-KN04H-ECT”，出现图 6-39 的界面，完成 EtherCAT 系统第一个节点的配置。图 6-40 为 EtherCAT 系统配置情况。

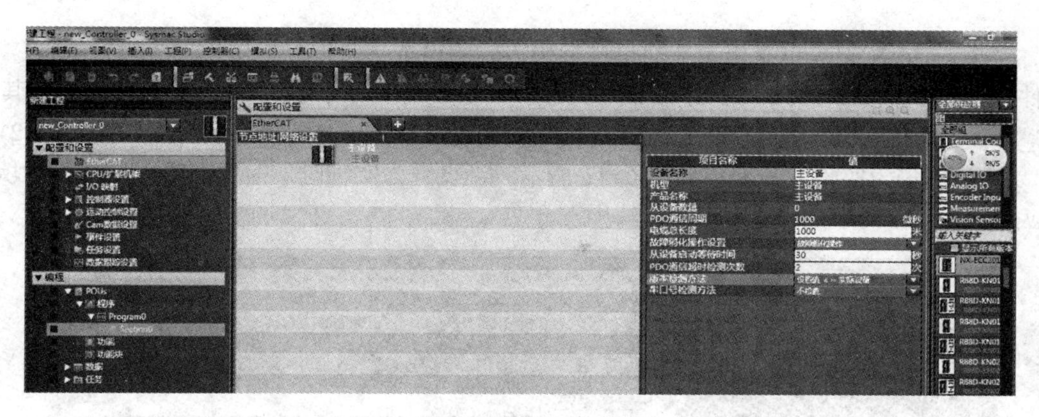

图 6-38　EtherCAT 系统配置的用户界面

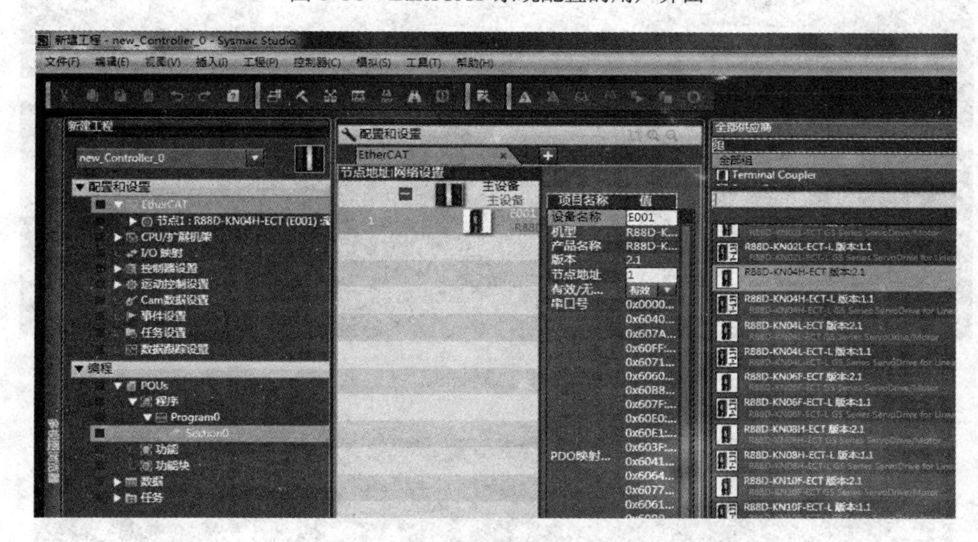

图 6-39　伺服驱动器的配置

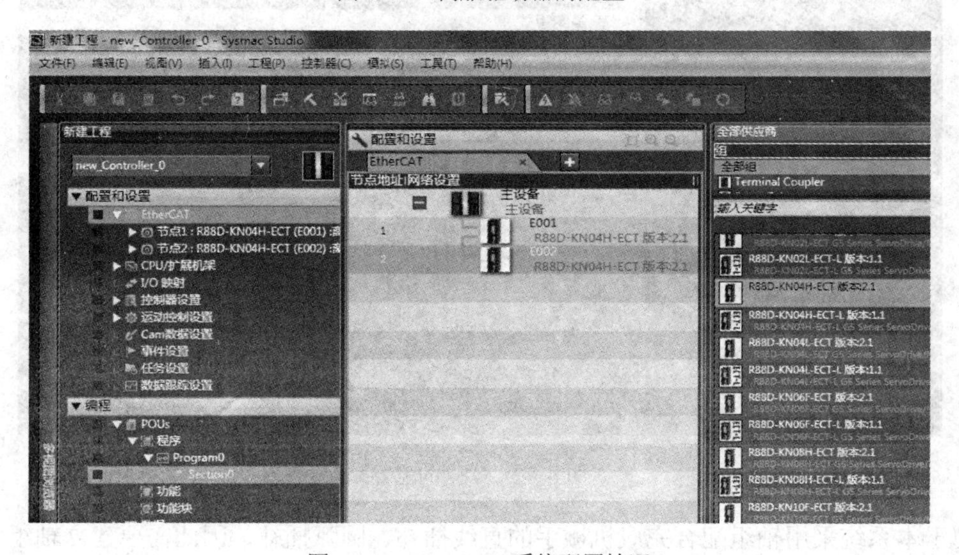

图 6-40　EtherCAT 系统配置情况

在 Sysmac Studio 里采用了能简单进行伺服轴的设置、分配、机械规格等设定的 UI。在软件的左边菜单栏的“运动控制设置”、“轴设置”下分别添加 4 根轴，其中 MC_Axis000(0)、MC_Axis000(1)为虚轴，其配置如图 6-41 所示；MC_Axis000(2)、MC_Axis000(3)为实轴，其配置如图 6-42 所示，当设置为实轴时，需要在输入设备栏中填写对应的实际存在的节点设备。

图 6-41　虚轴的配置

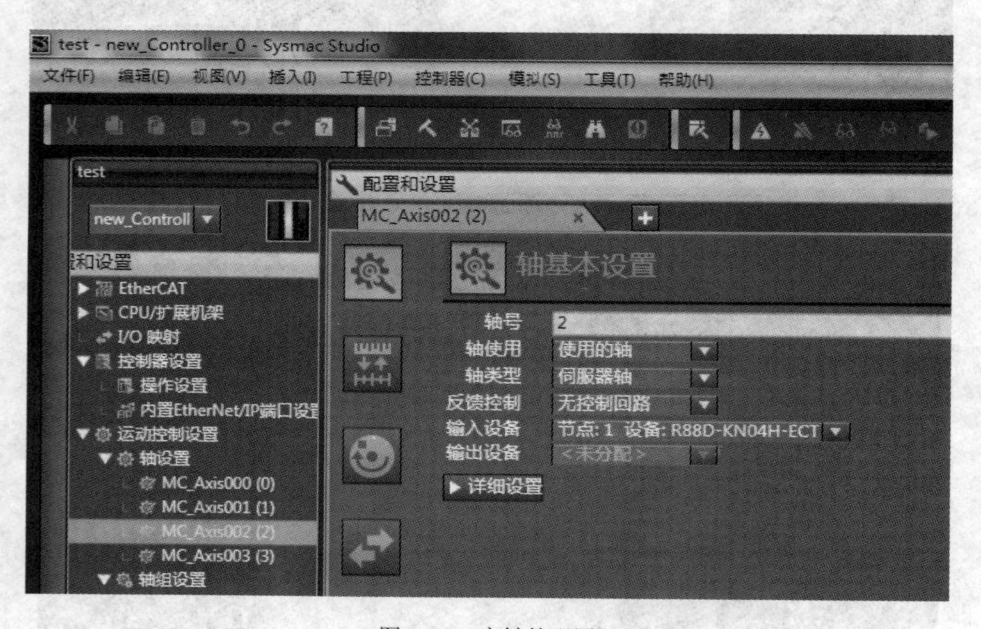

图 6-42　实轴的配置

由于本系统采用轴组配合完成机械手的直线插补、圆弧插补，因此需要建立轴组。轴组有虚轴轴组和实轴轴组两组；虚轴轴组用来给电动机旋转提供一个理想的曲线，实轴轴组按照虚轴轴组提供的理想曲线带动伺服电动机运动。图 6-43 为实轴轴组的建立。在建立实轴轴组时，要注意轴组的每根轴都需要与实轴对应。

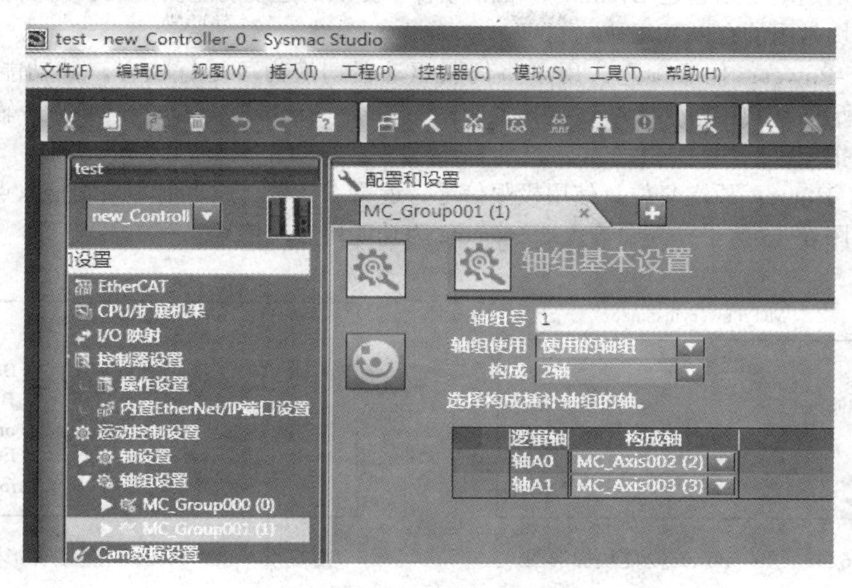

图 6-43　实轴轴组的建立

5．编写程序

（1）程序流程图

根据控制要求，系统流程如图 6-44 所示。

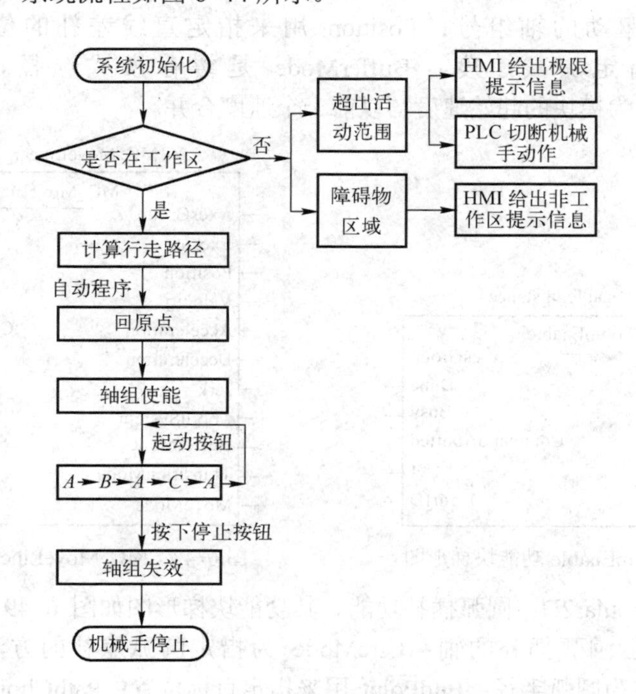

图 6-44　系统流程图

（2）运动模块

机械手的运动可以通过 Sysmac Studio 软件中提供的运动功能块（FB）来实现。涉及运动功能的模块常用的有以下几种。

1）MC-Power：伺服锁定。用于将伺服驱动器切换为可运行状态，其功能块梯形图如图 6-45 所示。其中输入端 Axis 接需要驱动的轴号；Enable 为模块导通条件，输出变量为模块的状态指示，例如模块工作异常，则 Error=1。

2）MC_Home：原点复位。使用极限信号、近原点信号、原点信号来确定原点，其功能块梯形图如图 6-46 所示。其中输入端 Execute 为功能块启动信号。

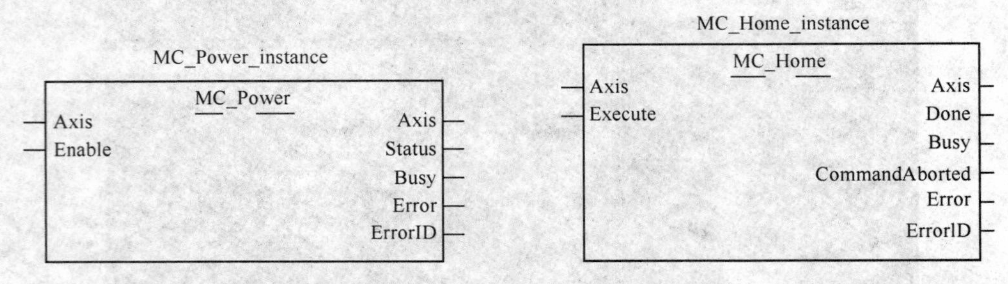

图 6-45　MC_Power 功能块梯形图　　图 6-46　MC_Home 功能块梯形图

3）MC_GroupEnable：启用轴组工作。以便执行多轴协调运动，其功能块梯形图如图 6-47 所示。其中输入端 AxesGroup 接需要驱动的轴组号。使轴组无效的条件有 MC_GroupDisble（不启用轴组）等指令。

4）MC_MoveLinear：直线差补功能。其功能块梯形图如图 6-48 所示。其中输入端 AxesGroup 接需要驱动的轴组号；Position 用来指定直线差补的位置；Acceleration/Deceleration 用来指定加减速度；BufferMode 是缓存模式选择，例如选择模式 _mcBlendingPrevious 为模块的起始速度与以前一个速度合并。

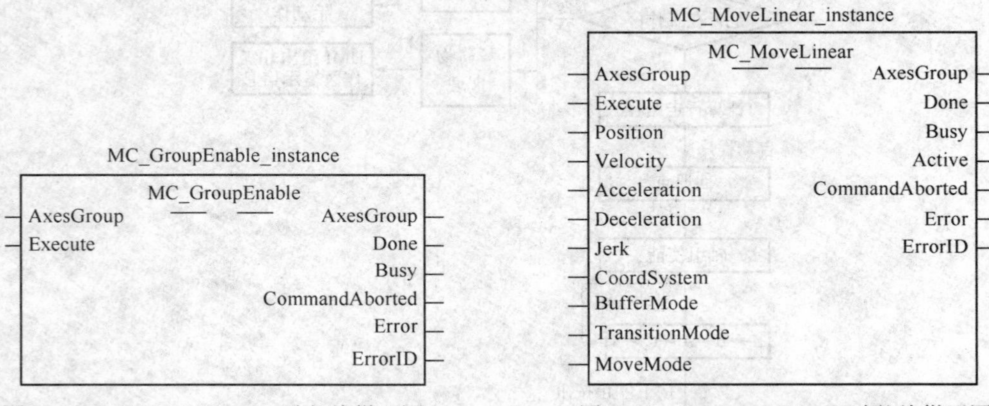

图 6-47　MC_GroupEnable 功能块梯形图　　图 6-48　MC_MoveLinear 功能块梯形图

5）MC_MoveCircular2D：圆弧插补功能。其功能块梯形图如图 6-49 所示。其中输入端 CircAxes 为指定进行圆弧插补的轴；CircMode 为指定圆弧差补的方法，例如选择参数 MC_Radius 则为指定为圆弧半径；EndPoint 用来指定目标位置；PathChoice 用来指定路径方向等。

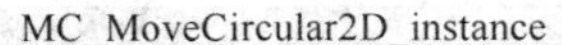

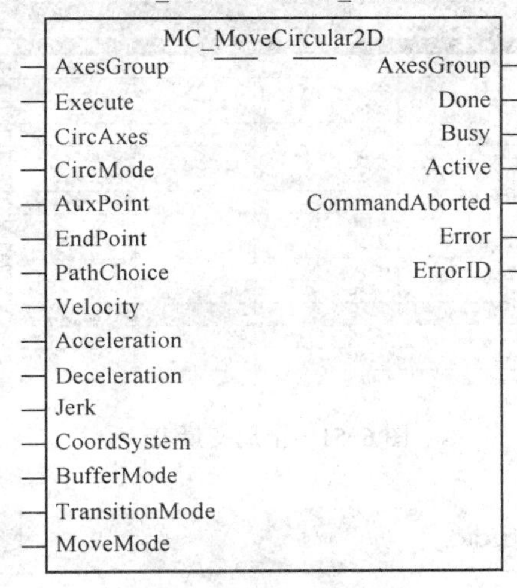

图 6-49　MC_MoveCircular2D 功能块梯形图

读者需要了解其他基本指令、功能或功能块，可以查阅相关指令手册。

（3）逻辑功能的实现

在程序编写时，由于系统需要通过触摸屏实现系统操作、参数监视以及数据的改写等功能，因此需要建立全局变量。全局变量的建立方法如图 6-50 所示。

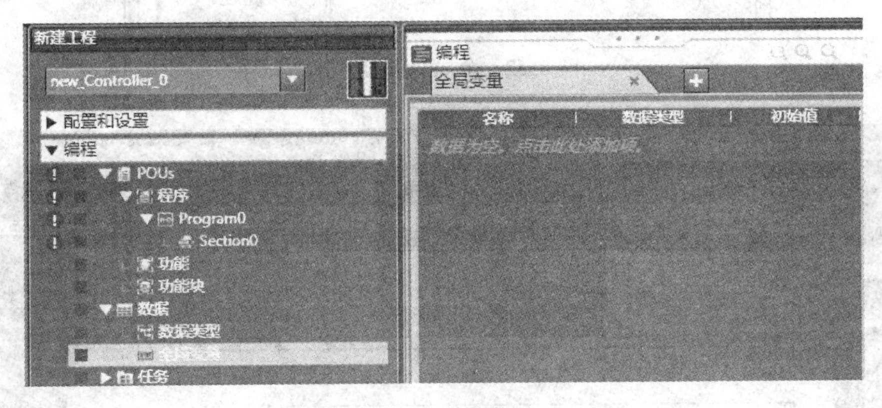

图 6-50　全局变量的建立方法

进入 Sysmac Studio 左边菜单栏的“编程”、“数据”中，用鼠标双击“全局变量”，出现右边全局变量界面，将鼠标放在“名称”下，然后用鼠标右键单击添加变量名称、填写数据类型等，如图 6-51 所示，如果需要操控此变量，需要在“网络公开”栏中将变量属性改为“公开”。如果 HMI 界面需要用全局变量，则在 Sysmac Studio 软件的“工具”菜单中选择“导出全局变量”→Cx-Designer 即可，此时会弹出图 6-52 的界面，然后可将其粘贴在打开的 NS 程序的“变量”表中。

图 6-53 为两自由度机械手的 PLC 程序，需灵活运用梯形图和 ST 语言编写。复杂的直线、圆弧插补采用功能块 FB；而在变量赋值、正反解方程以及复杂逻辑判断时采用 ST 语言。

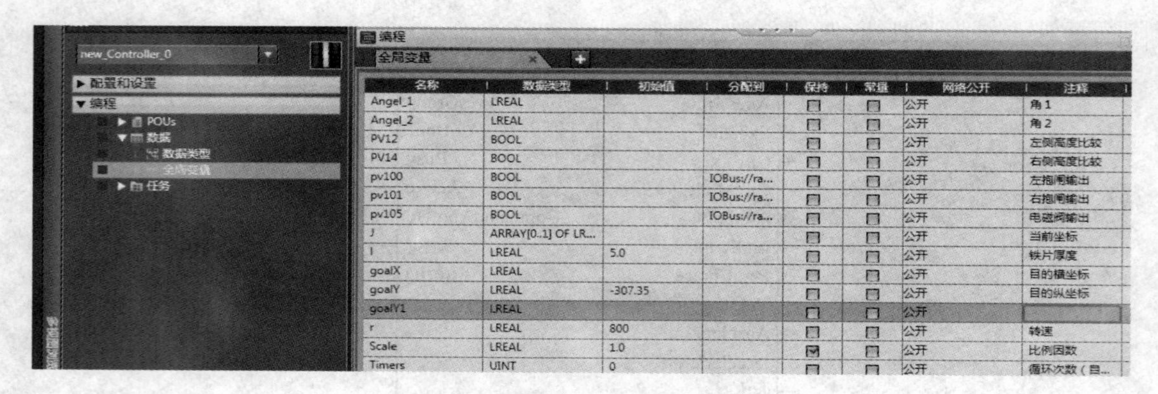

图 6-51　全局变量表

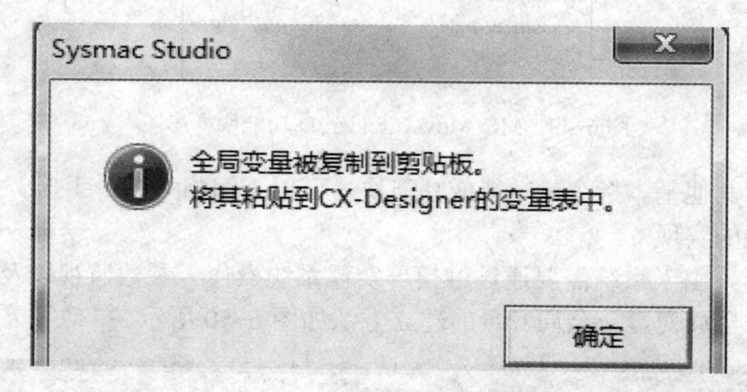

图 6-52　全局变量的导出

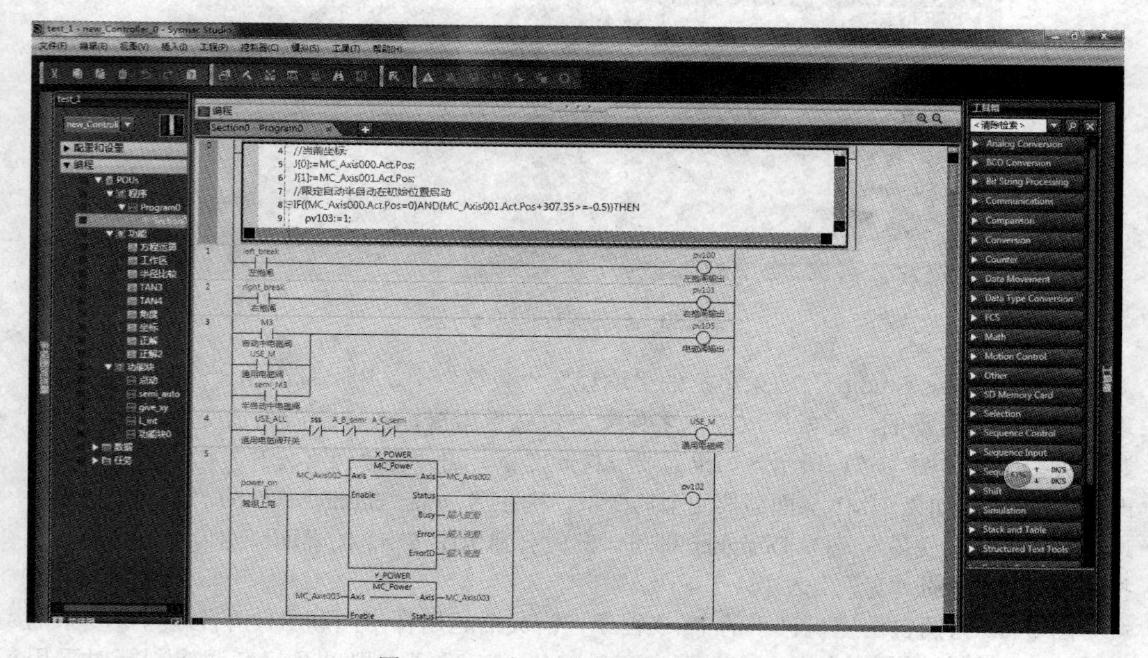

图 6-53　两自由度机械手的 PLC 程序

6．系统联调

本系统触摸屏选择 NS8-TV01，开发软件为 Cx-Designer，将该软件在安装 Sysmac Studio 软件时一起安装；也可以使用 NS 与 PLC 连接的功能来完成变量的设置和显示功能，从而采用计算机替代 NS 触摸屏的功能。

图 6-54 为 HMI 初始化界面，主要功能是对系统初始化，包括松开电动机抱闸、伺服上电、系统回原点等工作；图 6-55 为自动运行方式的监控界面，通过此界面可以设置自动运行时的铁片厚度、铁片个数、障碍物高度等参数，可以启动自动运行方式、观察当前机械手运行坐标位置，也可以单击“弹出模拟展示”，弹出图 6-56 的机械手动态轨迹监控图。

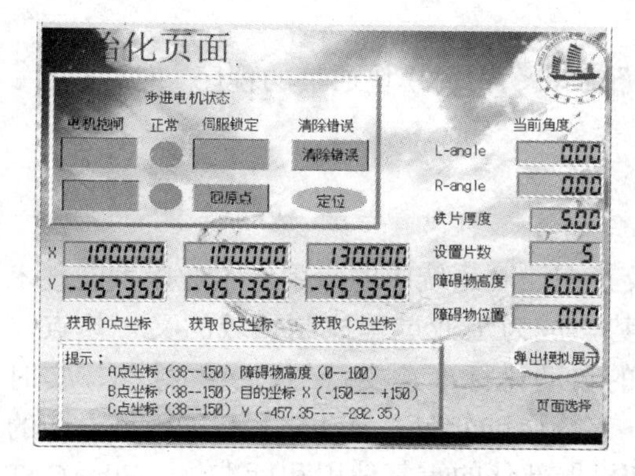

图 6-54　HMI 初始化界面

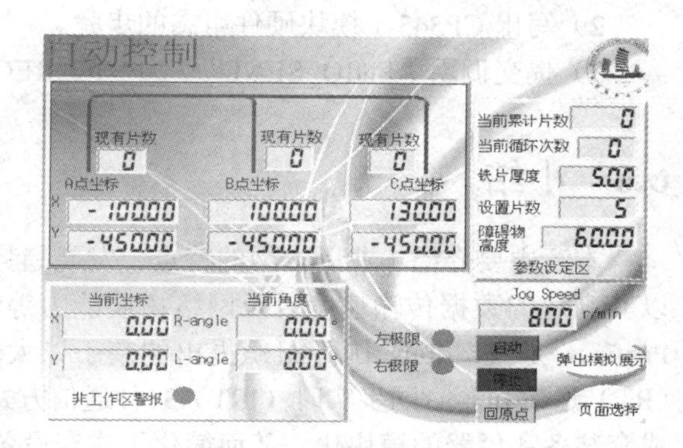

图 6-55　自动运行方式的监控界面

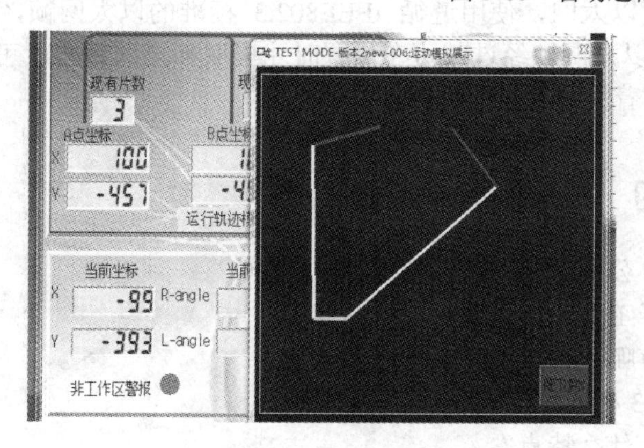

图 6-56　机械手动态轨迹监控图

系统采用基于 EtherCAT 协议的网络架构，接线简单，通信性能优越。在设计方案时充分考虑了机械手的系统结构、允许运行区域、障碍物高度的变化等因素，并在此基础上优化了运行路径的算法；在程序编写时充分考虑了系统的互锁和自锁等安全功能，操作界面友好、明确、简洁，经过现场调试，系统运行速度快，曲线平滑，合理可行。

6.5　实训项目　基于 CP343-1 通信模块系统的构建与运行

1．实训目的

1）学会 Profinet 网络搭建。

2）熟悉 CP343-1 模块及其组态方法。

3）熟悉 Profinet 控制系统的硬件组态及其程序设计方法。

2．实训内容

1）控制要求：建立 CPU313C 2DP 模块通过 CP343-1 与 ET200S 的以太网通信系统。

2）设计实现通信要求的控制程序。

3）联机调试控制系统功能，观察控制系统运行情况。

3．实训报告要求

1）画出控制系统的外部接线图。

2）写出 CP343-1 模块硬件组态的步骤。

3）提交调用“PNIO_SEND”/“PNIO_RECV”模块、实现模块通信的程序。

6.6 小结

本章主要介绍工业以太网的特点、发展趋势及其在控制系统中的应用。工业以太网技术以其高速的数据传输速度以及网络拓展能力等优势，成为工业过程控制领域的又一热点。Profinet 是 Profibus 国际组织提出的基于以太网的自动化标准，支持 TCP/IP 标准、实时（RT）通信和等时同步实时（IRT）3 种通信方式，支持通过分布式自动化和智能现场设备的成套装备和机器的模块化，从而简化了成套设备和机器部件的重复使用和标准化。EtherCAT 是直达 I/O 级的实时以太网，使用遵循 IEEE802.3 标准的以太网帧，这些帧由主站设备发送，从站设备只是在以太网帧经过其所在位置时才提取和插入数据，可以达到 30μs 内更新 1 000 个 I/O 数据，有着优越的通信性能。

6.7 思考与练习

1．工业网络与办公网络各有什么特点？

2．以太网应用于工业现场需要解决哪些问题？

3．工业以太网有哪些特点？

4．Profinet 有哪 3 种通信方式？

5．Profinet I/O 有什么特点？

6．EtherCAT 有什么特点？

第7章 现场总线控制系统集成及其应用

学习目标

1）了解系统集成的概念、方法及其技术。

2）掌握总线控制系统集成方法及其应用系统设计方法。

3）学会架构OPC服务器/客户端系统及其数据采集方法。

重点内容

1）系统集成的原则和方法。

2）现场总线控制系统的设计方法。

3）OPC技术及其应用。

7.1 系统集成的概念

系统集成（System Integration）是20世纪90年代在计算机业界用得比较普遍的一个词，包括计算机软件、硬件及网络系统的集成，以及围绕集成系统的相关咨询、服务和技术支持。实际上，集成的思想并不只在计算机业界专有。在传统制造业中，比如汽车工业，从手工作坊发展到大规模自动化生产方式后，为追求产品的批量和低成本，采用标准化生产线及加工工艺；零部件制造商专业化、标准化，总装厂与协作厂之间协作生产化，这些都体现着集成的思想。

系统集成可以理解为按系统整体性原则，将原来没有联系或联系不紧密的元素组合起来，成为具有一定功能的、满足一定目标的、相互联系、彼此协调工作的新系统的过程。通过系统集成，可实现最大限度地提高系统的有机构成、系统的效率、系统的完整性和系统的灵活性，同时简化系统的复杂性，并最终为企业提供一套切实可行的、完整的解决方案。

系统集成可以是人员的集成、管理上的集成以及企业内部组织的集成，也可以是各种技术上的集成、信息的集成以及功能的集成等，因此系统集成涉及的内容非常广泛，其实现的关键在于解决系统之间的互连和互操作性问题。它是一个多厂商、多协议和面向各种应用的体系结构。

自动控制系统需要完成各种数据采集和监控任务。控制网络是工业企业综合自动化系统的基础，它要为用户提供设备配置、数据采集和控制功能，使得网络运行更加高效、灵活，从而提高自动化系统的整体性能。因此，在多标准、多厂商、多协议总线共存的情况下，解决好系统集成和应用集成的问题显得尤为重要。

现场总线控制系统（FCS）集成的目标是，利用现场总线技术为用户提供一体化的自动化方案，实现检测、采集、控制和执行以及信息的传输、交换、存储与利用的一体化，以满足用户的需求。

现场总线控制系统的集成广泛采用现场总线技术、局域网技术和互联网技术。通过不断地发展，逐步实现了各种物理设备的互联技术，即设备集成；实现了各种数据与信息的集成技术，即信息集成，从而满足企业综合自动化的要求。

1．设备集成

设备集成是通过把设备的功能映射到在上位机运行的各种操作软件或工程工具中实现。在现场总线控制系统中，系统中所有的智能仪表或设备的数据和功能无缝地为整个自动化系统所利用，使得最终用户接受在工业自动化和过程控制中存在多协议、多标准的现实。

设备集成可采用多种技术实现（如使用综合布线技术、通信技术、多媒体应用技术、安全防范技术、网络安全技术等）可实现多个系统共用一个通信平台，实现系统各组成部分之间信息的正常交换，实现整个自动化系统的控制任务。

设备集成可能会涉及各种不同的设备，例如可以是计算机、PLC 等高端设备，也可以是阀门、开关等低端设备。选择集成设备时要注意在统一标准的前提下，选择性价比高、适用性好的产品来构建网络平台或通信平台，使得系统具有共享软件、硬件和数据资源的功能，具有对共享数据资源集中处理、管理和维护的能力。

2．信息集成

信息集成是指不同系统之间的信息能够实现共享，以满足信息交换的需求，或综合多个系统提供的信息，以便做出决策。

信息集成是解决目前普遍存在的“信息孤岛”问题的重要方法，它屏蔽了各种异构资源间的差异，使系统中各子系统和用户对交换的信息采用统一的标准、规范和编码，实现全系统信息共享，进而可实现用户软件间的交互和有序工作。例如在计算机集成制造系统（CIMS）中，计算机辅助设计（CAD）、计算机辅助制造（CAM）、计算机辅助工程（CAE）等单项技术都是生产作业上的“自动化孤岛”，单纯地追求每一单项技术上的最优化，不一定能够达到企业的目标；可以将各自的数据按某种标准规定的格式进行转换，得到一种统一的公用格式，便于经过数据库管理系统（DBMS）存入数据库以及检索利用。数据共享通常是信息集成的主要目标，选择恰当的 DBMS，组织好原始数据的提炼、加工和不断更新，是实现这一目标的重要工作。

此外，集成系统的应用开发也是系统集成的一项重要任务。通过开发各种应用软件，保证其在信息应用系统中正常运行，不断完善和便于管理。目前为应用软件已能提供许多便利的、高效的开发工具和环境，恰当地选择或改善工具和环境，将可达到事半功倍的效果。

简言之，系统集成就是根据用户需求，择优选择各种技术和产品，将各类设备、各个分离的子系统连接成为一个完整、可靠、经济和有效的整体，使得各部分能彼此协调工作，发挥系统功能，达到整体优化和提高效益的目的。现场总线控制系统集成技术正在迅速发展，为现场总线控制系统的广泛应用和优化控制提供了有力的技术支持。

7.2　现场总线控制系统集成

7.2.1　现场总线控制系统集成框架

现场总线控制系统是以现场总线为通信介质的工业控制网络，是工业企业综合自动化的基础。根据计算机集成制造技术的观点，统一的集成现场总线控制系统结构可分为 3 个层次，如图 7-1 所示，由低到高依次是现场控制层、过程监控层和企业管理层。

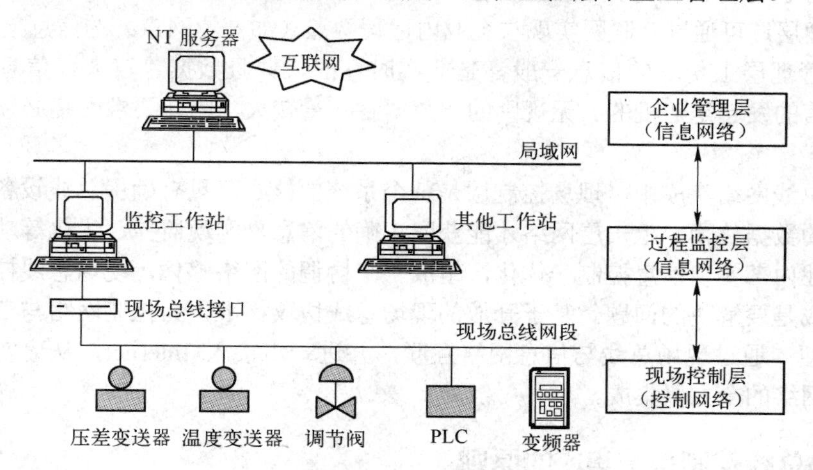

图 7-1　现场总线网络集成层次图

1．现场控制层

现场控制层是集成系统的底层设备，由现场控制设备作为网络节点构成整个系统的控制网段。主要实现对生产过程的检测和控制，包括传感变送、PID 调节等功能的集成。可以包括 FF 的 H1 网段、Profibus、HART、LonWorks 等网段，同种通信协议的网段间可采用网桥、中继器连接；不同通信协议的网段间可采用网关连接，也可直接在操作站的计算机内交换信息；带有 AI、AO、DI、DO 和 PID 功能块的现场设备负责完成生产过程的参数测量、数据传输与过程控制，即由现场总线网络完成现场控制层的自动化任务。

在现场控制层的应用集成中，标准功能块（Function Block，FB）与设备描述（Device Description，DD）是应用集成的基础。现场装置使用 FB 完成控制策略；DD 用来描述现场装置通信所需的所有信息，可以将不同供应商的设备添加到控制网络中，使现场装置实现真正的互操作性。

现场控制层对网络传输的数据吞吐量要求不高，但对通信响应的实时性和确定性要求较高。该层网络上传输的信息如果出现延时或丢失现象，就会降低控制系统的性能，甚至使控制系统不稳定。

2．过程监控层

过程监控层一般由担任监控任务的工作站、PC 或控制器作为网络节点构成局域网段，主要用于完成对控制系统的组态，执行对控制系统的监视、报警、维护，将采集到的现场信息置入实时数据库中，进行优化计算和先进控制。该层网络可通过扩展槽网络接口板与现场总线相连，协调网络节点之间的数据通信，也可通过专门的现场总线接口实现现场总线网段与以太网段的连接。

过程监控层上传输的信息具有周期性、实时性的特点，如果该层网络上传输的实时信息出现较大延时或丢失，就会导致多个设备不能协调工作。

3．企业管理层

企业管理层位于集成系统的最上层，由高性能计算机、工作站、PC 等网络节点构成，是实现企业信息集成和管、控一体的重要组成部分，主要用于企业的计划、销售、生产、库存以及企业经营等方面信息的传输，从而在分布式网络环境下构建一个安全的远程监控系统。企业管理层还可通过互联网实现与企业内远程网点（如商业网点）的信息集成。

在企业管理层上传输的信息一般都是非实时性的，并且数据包较大，信息传输频率较低；数据通信的发起是随机的、无规则的，数据吞吐量较大，因此要求网络必须具有较大的带宽。

在现场总线网络集成中，现场控制层是整个系统的核心，只有确保总线设备之间可靠、准确、完整的数据传输，上一层网络才能获取正确的信息，实现监控、优化等功能。总之，要使一个企业内部实现信息控制一体化，组成一个协调的网络整体，现场总线控制网络和信息网络的集成是要解决的问题。基于开放的现场总线协议标准，为控制网络与信息网络的连接提供了方便，通过现场总线与信息网络互联，并进一步接入 Internet，从而实现企业内、外信息控制网络的全方位集成。

7.2.2 现场总线控制系统集成的原则

系统集成的本质是通过不同设备之间或不同子系统之间的互联、互通，实现信息资源的共享，更好地完成对整个系统的管理和决策。系统集成需要遵循以下几个原则。

1．开放性、标准化原则

采用的标准、技术、结构、系统组件、用户接口等遵从开放性和标准化的要求，即选择符合国家或国际标准的产品或技术，使得集成的系统具有兼容性和可移植性。

2．实用性和先进性原则

实用有效是最主要的设计目标，设计结果应能满足需求，且切实有效；设计上确保设计思想先进、网络结构先进、网络硬件设备先进、开发工具先进，使系统具有可延续性和可扩展性。

3．可靠性和安全性原则

稳定、可靠、安全地运行是系统集成的基本出发点。集成后的系统应具有更高的容错性和抗干扰性，使系统能在相应条件下安全运行，实现系统功能和满足各项性能指标的要求。

4．灵活性和可扩展性原则

系统集成配置灵活，提供备用和可选方案；能够根据要求在性能和规模等方面进行扩展，以适应系统发展的需要。

5．经济性原则

在满足系统需求的前提下，应尽可能选用价格便宜的设备，以便节省系统投资。

总之，一个高性能的自动控制系统，应能够方便地对系统的资源进行统一管理和调控，快速响应用户需求，更好地为用户提供信息服务。

7.2.3 现场总线控制系统集成中的几个问题

在进行现场总线控制系统集成前，需要确定系统集成的总体目标和方案，经过调研、资料查阅、项目可行性论证、技术方案比较、技术途径分析等步骤；根据系统建设目标和设计内容，从整体到局部，自上而下进行规划和设计以及软件架构和硬件采购，最后进行方案优化和系统集成。系统集成牵涉面广、技术复杂，在进行现场总线控制系统集成时需要注意以下几个方面的问题。

1．现场总线的选用问题

在选用现场总线时，根据系统的控制要点制定相应的系统方案，选择合适的现场总线标准和产品。

1）现场设备是否分散。现场总线技术适合应用于现场位置分散、具有通信接口的设备。采用现场总线可以节省大量的电缆、I/O 模块及电缆敷设工程费用，使系统具有在线故障诊断、报警和记录等功能。对于采用集中 I/O 的单机控制系统，现场总线没有明显优势；但在有些单机控制系统中，当设备很难留出空间布置大量的 I/O 走线时，就可以考虑使用现场总线。

2）系统对底层设备是否有信息集成的要求。现场总线技术适合对数据集成有较高要求的系统。在底层使用现场总线技术可将大量的设备及生产数据集成到管理层，为实现全厂的信息系统管理提供重要的底层数据。

3）系统对底层设备是否有较高的远程诊断、故障报警及参数化要求。现场总线适合用于有远程操作及监控要求的控制系统。

4）总线标准及产品型号的选择。现场总线标准很多，每一种现场总线都有特定的应用领域。在选择时，应该根据实际应用情况来选取合适的总线标准及产品；当选择总线标准时，应尽量选择本行业占有份额较大、实际应用效果较好的标准；当选择产品时，应从实际工程应用特点出发，选择市场份额较大、产品应用基础好的公司产品，并考虑售后服务、产品升级等因素。

2．系统实时性问题

系统实时性就是现场设备通信数据的更新速度，是现场总线设备之间在最坏情况下完成一次数据交换、系统所能保证的最小时间。由于现场总线直接面向生产过程，因此对系统的实时性要求较高，这也是保证系统性能的主要因素。

现场总线直接连接工业现场底层的传感器、执行器和控制器等智能设备，如果系统实时性不高，就可能影响到产品加工精度或影响产品加工质量，甚至会导致设备的损坏。

对于控制系统而言，在监控层与信息管理层上的实时性与其他系统区别不大。但对于现场控制层，主要是通过网络的传输与分散控制实现对现场的生产过程控制，其实时性主要体现在通信网络的实时性上。影响系统实时性的因素有现场总线数据传输速率的快慢、系统数据传输量的大小、系统从站数目的多少、主站 CPU 处理数据的速度及主站应用程序的大小、计算复杂程度等因素。

3．系统结构的选择问题

选择现场总线类型以后，需要进一步考虑控制系统整体结构的分层、网络拓扑结构、主从站设备的选择、分布和连接等多方面因素。例如，系统是否需要分层？分几层？有无从站？有多少个从站？从站如何分布？功能是什么？哪些现场设备需要具有总线接口？哪些设备需要选用智能 I/O 控制？

4．与过程监控层、企业管理层的连接问题

要实现与车间自动化系统或全厂自动化系统的连接，需要考虑是否需要车间监控以及设备层数据怎样进入车间管理层数据库等问题。例如，如果需要车间级监控，则要为车间级监控留出接口。设备层数据要进入车间管理层数据库，首先会进入监控层的监控站，监控站的监控软件包具有在线监控数据库，该数据库的数据包括两部分：一部分是在线数据，如设备状态、运行参数、报警信息等；另一部分是历史数据，是对在线数据进行了一些统计分类以后存储的数据，可作为生产数据完成年、月、日报表及设备运行记录报表，这部分数据通常需要进入车间级管理数据库中。例如，WINCC、IFIX 等实时监控软件都具有数据库接口，企业管理层数据库又通过车间管理层得到设备层数据。

7.3 现场总线控制系统集成方法

现场总线控制系统（FCS）是在传统的仪表控制系统和集散控制系统（DCS）的基础上，利用现场总线技术逐步发展而成的。目前工业中仍然使用大量的模拟仪表和集散控制系统，而集散控制系统本身也在不断地发展与完善，现场智能仪表不可能完全取代模拟仪表，FCS 也不可能完全取代 DCS。因此，FCS 和 DCS 集成是自动控制系统发展的必由之路，既考虑了现实情况，又有利于 FCS 的发展和推广；同时，随着局域网和互联网的迅速发展，发展 FCS 和网络的集成技术也成为必然。目前现场总线处于多种总线并存的格局，也就是说，现场总线的标准是多元化的，发展多种现场总线之间的集成技术也是非常必要的。

可见，自动化技术发展的延续性和继承性、各种计算机主流技术在工业控制领域的渗透和应用以及各种现场总线技术的发展和竞争，使得现场总线控制系统集成技术的研究和发展面临着多系统集成、多技术集成和多总线集成的局面。其系统集成方法可分为以下 3 类。

1）FCS 和 DCS 的集成方法。

2）FCS 和网络的集成方法。

3）FCS 和其他现场总线的集成方法。

7.3.1 FCS 与 DCS 的集成方法

DCS 技术的发展比较成熟，已广泛应用于生产过程自动化。FCS 的发展需要借助于 DCS，这样既能丰富 DCS 的功能，又能推动现场总线及其控制系统的发展。FCS 和 DCS 的集成方式通常有 3 种，即现场总线与 DCS 输入/输出总线的集成、现场总线与 DCS 网络层的集成、FCS 与 DCS 的集成。

1. 现场总线与 DCS 输入/输出总线的集成

DCS 的控制站主要由控制单元和输入/输出单元组成，这两个单元之间通过 I/O 总线连接。其主要功能如下。

1）通过 I/O 总线与输入/输出单元通信，建立 I/O 数据库。

2）实现运算和控制功能，完成用户组态的控制策略。

3）与 DCS 网络通信。

在输入/输出单元的 I/O 总线上挂接了各类 I/O 模板，常用的有模拟量输入、模拟量输出、数字量输入及数字量输出等模板，通过这些模板与生产过程建立 I/O 信号联系。

现场总线与 DCS I/O 总线的集成如图 7-2 所示。将现场总线接口单元或现场总线接口板挂接在 DCS 的 I/O 总线上，现场总线的数据通过此接口映射为 DCS 的 I/O 总线可以接受的相应数据信息，使得在 DCS 控制器所看到的现场总线发来的信息就如同来自一个传统的 DCS 设备一样，这样便实现了现场总线与 DCS 输入/输出总线的集成，即现场总线与 DCS 控制站的集成。

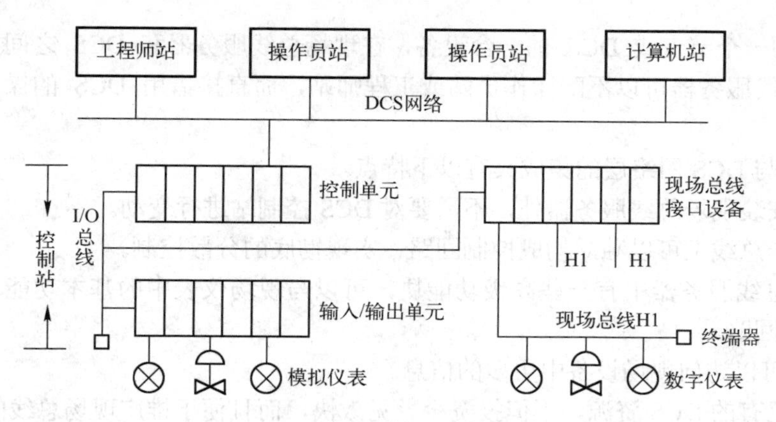

图 7-2　现场总线与 DCS I/O 总线的集成

现场总线与 DCS I/O 总线的集成具有以下特点。

1）只需安装现场总线接口设备，无需改变或升级 DCS。

2）可以充分利用 DCS 控制站的运算和控制功能块。初期开发的现场总线仪表中的功能块数量和种类有限，这样就可以利用比较完善的 DCS 功能块资源。

3）利用已有 DCS 的技术和资源，不仅投资少、见效快，而且便于推广现场总线的应用。

这种集成方案可用于 DCS 系统已经安装并稳定运行、而现场总线对原有系统的控制进行小容量扩充的场合以及现场总线技术的初期应用中。

2．现场总线与 DCS 网络层的集成

在 DCS 控制站的 I/O 总线上集成现场总线是一种最基本的初级集成技术。现场总线与 DCS 网络的集成如图 7-3 所示。图中所示的现场总线接口设备不是被挂在 DCS 的 I/O 总线上，而是被挂在 DCS 的网络上，即现场总线与 DCS 的集成还可以在 DCS 的网络层上实现。其中，现场总线服务器是一台完整的计算机，在其内安装了现场总线接口卡和 DCS 网络接口卡；现场设备通过现场总线与其接口卡通信；而现场设备中的输入、输出、控制和运算等功能块可以在现场总线上独立构成控制回路，不必借用 DCS 控制站的功能。

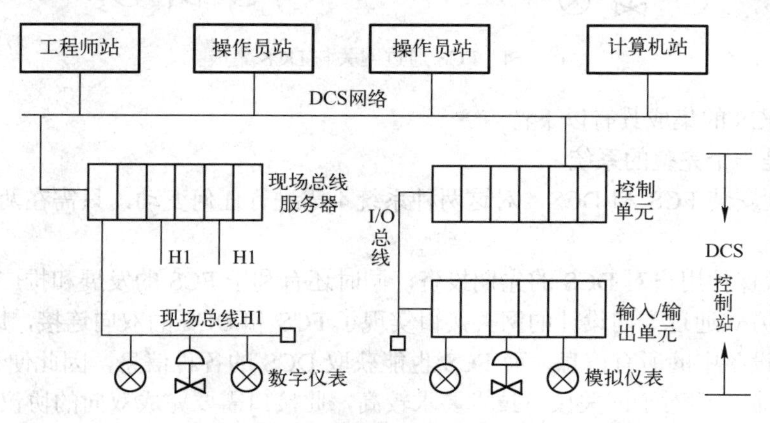

图 7-3　现场总线与 DCS 网络的集成

现场总线服务器通过其 DCS 网络接口卡与 DCS 网络通信。可以把现场总线服务器看做

DCS 网络上的一个节点或 DCS 的一台设备，在现场总线服务器和 DCS 之间可互相共享资源。对现场总线服务器可以不配操作员站或工程师站，而直接借用 DCS 的操作员站或工程师站。

现场总线与 DCS 网络层的集成具有以下特点。

1）除了安装现场总线服务器外，不需要对 DCS 控制站进行变动。

2）在现场总线上可以独立构成控制回路，实现彻底的分散控制。

3）现场总线服务器中有一些高级功能块，可以与现场仪表中的基本功能块统一组态，构成复杂控制回路。

4）DCS 可以访问现场设备中更多的信息。

5）利用已有的 DCS 资源，不但投资少、见效快，而且便于推广现场总线的应用。

3．FCS 与 DCS 的集成

在上述两种集成方式中，现场总线不是独立的，需要借用 DCS 的某些资源。随着现场总线技术的不断发展，FCS 已成为一种独立的、完整的控制系统，因此现场总线与 DCS 之间的集成变成两个独立系统之间的集成。FCS 和 DCS 系统的集成方式有两种，一种是将 FCS 和 DCS 分别挂接在 Intranet 上，通过 Intranet 间接交换信息；另一种是将 FCS 网络通过网关与 DCS 网络集成，在各自网络上直接交换信息。

图 7-4 为 FCS 通过网关与 DCS 集成，网关用来完成 FCS 与 DCS 网络之间的信息传递，同时整个集成系统还可以通过 Web 服务器实现 Intranet 与 Internet 的互联。

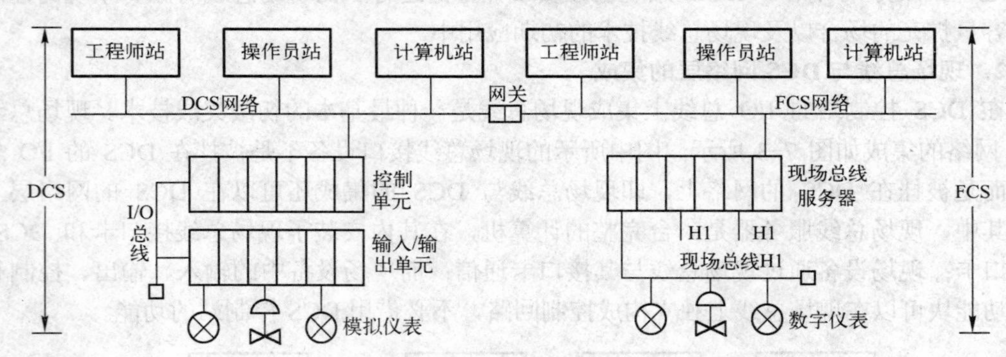

图 7-4　FCS 通过网关与 DCS 集成

FCS 与 DCS 的集成具有以下特点。

1）FCS 是一个完整的系统。

2）可分别安装 FCS 和 DCS，对这两种系统不需进行任何变动，只需在两种系统之间安装网关即可。

3）能有效保护用户对 DCS 的先期投资，同时还有利于 FCS 的发展和推广。

这种集成方式通过专门设计的网关接口实现了 FCS 和 DCS 的双向连接，即 DCS 操作员站能访问现场设备中的所有信息，而 FCS 也能获取 DCS 的各种信息，因此便于实现 FCS 和 DCS 的协调控制，但对于网关接口技术要求较高，此接口需要完成双向的协议转换，为 FCS 和 DCS 提供透明的数据访问。这种集成方式主要适用于规模较大的控制系统。

7.3.2 FCS与网络的集成方法

FCS 是一种分布式网络控制系统，它的基础是现场总线，且位于网络结构的最底层，因而被称为底层网（Intranet）。FCS 的上层是 Intranet，Intranet 下面可以挂接多个 FCS 或 DCS 的底层网或控制网络；Intranet 的上层网是 Internet，Internet 下面可以挂接多个 Intranet。FCS 和网络的集成可以通过 FCS 和 Intranet 的集成、FCS 和 Internet 的集成来实现。

1．FCS 与 Intranet 的集成

高度分散的工业现场传感器、变送器和执行器等智能设备通过现场总线网络连接到控制器或上位管理机上，构成局域网络控制系统。这种系统可以节省大量的传输导线，增强整个系统的扩展性，具有较长的传输距离和较强的抗干扰能力，可实现无上位机的全分布式无主工作，为工业控制和企业管理决策提供了一种全新的解决方案，大大促进了控制技术的发展和信息系统的集成。

FCS 与 Intranet 的集成可以通过以下几种方法来实现。

1）通过网桥、中继器等转换接口来实现。这种集成方式需要通过硬件来实现。在底层网段与中间监控层之间加入中继器、网桥、路由器等专门的硬件设备，使底层控制网络与上层信息网络集成。硬件设备可以是一台专门的计算机，依靠其中运行的软件完成数据包的识别、解释和转换。对于多网段的应用，它还可以在不同网段之间存储转发数据包，起到网桥的作用。

通过转换接口实现集成的方式功能较强，但实时性较差。信息网络一般采用 TCP/IP 的以太网，而 TCP/IP 没有考虑数据传输的实时性，当现场设备有大量信息上传或远程监控操作频繁时，转换接口将成为实时通信的瓶颈。

2）采用 DDE 技术。当 FCS 和 Intranet 之间具有中间系统或共享存储器工作站时，可以采用动态数据交换（Dynamic Data Exchange ，DDE）方式实现两者的集成，其实质是各应用程序通过共享内存来交换信息，中间系统中的信息处理既是现场总线控制网络的工作站，也是 Intranet 中的工作站。其中运行两个程序：一个程序是为 Intranet 数据库提供实时数据信息的通信程序；另一个程序是数据访问应用程序接口，它接收 DDE 服务器实时数据，并写入数据库服务器中，供信息网络实现信息处理、统计分析等功能。

DDE 方式使用灵活，具有较强的实时性，且比较容易实现，可以采用标准的 Windows 技术。但是 DDE 的速度是个问题，只适合配置简单的小系统。

3）采用 OPC 技术。用于过程控制的 OLE（OLE for Process Control，OPC）是用于过程控制的对象链接与嵌入技术。它是由世界上多个自动化公司、软硬件供应商与微软合作开发的一套数据交换接口的工业标准，能够为现场设备、自动控制应用、企业管理应用软件之间提供开放的、一致的接口规范，为来自不同供应商的软硬件提供“即插即用”的连接。OPC 采用客户/服务器（Client/Server）结构，服务器对下层设备提供标准的接口，使得现场设备的各种信息能够进入 OPC 服务器，从而实现向下互连；服务器对上层设备提供标准的接口，使得上层 Intranet 设备能够取得 OPC 服务器中的数据，从而实现向上互连。采用 OPC 技术的系统集成如图 7-5 所示。OPC 技术“即插即用”，使得设备很容易加入现有系统并立即使用，不需要复杂的配置，也不会影响现有系统。

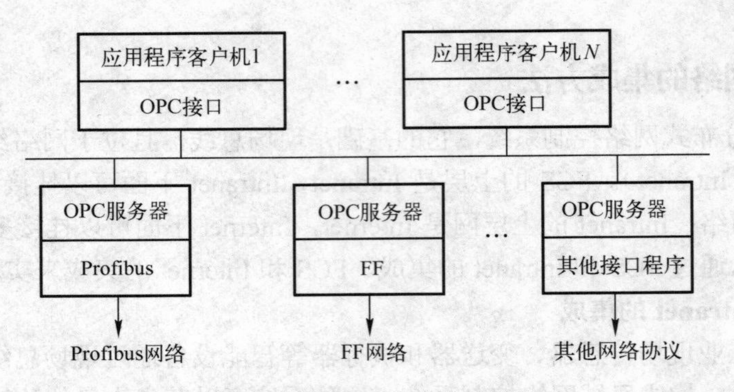

图 7-5 采用 OPC 技术的系统集成

4）使用 ODBC 技术。开放数据库互连技术（Open Database Connectivity，ODBC）是一种用来在相关或不相关的数据库管理系统（Database Management System，DBMS）中存取数据的标准应用程序编程接口（Application Programming Interface，API），是为用户提供简单、标准、透明、统一的数据库连接的公共编程接口。在各个厂家的支持下，它能为用户提供一致的应用开发界面，使应用程序独立于数据库产品，从而实现各种数据库之间的通信。

实时数据库与关系数据库是企业信息集成的重要支撑，是实现数据交换与资源共享的有效工具。ODBC 技术可作为连接数据库的统一界面标准，通过它能创建与各种数据库进行交互的程序，是系统集成的又一有效工具。

5）采用统一的协议标准。FCS 和 Intranet 网络采用统一的协议标准将成为现场总线控制网络和 Intranet 集成的最终解决方案。控制网络和信息网络采用了面向不同应用的协议标准，两者集成需要进行数据格式的转换，这样既不能确保数据完整，又使得系统复杂化。但如果信息网络能提高其实时性，控制网络能提高其传输速率，则两者的兼容性就会提高；如果从现场控制层到远程监控层都使用统一的协议标准，就可以确保信息准确、快速、完整的传输，并能简化系统设计。发展成熟后的工业以太网就是这种最终解决方案的产物。

目前，像 FF、Profibus、WorldFIP 等现场总线致力于使自己的通信协议尽量兼容 TCP/IP 协议，以便实现与以太网和 Intranet 的集成，最终实现统一的网络结构。

2．FCS 与 Internet 的集成

在现代社会中，网络已把家庭、企业、社会联接在一起，而 Internet 也把整个世界紧密地联系起来。如果把控制网络中的实时控制信息和数据网络中的管理决策信息结合起来，就会使网络功能得到更大的发挥。实现控制网络与信息网络的紧密集成是建立企业综合实时信息库的基础，可以保证系统数据的一致性、完整性和互操作性，能够为企业的优化控制、调度决策提供依据。

FCS 与 Internet 的集成有两种方式，一种方式是 FCS 通过 Intranet 间接和 Internet 集成；另一种方式是 FCS 直接和 Internet 集成。FCS 与 Intranet、 Internet 网络的集成可以构成远程监控系统，使用户通过信息网络中标准的图形界面实时掌握生产设备的运行状况，实现远程监控和诊断维护等功能，在完成内部管理的同时，还可以加强与外部信息的交流。

7.3.3 FCS与其他现场总线的集成方法

目前现场总线种类众多，仅 IEC 通过的现场总线标准 IEC61158 就包含 20 种类型。另外，还有其他国家标准现场总线。现场总线是 FCS 的基础，怎样将多种现场总线集成在一个系统中，共同配合完成工厂的测控任务，也是FCS开发者面临的一个重要问题。

不同现场总线系统之间的集成需要解决各种信息映射与协议转换、设备之间的互操作性以及各种现场总线设备的组态、监控与操作统一等关键技术。总的来说，不同现场总线系统之间的集成可以采用两种方式：一种方式是通过网关给各个现场总线之间提供转换接口；另一种方式是给各个现场总线提供标准的 OPC 接口。采用网关的集成方法开发工作量大，由于不同现场总线均有自己的协议，不可能开放任意两种总线之间的网关，因此不具有通用性；采用OPC接口的集成方法开发工作量小，具有通用性。

现场总线标准的统一工作虽然在短期内难以实现，还有很多问题亟待解决，但随着现场总线技术的不断发展和完善，不同制造商的总线模块产品会互相兼容、互相统一，到那时，现场总线无疑会进入到一个发展更加迅猛的全新阶段。

7.4 基于工业网络的自动生产线控制系统集成

1. 系统概述

有一自动生产线，线体由输送辊道、工装夹具、停止器和托盘等组成，在线体周边依加工工序和工艺要求布置，有立式加工中心、机器人、清洗装置、机械手以及视觉检测装置等设备。整个生产线不仅要求各个机构能够自动配合、加工出合格的产品，而且要求工件从托盘到机床上下料、定位夹紧、机加工以及工件在各工序间的输送、检测等都能自动地进行，为此整个生产线需要通过液压系统、电气控制系统和 PLC 控制系统将各个部分的动作和逻辑关联起来，使其按照设计的程序和预定的节拍自动地工作。

自动生产线控制系统结构如图 7-6 所示。它采用“集中管理、分散控制”的控制模式，在PLC控制器的作用下，产品的各个工序能有条不紊的、周期性的协调工作。

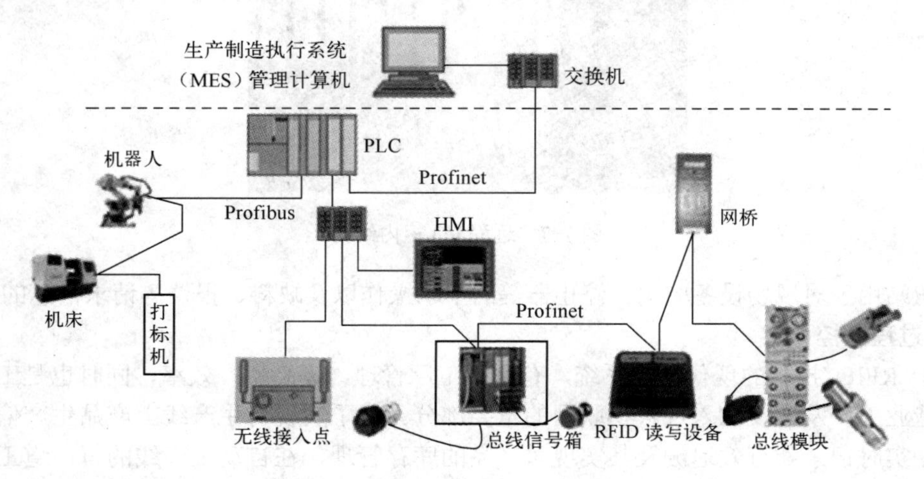

图 7-6 自动生产线控制系统结构

2．网络架构

如图 7-6 所示，控制系统采用 Profinet 与 Profibus 混合的网络结构。

Profinet 与底层的现场 I/O 设备进行通信，I/O 设备包括 IM151-3PN 现场模块、ET200eco PN 输入输出模块、RF180C 通信模块等具有以太网功能的模块。为了与车间其他单元数据共享，控制系统还配备了工业级 PN/PN 耦合器，通过该网桥，可以实现自动生产线与车间其他单元（例如柔性生产单元、立体仓库单元控制器）之间的信息交互。

生产线中机床作为专机设备配有 ProfibusDP 模块，机床控制系统、机器人控制系统、打标机控制系统作为 PLC 的 ProfibusDP 从站接入自动生产线网络。通过总线网络进行机床、机器人、打标机与 PLC 控制器的双向数字通信，不仅实现了控制中心对机床、机器人和打标机的交互连锁控制，而且实现了实时采集机床、机器人、打标机的状态信息（例如机器人手爪的状态、机床的主轴速度、运行状态、当前刀具号等）。

3．控制系统的实现

自动生产线生产单元的相关控制区域安装有电源柜、主控柜、HMI 操作柜、远程设备 I/O 柜和按钮站等控制系统所需设备。

1）电源柜主要是向现场设备输送 AC 380V 动力电源，并通过柜内变压器给主控柜的柜内设备提供热电源和控制电源。

2）主控柜内置 PLC 系统，是整个控制系统的核心，负责处理来自现场的所有信息，并控制工作区内设备的运行，主要由 PLC 回路、控制回路、网络接口等部分组成。

3）HMI 操作站是操作人员操作输送系统的控制设备，分别安装在毛坯超市和成品超市内，可以显示物料加工工艺步骤、设备运行状态、加工工件的图样、下线产品信息及报警等信息；可以对产品信息再编辑，也可以控制电动机、停止器等设备的起停。

4）远程 I/O 柜内布置有远程通信模块，用于连接现场按钮盒、指示灯、传感器等器件，通过通信专用电缆与 PLC 系统连接，完成现场信息采集和与控制层的数据信息交互。远程 I/O 柜内结构如图 7-7 所示。

图 7-7　远程 I/O 柜内结构

按钮站用于对现场设备驱动、停止器等的手动操作以及缺料、报警等请求信息的呼叫。

4．过程监控

基于 RFID 技术的现代物流系统，有利于工厂管理，提高生产效率，同时也是工厂向现代化制造业工厂发展、融入现代物联网的重要部分。为了实现对生产线上产品生产信息的全程跟踪、实时记录和有效追溯及其实现对产品的库存管理，在自动生产线的每一道工序对应的物料输送线上布置有 RFID 读写器，将电子标签安装在承载物料的托盘上，从而构建控制管理系统与现场生产信息的链接。通过通信模块，将加工信息写入电子标签，并将电子标签信息传送到 MES 系统，MES 系统对其数据进行分析转发和确认，实现对产品信息的识别、跟踪、查询和追溯。

RFID 信息处理包括两部分：第一部分是通过 MES 系统将生产信息下发到终端系统，由系统控制器 PLC 在物料的物流过程中进行现场管理和读写信息；第二部分是信息在物料的流转过程中通过上位机信息管理系统进行管理。

此外，在生产线末端还设有二维条码机打码工位，通过 RFID 读写器读写电子标签内的物料信息，并将信息发送到打标服务器，启动打标机工作程序，完成对产品的打标工作，使得系统能对加工好的成品进行信息追溯和管理；在毛坯超市入口处，工作人员需要通过一维条码枪扫描工卡、工件，只有当身份、物料相符且满足操作要求时，MES 系统才会给控制系统下发设备使能信号，实现对工件的加工防错功能。

5．小结

该自动生产线采用 Profinet 和 Profibus 的混合网络。其中 Profinet 网络利用网络交换机构成星形拓扑结构，组网方式非常灵活，可以在配电柜及被控设备附近布置远程 I/O 站，设备之间采用专用电缆连接，这种网络结构节省电缆，维护方便，且能与 MES 系统实现无缝对接。

7.5 LonWorks 技术在远程自动抄表系统中的应用

1．应用背景介绍

随着科技的发展，特别是智能小区、高层住宅小区的出现，传统的抄表方式已不能满足要求，远程自动抄表及能源管理已成为国内新建社区的基本要求。远程自动抄表系统是一种采用传感、通信、计算机网络技术完成抄读，集处理、通信、管理于一体，对城市居民户用耗能信息加以综合处理的系统。

实现远程自动抄表系统的方案有多种模式，主要有总线式抄表系统、基于有线电视（CATV）网络的抄表系统和电力载波式抄表系统等。它们的抄表原理是：采用脉冲式水表、电表、燃气表等输出信号，然后供给数据采集器进行收集、存储和处理，由小区的管理计算机接收来自数据处理器的资料数据，将其存入收费数据库中；还可以与自来水公司、电力公司、煤气公司、银行等部门联合完成用户三表信息的数据交换和费用收取。

自动抄表系统中最关键的研究在于通信方式的选择，它占据了投资相当大的部分。由于 LonWorks 支持电力线通信介质，利用小区已有电力线作为通信信道，可避免重新布线，大大节省系统投资、减少维护工作量，为电力自动抄表系统提供极大的方便。因此，可以选择 LonWorks 现场总线技术作为自动抄表系统底层网络，采用电力线载波通信方式，并利用宽带网或电话网，构成集数据采集、累计、处理、收费和管理为一体的自动抄表系统。

2．LonWorks 的技术特点

LonWorks 是局部操作网络 Local Operating NetWorks 的缩写，由美国 Echelon 公司于 1992 年推出，并由 Motorola、Toshiba 等公司共同倡导，主要应用在楼宇自动化、家庭自动化、安保系统、办公设备、交通运输和工业过程控制等行业。

LonWorks 采用 ISO/OSI 模型的全部 7 层通信协议及面向对象的设计方法。通过网络变量把网络通信设计简化为参数设置，其最高通信速率为 1.25Mbit/s，传输距离不超过 130m；最远通信距离为 2 700m，传输速率为 78Kbit/s，节点总数可达 32 000 个。

LonWorks 现场总线主要有以下技术特点。

1）拥有 3 个处理单元的神经元芯片。LonWorks 的技术核心是神经元芯片，该芯片内部装有 3 个微处理器，分别用于数据链路层的控制、网络层的控制及用户的应用程序；芯片上还包含 11 个 I/O 口，这样在一个神经元芯片上就能同时完成网络通信和控制的功能。

神经元芯片不仅具备了通信与控制功能，而且固化了 OSI 参考模型的 7 层通信协议以及 34 种常见的 I/O 控制对象。

2）支持多种通信介质。通过提供相互兼容的不同介质收发器，LonWorks 可以采用多种通信介质并实现它们的互联。网络的传输介质可以是双绞线、同轴电缆、光纤、射频、红外线和电力线等多种通信介质，特别是电力线的使用，可将通信数据调制成载波信号或扩频信号，然后通过耦合器耦合到 220V 或其他交直流电力线上，甚至耦合到没有电力的双绞线上。电力线收发器提供了一种简单、有效的方法，将神经元节点加入到电力线中，这样就可以利用已有的电力线进行数据通信，大大减少了通信中遇到的繁琐布线问题。这也是 LonWorks 技术在楼宇自动化中得到广泛应用的重要原因。

3）预测性 P 的 CSMA。CSMA/CD 是一种竞争型的介质访问控制协议，这种方法原理比较简单，技术上容易实现，但如果两个以上的站同时监听到介质空闲并发送帧，则会产生冲突现象，而且在线路中常态干扰与差错往往和碰撞难以区别，因此对现场总线控制系统实时性要求较高的场合，并不十分适合。

LonWorks 采用改进型的带预测 P 的 CSMA 访问方式，当一个节点需要发送信息时，先用预测 P 来测一下网络是否空闲，如果有空闲则发送信息，没有空闲则暂时不发送信息，从而通过对网络负载的事先预测来减少网络碰撞率，提高重载时的效率；同时它还采用了紧急优先机制，以提高实时性与可靠性。

4）编程语言 Neuron C。这是一种基于 ANSI C 的专为神经元芯片设计的编程语言，它对 ANSI C 进行了扩展，可直接支持神经元芯片，已成为 LonWorks 应用的强有力的工具，增强了对 I/O 的支持、时间处理、报文传递等功能；它为分布式 LonWorks 环境提供了一套内部函数，并提供内部类型检测，支持显式报文传递，能够直接访问 LonTalk 协议服务。

3．电力线载波自动抄表系统的结构

自动抄表系统以 LonWorks 现场总线技术为基础，主要由载波信息电表、多路采集终端、载波集中器、传输系统和管理计算机等设备组成。

（1）载波信息电表和多路采集器

载波信息电表位于用户端，直接采集用户电量数据，通过电力载波通信方式向上传输给数据集中器；载波表集计量、显示、通信功能于一体，其外围元器件少，结构简单，可靠性高，适合用户比较分散的自动抄表场合。

多路采集终端是针对小区中广泛采用的表箱集中安装方式设计的，用一个采集终端采集表箱内的多块电表，完成多路脉冲采集、载波信道收发和继电控制等工作，可以实现多块电表对载波通信接口和脉冲采集的复用，减少电表系统改造成本且现场安装方便。

（2）载波集中器

载波集中器是载波通信的核心设备，安装在配电变压器的低压侧，是整个控制系统的中心层。它向上通过宽带网或电话线等与抄表管理中心进行远程通信，接收管理中心下达的指令，自动完成电表数据抄录；向下通过低压电力线载波通信方式与电表终端或采集终端进行通信，定时或不定时抄录和采集终端数据，并根据设置保存数据。此外，还可以根据抄表管理中心下达的指令向载波表或采集终端发送供电、断电的分合指令，完成对用户的远程供电、断电的控制操作。

自动抄表系统结构如图 7-8 所示。根据需要可选择电话网、宽带网或 GSM/GPRS 等通信方式，实现集中器与远程抄表管理系统之间的通信，也可以在计算机内插入 LonWorks 网卡 PCLTA 将计算机与 LonWorks 网络相连。主站系统以数据库为核心，负责不同地区集中器各种数据资料的集中管理，实现电量及需求量使用分析、参数设置、计费及用户管理等功能。另外，主站还可以为数据服务器提供基础数据，进行输配电管理、电网容量测定等方面的统计分析工作。

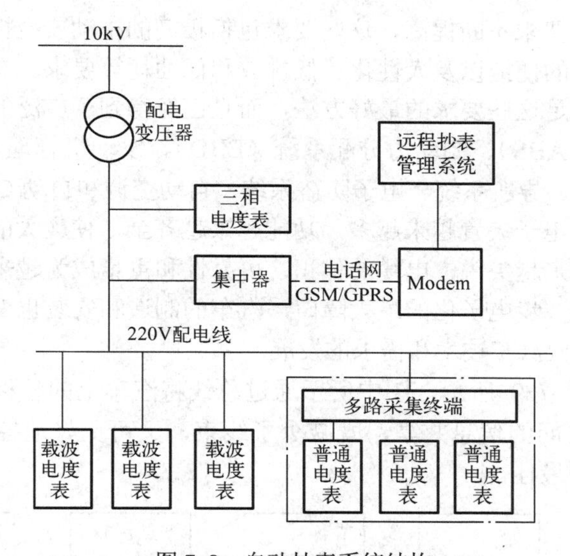

图 7-8　自动抄表系统结构

4．自动抄表系统功能

对于上位机中数据库软件，可通过宽带网络等连接到不同分区的集中器来进行数据管理，具有远程操作及数据处理分析等多项功能。主要功能如下。

1）开户、换表、过户和查询等业务综合管理。

2）实时抄表、定时抄表、冻结抄表等。

3）数据储存以及掉电数据的自动保存。

4）人工补登及纠错等特殊功能。

5）远程控制功能。对于用户恶意拖欠费用，拒不交款，管理人员可下达断电、停气等命令，通过执行机构启动该用户的断电、停气装置；在用户交款后，再恢复供电、供气。

5．智能小区局域网络的构成

在自动抄表系统中，上位机可以通过路由器、调制解调器实现与互联网的互联。通过互联网实现远程管理和监控，包括智能设备的远程监测、控制和诊断。例如选用 Echelon 公司的 i.LON 1000 产品，该产品具有路由器和 Web 网络服务器两种功能，可以很方便地将 LonWorks 网络与互联网无缝联接，使用户能够通过互联网方便地访问 LonWorks 控制网络上的设备以及远程浏览现场各种数据。

利用 LonWorks 控制网络可以完成现场数据采集与控制任务，并通过与互联网网络集成，可以很好地实现系统数据在网络上的远程传输，真正实现小区智能化管理。LonWorks 是支持全分布的网络控制技术，其开放性和可互操作性保证了住宅小区数字化应用系统的标准化、可持续发展和建设。

7.6 基于 CAN 总线在汽车网络中的应用

1．应用背景介绍

现代社会对汽车的要求不断提高，这些要求包括极高的主动安全性、被动安全性、乘坐的舒适性、驾驶与使用的便捷以及人性化、低排放和低油耗等要求。在汽车设计中运用微处理器及其电控技术是满足这些要求的最好方法，而且已经得到了广泛的运用。目前这些系统有：防抱死制动系统（ABS）、制动力分配系统（EBD）、发动机管理系统（EMS）、多功能数字化仪表、主动悬架、导航系统、电子防盗系统、自动空调和自动 CD 机等。

由于汽车上安装的电子装置越来越多，功能越来越齐全，使庞大的线束与汽车中有限的可用空间之间的矛盾越来越尖锐，电缆的体积、可靠性和重量成为越来越突出的问题，而且也成为汽车轻量化和进一步电子化的最大障碍，汽车的制造和安装也变得非常困难，因此传统点到点间的布线不适应汽车技术和需求的发展。

汽车总线结构如图 7-9 所示。图中所示通过总线将汽车上的各种电子装置与设备连成一个网络，实现相互之间的信息共享，既减少了线束，又可更好地控制和协调汽车的各个系统，使汽车性能达到最佳。

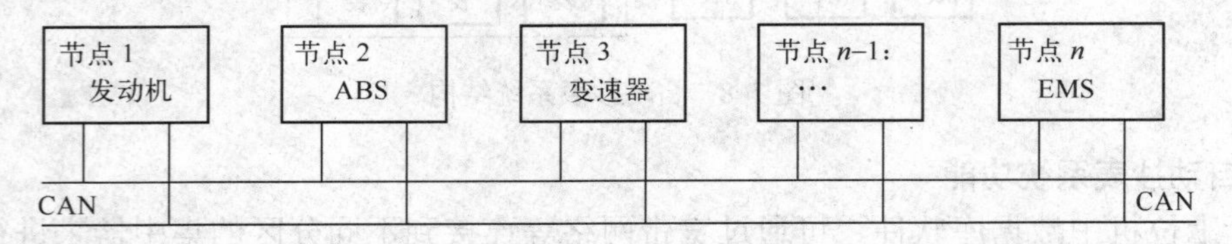

图 7-9　汽车总线结构图

2．CAN 总线的技术特点

CAN 最初是由德国的 BOSCH 公司为汽车监测、控制系统而设计的，是一种串行数据通信协议，其通信接口中集成了 CAN 协议的物理层和数据链路层功能，可完成对通信数据的成帧处理，包括位填充、数据块编码、循环冗余检验、优先级判别等项工作。

1993 年 CAN 成为国际标准 ISO11898（高速应用）和 ISO11519（低速应用）。

CAN 的规范从 CAN 1.2 规范（标准格式）发展为兼容 CAN 1.2 规范的 CAN2.0 规范（CAN2.0A 为标准格式，CAN2.0B 为扩展格式），目前应用的 CAN 器件大多符合 CAN2.0

规范。

CAN 总线特点如下。

1）为多主方式工作，网络上任意一个节点均可以在任意时刻主动地向网络上的其他节点发送信息，而不分主从。

2）网络上的节点（信息）可分成不同的优先级，以满足不同的实时要求，优先级高的数据最多可在 134μs 内得到传输。

3）采用非破坏性总线仲裁技术，当两个节点同时向网络上传送信息时，优先级低的节点主动退出数据发送，而优先级高的节点可不受影响地继续传输数据。

4）CAN 节点只需要通过对报文的标识符滤波，即可实现点对点、一点对多点及全局广播几种方式传送/接收数据。

5）CAN 节点直接通信距离最远可达 10km（速率 5kbit/s 以下），通信速率最高可达 1Mbit/s（最长通信距离 40m），节点数实际可达 110 个。

6）采用短帧结构，传输时间短，受干扰概率低，且每帧信息都有循环冗余校验码（CRC）校验及其他检错措施，保证了数据出错率极低。

7）通信介质可采用双绞线、同轴电缆或光纤，选择灵活且无特殊要求。

8）节点在错误严重的情况下，具有自动关闭输出的功能，以使总线上的其他操作不受影响。

9）CAN 总线具有较高的性能价格比。它结构简单，器件容易购置，且开发技术容易掌握，能充分利用现有的单片机开发工具。

CAN 总线具有卓越的特性、极高的可靠性和独特的设计，因此在汽车、航空、控制安全保护、嵌入式网络和保安系统等领域得到了广泛应用。

3．控制系统的构成及功能实现

汽车控制系统结构如图 7-10 所示。一般将汽车控制系统分为动力系统和车身控制系统两类。图中 ECU 为电子控制单元。

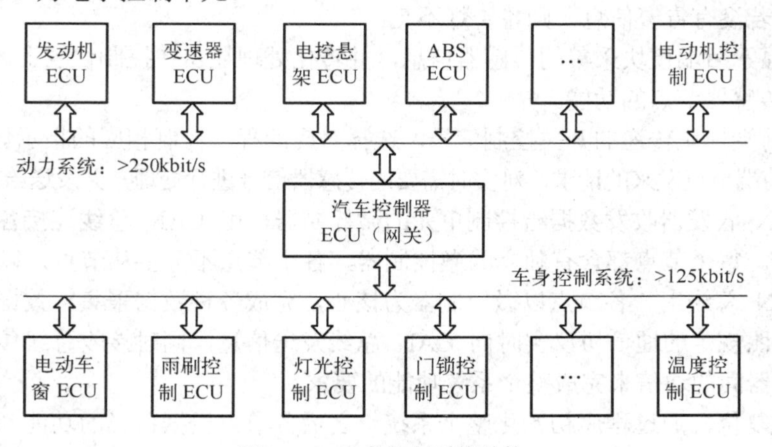

图 7-10 汽车控制系统结构

动力系统采用高速 CAN，速率可达 500kbit/s，主要面向实时性要求较高的控制单元，如发动机、电动机等。

车身控制系统采用低速 CAN，速率不低于 100kbit/s，主要是为汽车增加辅助功能，提高驾驶的方便性、乘坐的舒适性及安全性，控制对象比较多而且分布于整个车体，例如灯光控制、门窗控制和座椅控制等，其特征是信号多但实时性要求低，因此实现成本要求低。

系统应用的电子控制单元（Electronic Controil Unit，ECU）节点安装位置分散，采用总线控制可以实现整个控制系统的分散控制和集中管理；每一个节点包括一个控制器、一个收发器、两条数据传输线及其传输终端电阻。

CAN 总线采用双绞线自身校验的结构，既可以防止电磁干扰对传输信息的影响，又可以防止本身对外界的干扰。系统中采用高低电平两根数据线，控制器输出的信号同时向两根通信线发送，高低电平互为镜像，并且每一个控制器都增加了终端电阻，以减少数据传送时的过调效应。

以汽车车灯系统为例，该系统结构包括汽车组合式仪表节点、智能传感器节点，通过前后端两个节点的相互通信来实现整个系统功能。汽车车灯系统功能结构框图如图 7-11 所示。

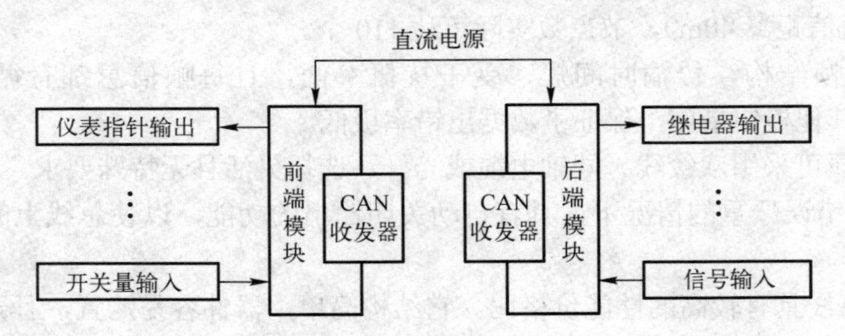

图 7-11　汽车车灯系统功能结构框图

1）汽车组合式仪表节点的功能。

① 采集前端模块外部开关按键控制信息，通过 CAN 总线将数据传给后端模块，控制后端车灯的亮灭。

② 检测整个系统信号，控制警告灯输出。当接收到后端模块的 CAN 数据告警信息时，警告灯打开，若没有告警信息，则警告灯不亮。

③ 实时显示后端模块采集的传感器信息，并转化处理显示在控制仪表上。

2）智能传感器节点的功能。

① 依据前端模块传递的开关控制信号，选择对应的程序控制相应的指示灯亮。

② 处理前端节点发来的请求，对实时需要的传感器信号进行处理，并发送给前端模块。

通过 CAN 收发器收发数据给控制单元的微控制器，用 CAN 总线连接各个网络节点，形成局域网络。每个节点都含有独立的微控制器，各个节点不分主从节点，以相同的方式直接挂接在 CAN 总线上。各节点以微控制器为核心，完成各种数据采集、数据传递以及控制目的；系统按照规定的通信协议实时向 CAN 总线发送信息，同时接收总线传递来的信息，即通过微控制器间的通信来完成整个系统功能的要求。

系统上电复位，通过程序初始化整个系统，之后各节点根据自己的功能开始工作，实时地采集各节点的相关数据，例如开关信号、传感器信号等。同时在总线上传递数据来控制各个功能模块。

4．应用前景

在诸多汽车采用的网络系统的协议中，CAN 总线以其优异的性能、极高的可靠性以及较高的性价比得到业内的广泛应用。该总线规范已被ISO制定为国际标准ISO11898，成为国际上运用最广泛和最有前途的现场总线之一。在欧洲，奔驰、宝马、大众以及沃尔沃等公司都将CAN总线作为电子系统控制网络的手段，美国制造商也把CAN作为主流的汽车网络系统。

我国对CAN总线的研究起步较晚，但随着国内政策对电动汽车的重视，给汽车总线以及汽车电子的发展带来了契机，中科院合肥智能研究所开发了一辆基于CAN网络的电动叉车，清华大学、中国一汽集团等单位也在相继开发基于CAN总线的电动汽车，同时随着我国工业的不断发展，CAN总线已逐渐深入到汽车、交通、楼宇自动化以及工业控制等多个领域。

7.7 基于OPC技术的数据访问系统

1．KEPWare OPC技术

随着OPC技术的不断发展和使用，各厂家纷纷针对各自的硬件推出专用的OPC服务器、OPC数据访问中间件或者开发工具，极大加速了OPC技术在工业控制领域的推广。

KEPServerEX是市面上应用非常广泛 的OPC服务器之一。它采用了业界领先的驱动程序插件式结构，在服务器中嵌入了100多种通信协议，不仅支持工业市场上广泛采用的数百种设备型号，而且能通过下载新的驱动程序插件进行扩展，真正实现了传统OPC服务器所不具备的通用性。

KEPServerEx服务器显著的特点是，通过单一的服务器接口使OPC多协议技术得到了极大的丰富。多协议技术是指KEPServerEx服务器在安装过程中可以添加多种通信协议（即驱动程序），而上位机客户端只需与服务器暴露的接口建立通信连接，即可获得服务器内所有数据，实现一种服务器同时组态多种不同硬件设备的功能。

KEPServerEX支持串行、以太网连接等一系列应用最广泛的工业控制系统，包括A-B、GE、Honeywell、Mitsubishi、Siemens、Omron和Toshiba等厂商的各类产品。

2．KEPServerEx服务器结构

KEPServerEX服务器结构如图7-12所示。它由对象、接口和驱动插件组成，其中对象又分为服务器对象、组对象和项对象，同时具有简单的客户端功能，能直接对硬件设备进行数据操作，而不依赖客户端和硬件设备运行。应用程序遵循OPC技术规范对服务器进行各项操作，如通过读写函数的调用对实际设备中的数据标签进行读写。标签项代表该标签到现场数据源的逻辑连接，在标签创建时定义。

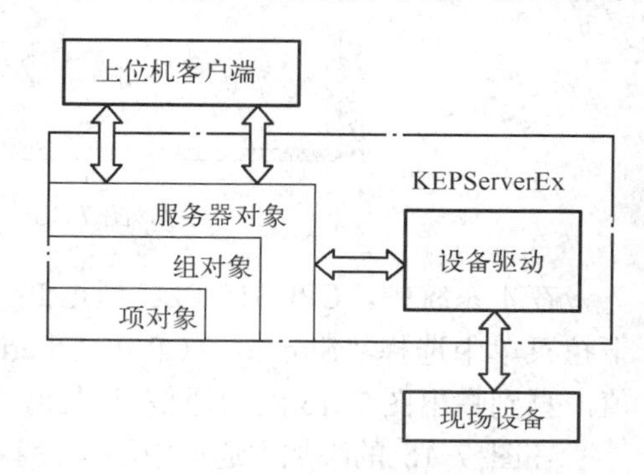

图7-12　KEPServerEX服务器结构

KEPServerEX服务器对象内提供管理多个组对象的方法，通过接口调用对其进行各种操作。服务器对象由多个组对象组成，每个组对象对应一个通道，每个通道都有自己的驱动，通道之间互不影响；设备驱动定义了从现场设备获取数据的操作方法，由于不同厂家设备的通信协议和数据采集格式不同，所以驱动也不尽相同。组对象包含多个项对象，项对象定义了标签到现场数据源的逻辑连接，标签内容包括变量的类型、变量值、时间戳和通信状态等内容。

使用 KEPServerEX 服务器作为整个网络系统的数据服务器，实现对多个子系统生产数据的统一采集，同时通过客户端访问服务器中任意子系统的现场数据。

3．PLC 与 OPC 服务器的连接

（1）控制要求及系统配置方案

系统控制要求如下：S7-300 PLC 控制的电动机起动 5s 后，FX_{2N} PLC 控制的电动机起动，要求 S7 300PLC 定时时间到后发给 FX_{2N} PLC 电动机起动信号。

分析：考虑两台 PLC 是不同种类的 PLC，且通信口协议不同，因此采用 OPC 服务器实现异构网络 PLC 之间的通信。

系统配置如下：装有 KEPware OPC Server V4.5 的计算机一台；CPU315 2PN/DP PLC 一台；FX_{2N}-48MR PLC 一台；网线一根、USB-SC09 编程电缆一根。

（2）建立 S7-300 PLC 与服务器的通信

打开 KEPServerEX 软件，新建工程“test”，按照操作提示进行操作。例如在图 7-13 中，用鼠标右键单击，弹出“New Channel”对话框，按照提示操作，进入图 7-14 的“设备驱动”对话框。

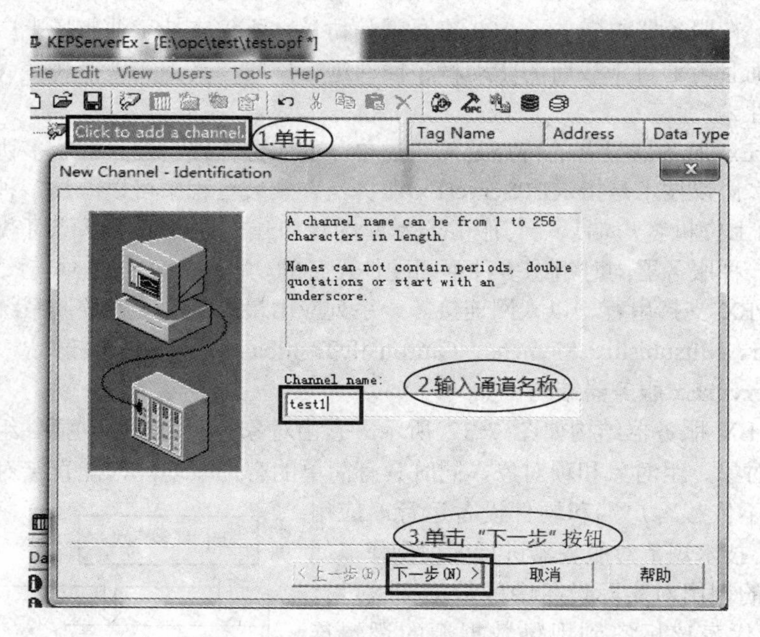

图 7-13 “New Channel”对话框

在本系统中，CPU315 PLC 通过 PN 接口与计算机的 RJ45 口之间通过网线连接，因此在下拉菜单中选择“Simens TCP/IP Ethernet”，单击“下一步”按钮，进入新界面，选择默认值，直到弹出图 7-15 的通道信息界面，单击“完成”按钮，通道建立完毕。

在图 7-16 的添加本通道中的“设备信息”对话框中，单击“下一步”按钮，弹出图 7-17 的“设备类型”对话框，选择设备类型，单击“下一步”按钮，弹出图 7-18 填写设备 IP 地址的对话框，填写所选设备 IP 地址，单击“下一步”按钮，进入新界面，选择默认值，直到弹出图 7-19 的“设备信息”对话框，单击“完成”按钮，设备信息添加完毕。

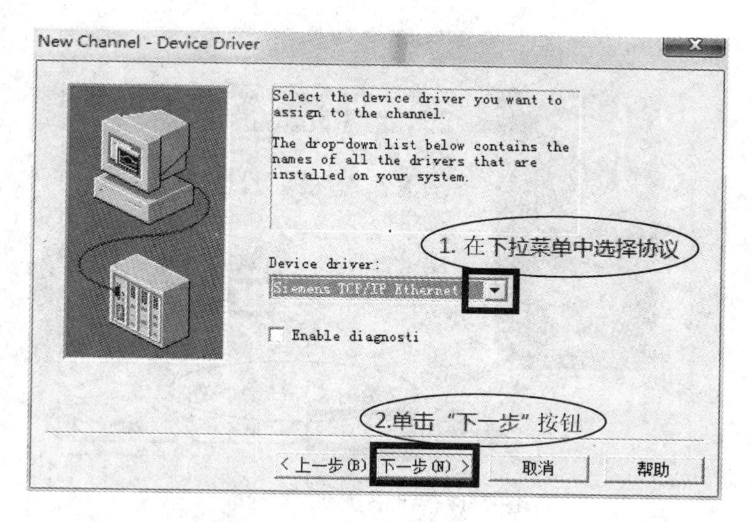

图 7-14 “设备驱动”对话框

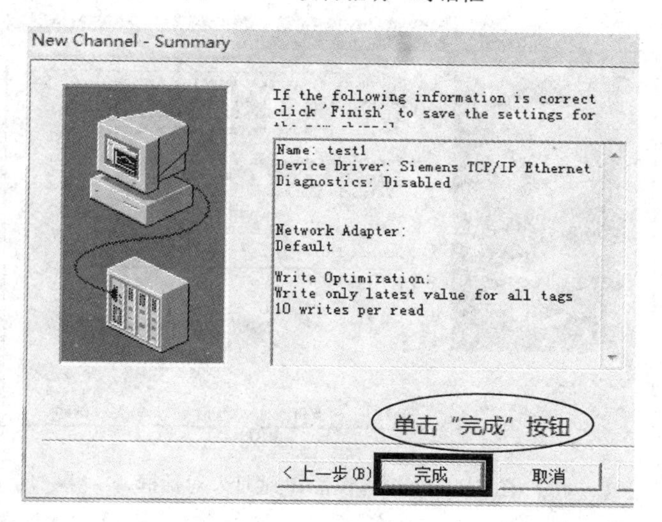

图 7-15 通道信息界面

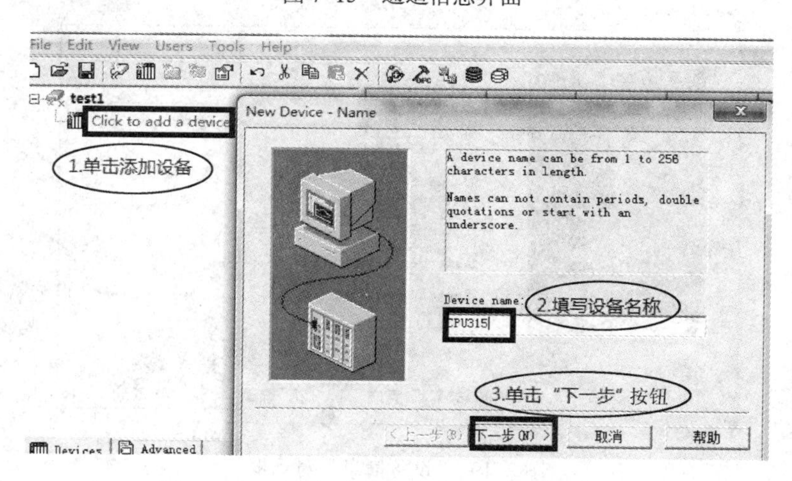

图 7-16 添加本通道中的“设备信息”对话框

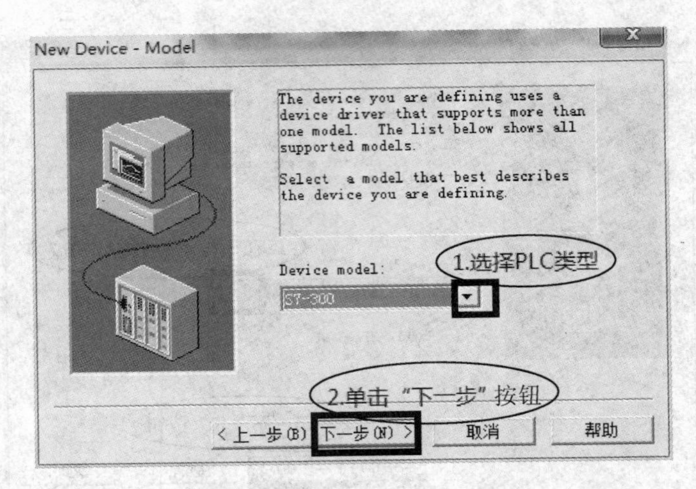

图 7-17 “设备类型”对话框

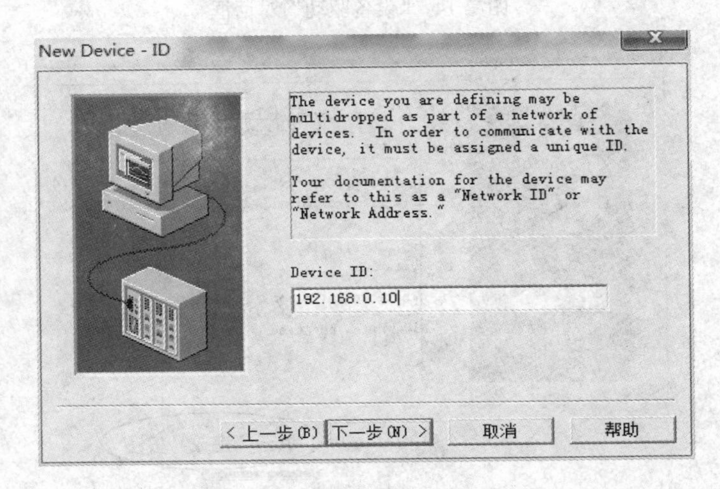

图 7-18 “填写设备 IP 地址”对话框

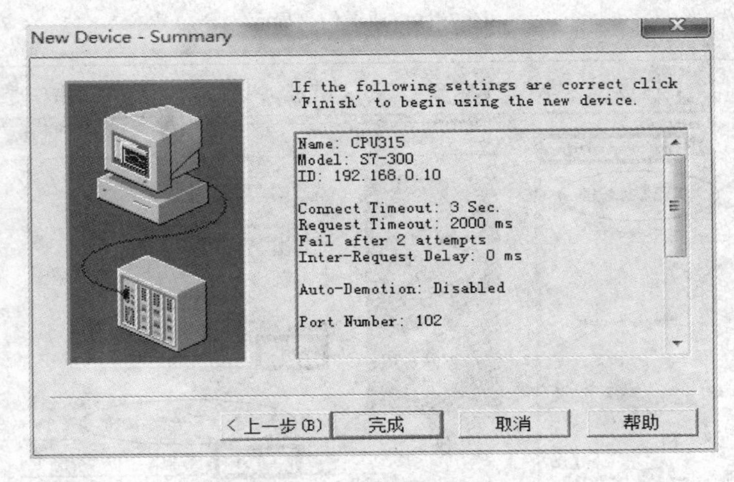

图 7-19 “设备信息”对话框

（3）设置通信变量

设备信息的设置完成后，显示图 7-20 的界面，按照提示，在图右边添加系统需要的变量信息，如图 7-21 所示，单击“New Tag”选项，弹出图 7-22 的“建立设备变量”对话框，填写变量属性。

图 7-20　在 OPC 客户端添加变量

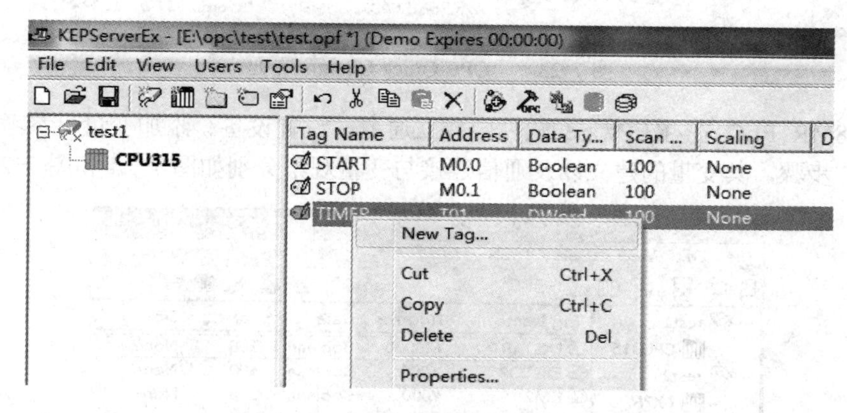

图 7-21　添加系统所需要的变量信息

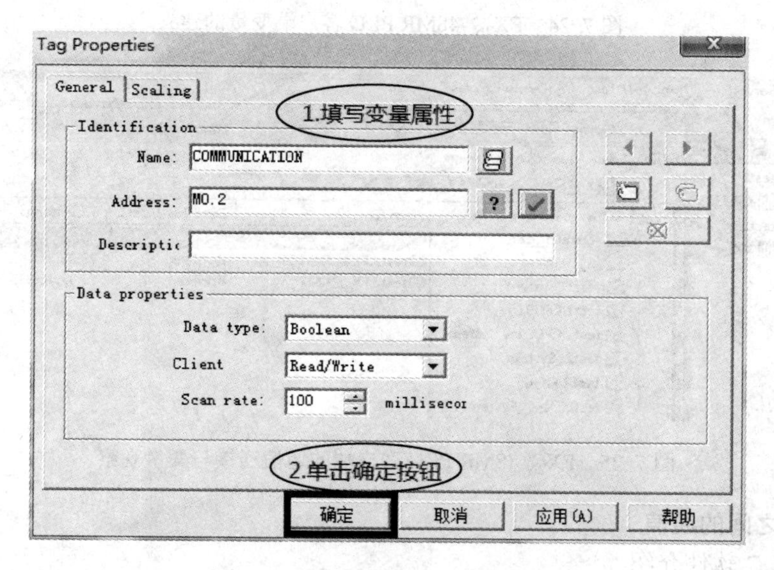

图 7-22　“建立设备变量”对话框

（4）系统联调

单击快捷键 Quick Client，弹出“OPC Quick Client”界面，如图 7-23 所示，从图中可

见，OPC 服务器与建立的 test1 客户端通信状态良好，系统运行正常。

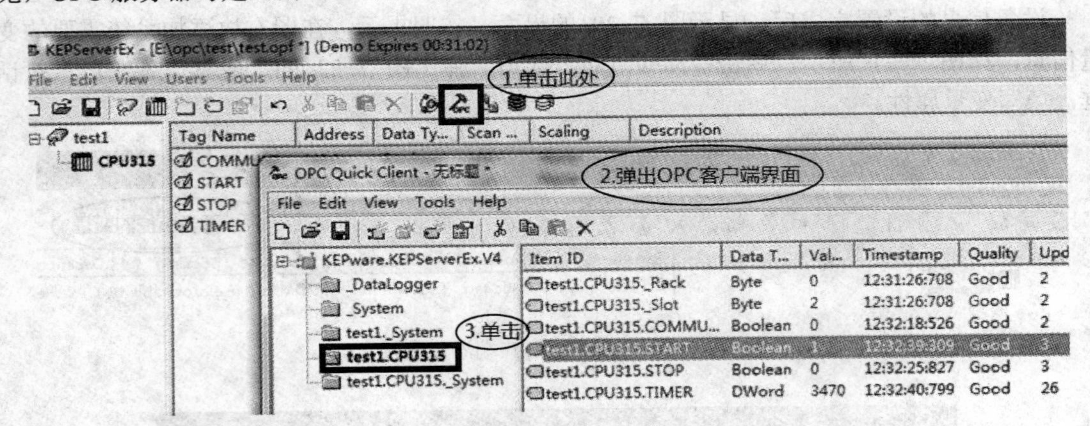

图 7-23 “OPC Quick Client”界面

FX_{2N}-48MR PLC 在 KEPware 软件中建立通道、设置设备、添加变量可参考上述（2）、（3）和（4）步骤，其变量的建立以及通信连接与变量观察分别如图 7-24 和图 7-25 所示。

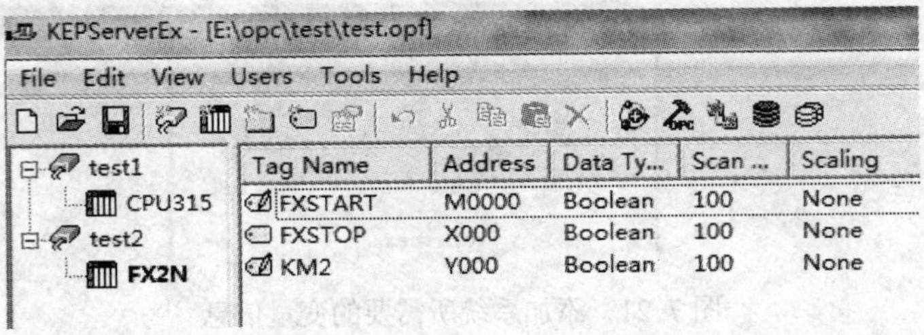

图 7-24 FX_{2N}-48MR PLC 客户端变量的建立

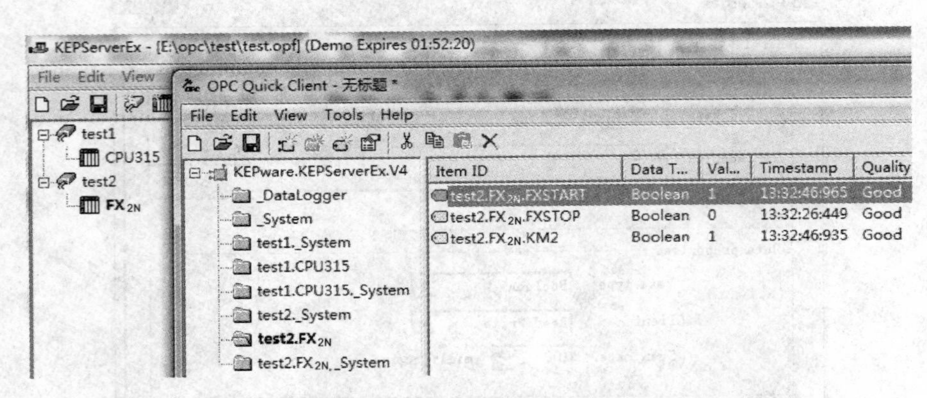

图 7-25 FX_{2N}-48MR PLC 客户端的通信连接与变量观察

4．PLC 之间的通信

（1）WinCC 软件介绍

WinCC 是西门子公司开发的上位机组态软件，主要完成对生产过程的在线监控。该软件提供多种驱动，但不提供与 FX_{2N} 系列 PLC 的驱动，因此采用 OPC 方式通信。WinCC 包含 S7 PLC 的 TCP/IP、MPI 和 PROFIBUS 等驱动，因此 CPU315-2PN/DP PLC 可以直接与

WinCC 软件连接进行通信。受篇幅所限，本系统不再讲述此种通信方式，两种 PLC 都以 OPC 方式与 WinCC 软件通信。

WinCC 可用做OPC客户机实现与 OPC 服务器的连接，也可当做 OPC 服务器，其他应用程序以 OPC 方式访问 WinCC；通过 WinCC 变量实现 OPC 服务器和 OPC 客户机之间的数据交换。

（2）OPC 通信的建立

WinCC 软件可以作为 OPC 服务器，也可以作为 OPC 客户端，当使用 WinCC 作为 OPC 客户机时，必须将 OPC 通道 OPC.chn 添加到 WinCC 项目中，操作如图 7-26 所示，打开 WinCCExplorer 软件，进入主界面，在新建项目“testproject”的“变量管理”中添加 OPC 驱动。

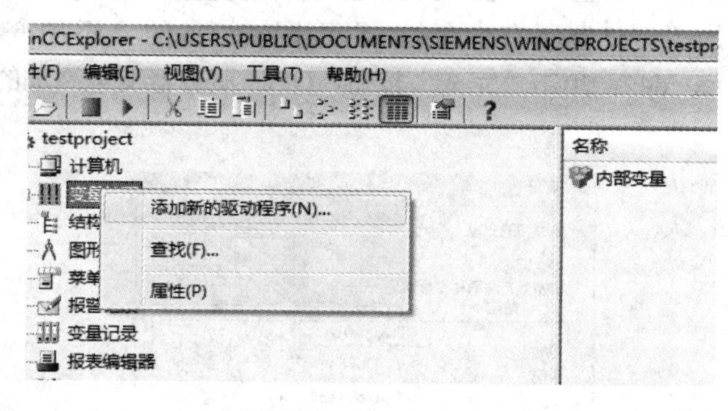

图 7-26　添加 OPC 驱动

OPC 驱动添加成功后出现图 7-27 的界面，选择“系统参数”，出现图 7-28 的“OPC 条目管理器”窗口，添加一个与该驱动程序相连接的设备。每一个 OPC 服务器都拥有自身可编址的 ProgID（程序 ID），通过 OPC 条目管理器可请求 OPC 服务器 ProgID。展开“\\<LOCAL”，选择按前面所述步骤建立的本地服务器“KEPware.KEPSeverEx.V4”，单击“浏览服务器”按钮，出现图 7-29 的“过滤标准”对话框，单击“下一步”按钮，进入图 7-30 的对话框。

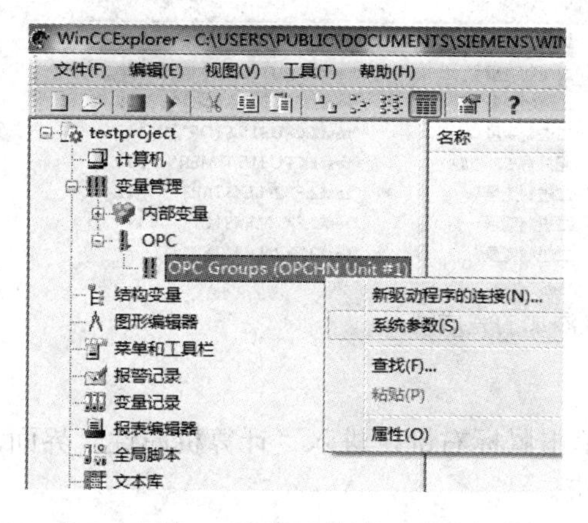

图 7-27　OPC 参数设置

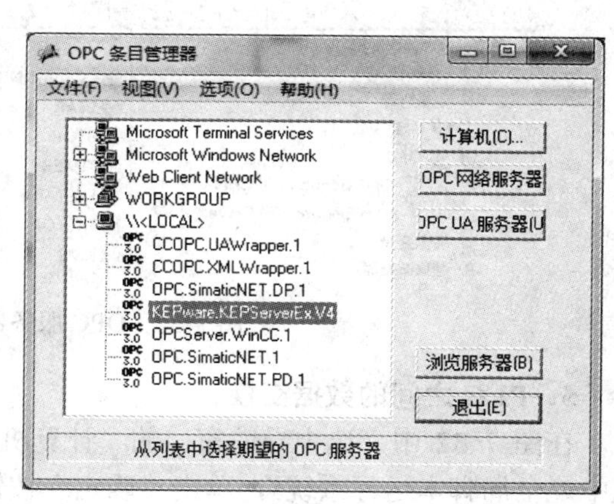

图 7-28　“OPC 条目管理器”窗口

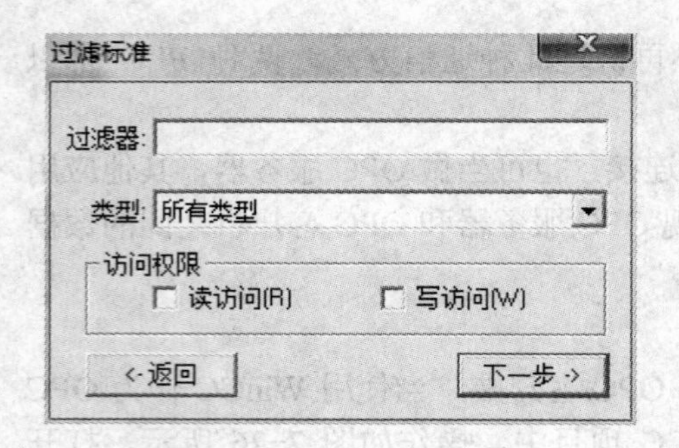

图 7-29 “过滤标准”对话框

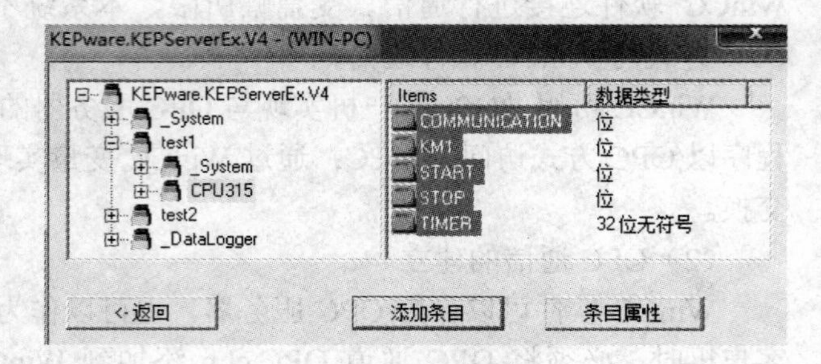

图 7-30 进入 KEPware 服务器

在图 7-30 中，选择“test1”→CPU315，出现右边变量，选择所有变量，单击“添加条目”按钮（同理添加“test2”所有变量）；出现图 7-31 的“添加变量”对话框，选择“KEPware_KEPSeverEx_V4”，单击“完成”按钮，OPC 服务器变量添加的完成情况如图 7-32 所示。

图 7-31 “添加变量”对话框

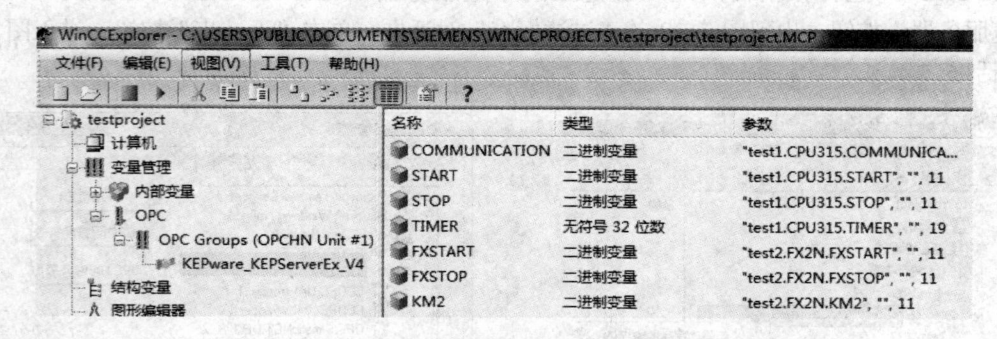

图 7-32 OPC 服务器变量添加的完成情况

5. PLC 之间的数据交换

在图 7-32 中，选中导航窗口的“计算机”，单击鼠标右键，进入“计算机属性”界面，选中“全局脚本运行系统”，单击“确定”按钮结束。

在导航窗口中，选中“全局脚本”，按照图 7-33 的步骤编写动作函数，将 S7-300 PLC 中的标志位“COMMUNICATION”状态传递给 FX_{2N} PLC 的起动变量“FXSTART”。监控界面，如图 7-34 所示，当按下 S7 300PLC 连接的起动按钮 START 后，KM1 状态为 1，驱动第 1 台电动机工作，定时器开始计时；在 5s 时间到后，标志位 COMMUNICATION=1，FX_{2N} PLC 的起动变量 FXSTART=1，则 KM2=1，驱动第 2 台电动机工作，其监控界面如图 7-35 所示。

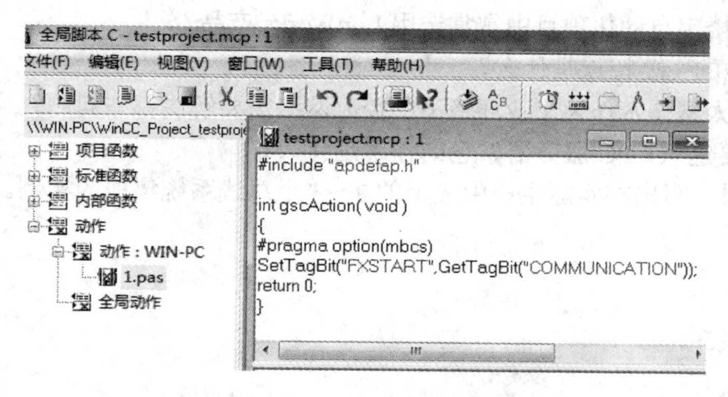

图 7-33　编写动作函数

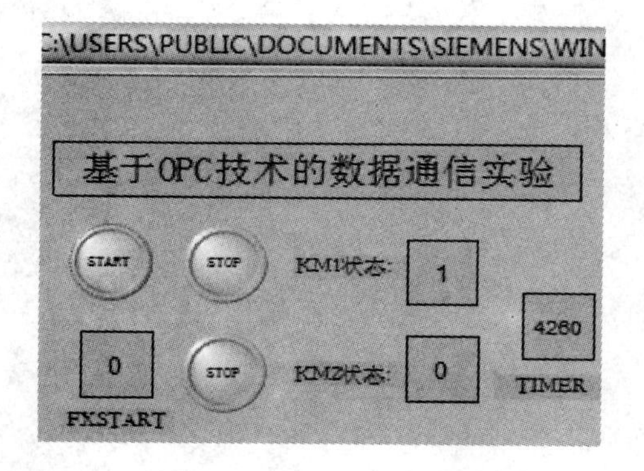

图 7-34　监控界面 1

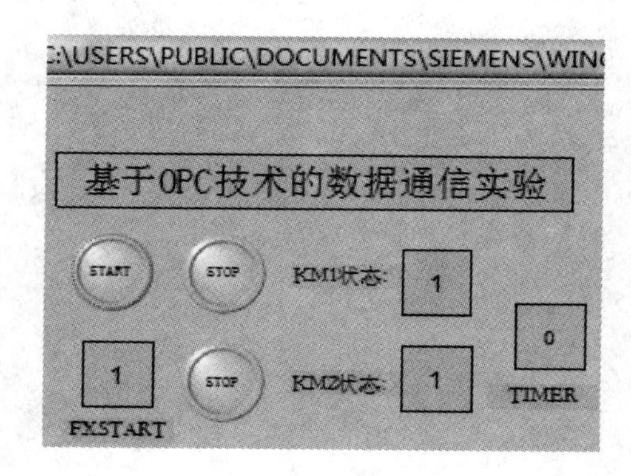

图 7-35　监控界面 2

7.8　小结

本章主要介绍现场总线控制系统集成的概念、方法、集成技术及应用案例。系统集成是根据系统需求，制定相应的系统控制方案，选择合适的控制网络及其产品；异构控制系统之间可以通过 OPC 技术建立一套符合工业要求的通信接口规范，使不同总线通过标准接口访问现场数据，实现不同现场总线之间的数据传输，保证不同的现场子网的匹配以及不同现场总线信息的共享，从而实现多种现场总线的有效集成。

7.9　思考与练习

1．什么是现场总线系统集成？现场总线系统集成的方法有哪些？

2．选用现场总线时主要从哪几个方面考虑？

3．一个典型的工业控制网络分为几个层次？各起什么作用？
4．控制网络与信息网络有什么区别？
5．控制网络与信息网络的集成方法有哪些？
6．LonWorks 总线协议有什么特点？
7．为什么在楼宇自动化项目中常常选用 LonWorks 产品？
8．CAN 总线的主要特点是什么？
9．将工业以太网技术作为工业环境下的控制网络需要解决哪些问题？
10．为什么要建立 OPC 服务器？它的作用是什么？
11．查阅资料，写出在实际生产中应用的 2～3 个总线系统集成的实例。

附　录

附录 A　Step 7 编程软件的安装与使用

S7-300 系列 PLC 的编程软件是 Step 7，用文件块的形式管理用户编写的程序及程序运行所需的数据，组成结构化的用户程序，使得 PLC 的程序组织明确，结构清晰，易于修改。

Step 7 编程软件用于 SIMATIC S7、C7、M7 和基于 PC 的 WinAC，为它们提供组态、编程和监控等服务。主要完成以下功能。

1）SIMATIC 管理器。用于集中管理所有工具以及自动化项目数据。

2）硬件组态。即在机架中放置模块，为模块分配地址和设置模块参数。

3）程序编辑器。使用多种编程语言编写用户程序。

4）符号编辑器。用于管理全局变量。

5）组态通信连接、定义通信伙伴和连接特性。

6）下载和上传用户程序，调试用户程序以及启动、维护、文件归档、运行和诊断等。

Step 7 的所有功能均有大量的在线帮助，用鼠标打开或选中某一对象，按〈F1〉键可以得到该对象的在线帮助。

1．Step7 的安装

下面以 Step7 V5.2 版本为例说明其安装过程。

1）执行 Step7 V5.2 安装盘根目录下的 Setup.exe。如果出现附图 A-1 错误信息，就需重新启动计算机，或者创建一个新的 Window 管理员级别（Administrator）账户，在新账户中进行安装。如果还无法安装，就进入 Window 安全模式安装。

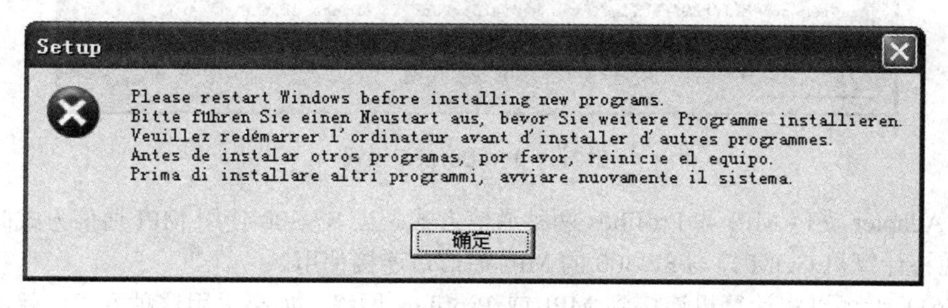

附图 A-1　安装 Step 7 的错误信息

2）按“下一步”按钮，选择需要安装的项目，如附图 A-2 所示，建议选择全部安装。

3）按提示逐步安装所有项目。根据计算机性能的不同，需要花费一定的安装时间；在安装模式页面中，通常选择 Typical。

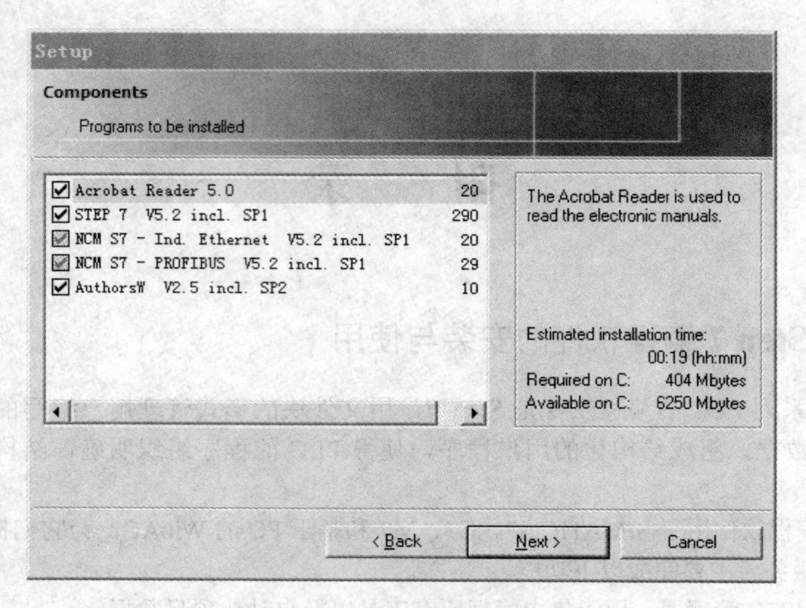

附图 A-2　选择需要安装的项目

4）进行通信接口设置，如附图 A-3 所示。选择左边的 PC Adapter→Install。如果使用 CP5611 通信，则选中 CP5611→Install。

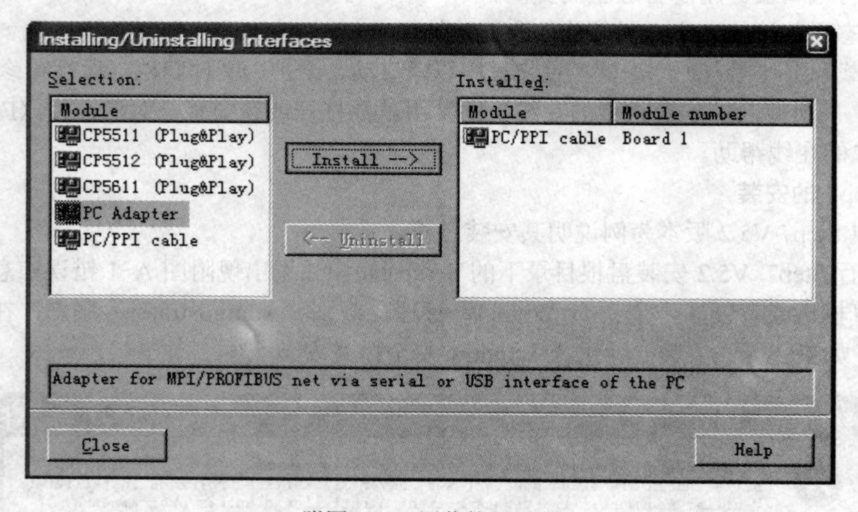

附图 A-3　通信接口设置

PC Adapter 支持 MPI 和 Profibus 两种通信方式。当 S7-300 使用 MPI 通信方式时，可用 MPI 电缆将计算机 COM 口与 S7-300 的 MPI 通信口连接使用。

CP5611 卡可以将计算机连接到 MPI 或 Profibus 网络。如果采用这种方式，就需要安装 CP5611 卡驱动程序。

5）软件安装完毕，根据提示，重新启动计算机。

2．Step7 的硬件接口

在计算机上安装好 Step 7 后，在管理器中执行菜单命令“Option”→“Setting the PG/PC

Interface"，打开"Setting PG/PC Interface"对话框。在中间的选择框中，选择实际使用的硬件接口。单击"Select"按钮，打开"Install/Remove Interfaces"对话框，可以安装上述选择框中没有列出的硬件接口的驱动程序。单击"Properties"按钮，可以设置计算机与 PLC 通信的参数。

3．Step7 的授权

授权是使用 Step 7 编程软件的"钥匙"，只有安装了授权，才可以正常使用 Step 7 软件。当然，没有授权也可以使用 Step 7（以便用户熟悉接口和功能），但是在使用时每隔一段时间将会搜索授权，提醒使用者安装授权。在购买软件时会附带一张包含授权的软盘，用户可在安装过程中将授权从软盘转移到硬盘上，也可以在安装完毕后的任何时间内使用授权管理器完成转移，有关授权内容请看相关技术文件。

4．项目结构

新建项目并完成硬件组态后，SIMATIC Manager 中 SIMATIC 300(1) 中出现 CPU 型号，展开至"块"，在"块"中进行编程，如附图 A-4 所示。

附图 A-4 在"块"中进行编程

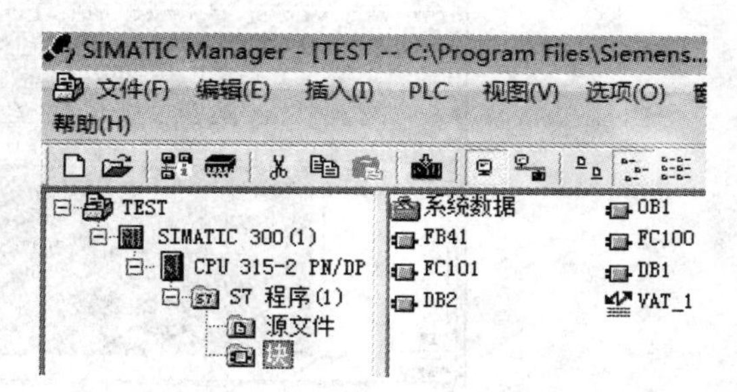

附图 A-5 编辑完成的程序

附图 A-4 中清晰地显示了项目的分层结构。在项目中，数据在分层结构中以对象的形式保存，左边窗口内的树（Tree）显示项目的结构。第一层为项目，第二层为站（Station），站是组态硬件的起点。"S7 程序（1）"文件夹是编写程序的起点，所有的软件均被存放在该文件夹中；用鼠标选中图中某一层的对象，在管理器右边的工作区将显示所选文件内的对象和下一级的文件夹；用鼠标双击工作区中的图标，可以打开并编辑对象；OB1 是项目生成时在块文件夹中自动生成的，用鼠标双击 OB1 即可进行程序编写。

附图 A-5 所示是一个编辑完成的程序。块（Blocks）对象包含程序块、用户定义的数据类型（UDT）、系统数据（System Data）和调试程序用的变量表（VAT）。程序块包括逻辑块（OB、FB、FC）和数据块（DB），需要把它们下载到 CPU 中，用于执行自动控制任务；不用将符号表、变量表和 UDT 下载到 CPU 中；用户生成的变量表（VAT）在调试用户程序时用于监视和修改变量；系统数据块（SDB）中的系统数据含有系统组态和系统参数的信息，它是用户进行硬件组态时提供的数据自动生成的。

附录 B GX Developer 编程软件的安装与使用

GX Developer 编程软件适用于三菱 Q、QnA、A、FX 等全系列可编程序控制器。该编程软件支持梯形图（LAD）、指令表（STL）、顺序功能图（SFC）、功能块图（FBD）和结构化文本（ST）等多种语言程序编写，还可进行程序的在线修改、监控及调试，具有异地读写PLC程序功能以及网络参数设置功能。

该编程软件简单易学，易于掌握，具有丰富的工具箱和可视化界面，既可联机操作，又可脱机编程，可以保证设计者PLC程序初步开发工作的进行。

1．GX Developer 编程软件安装

1）安装通用环境。进入三菱 GX Developer 编程软件安装文件夹，找到 GX Developer /EnvMEL文件夹，进入后单击“SETUP.exe”，安装通用环境。

2）GX Developer编程软件安装。返回GX Developer编程软件安装目录，在根目录下单击“SETUP.exe”，根据安装向导的指引，输入相关信息和序列号即可完成编程软件的安装。

2．创建工程

软件安装完成后，运行GX Developer编程软件，其启动窗口如附图B-1所示。

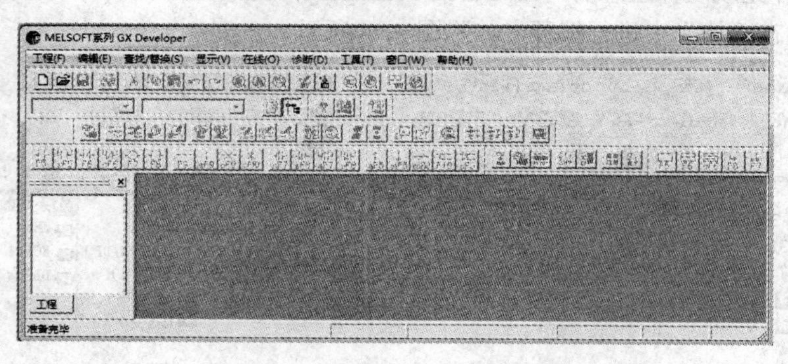

附图B-1　GX Developer编程软件的启动窗口

选择菜单栏中选择“工程”→“创建新工程”命令，或直接单击工具栏中的“新建”图标，即可创建一个新工程；随后按照以下步骤操作：选择 PLC 系列、类型、程序类型，设置文件名称和保存路径，进入编程界面，如附图 B-2 所示。注意选择的 PLC 系列和类型必须与实际使用的 PLC 一致，否则程序可能无法下载；程序类型选择梯形图；文件名称和保存路径可自行设置。

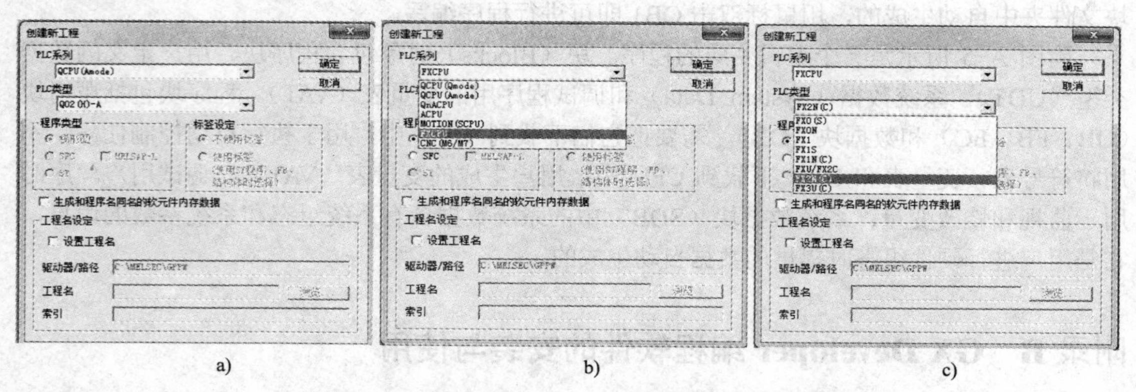

附图B-2　采用GX Developer编程软件创建新工程

a) 创立新工程　b) 选择PLC系列　c) 选择PLC类型

设置完成后，单击“确认”按钮，出现 GX Developer 编程软件梯形图编辑窗口。编辑窗口主要由菜单栏、工具栏、工程数据列表和编程区构成，如附图 B-3 所示。

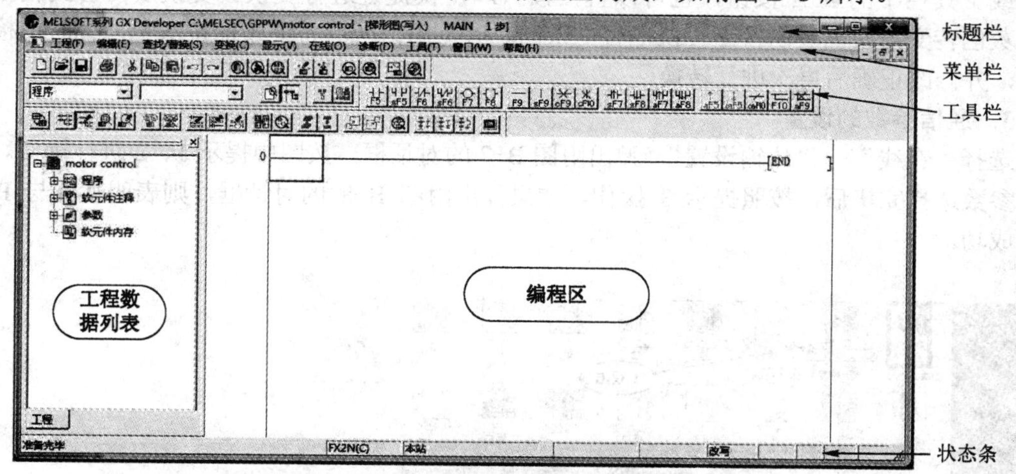

附图 B-3　GX Developer 编程软件梯形图编辑窗口

要编写梯形图程序，首先应将编辑模式设定为写入模式。当梯形图内的光标为蓝边空心框时，为写入模式，可以进行梯形图的编辑；当光标为蓝边实心框时，为读出模式，只能进行读取、查找等操作。可以通过选择“编辑”中的“读出模式”或“写入模式”进行切换，或用快捷键操作。

梯形图程序可采用指令直接输入法或工具按钮（快捷键）输入法。

指令直接输入法即是将光标放置在需编辑的位置，然后直接输入指令，则会弹出输入窗口，按此法依次输入需编辑的程序即可。GX 指令直接输入法示意图如附图 B-4 所示。

附图 B-4　GX 指令直接输入法示意图

工具按钮输入法是采用工具栏按钮或对应快捷键输入程序的方法。程序编辑时，先将光标放置在需编辑的位置，然后单击按钮选择输入项目，在弹出的输入栏中键入元件号等，完成程序编辑。常用工具按钮及对应快捷键如附图 B-5 所示。工具按钮输入法示意图如附图 B-6 所示。

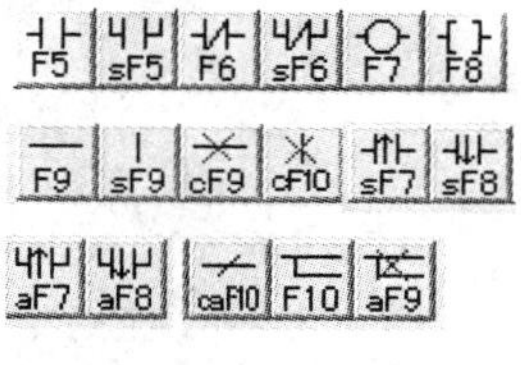

F5 sF5 F6 sF6 F7 F8

F9 sF9 cF9 cF10 sF7 sF8

aF7 aF8 caF10 F10 aF9

附图 B-5　常用工具按钮及对应快捷键

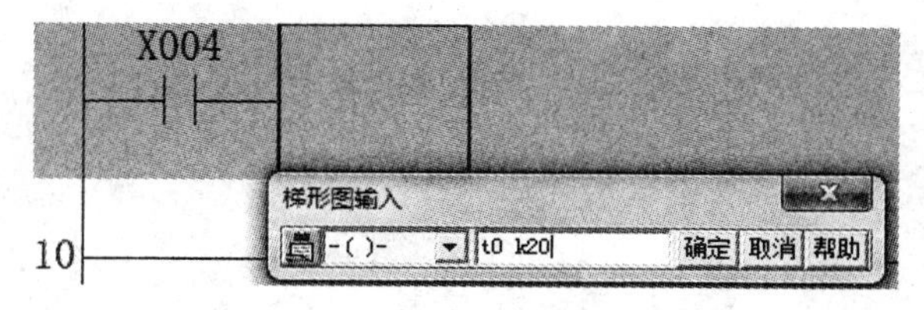

附图 B-6　工具按钮输入法示意图

对已创建的梯形图程序，需要经过转换处理才能进行保存和下载。单击菜单栏中的“变换”或工具栏中的 按钮，也可以直接按〈F4〉快捷键进行变换。变换后可看到编程内容由灰色转变为白色显示，当转换中有错误出现时，出错区域将继续保持灰色，此时请检查程序，并修改正确后再次进行转换。

3．通信参数的设置

选择“在线”→“传输设置”，弹出附图 B-7 的对话框，按图中提示 1、2 进行操作。将通信参数选择完毕后，按照提示 3 操作，如果弹出附图 B-8 的对话框，则表明软件与 PLC 通信成功。

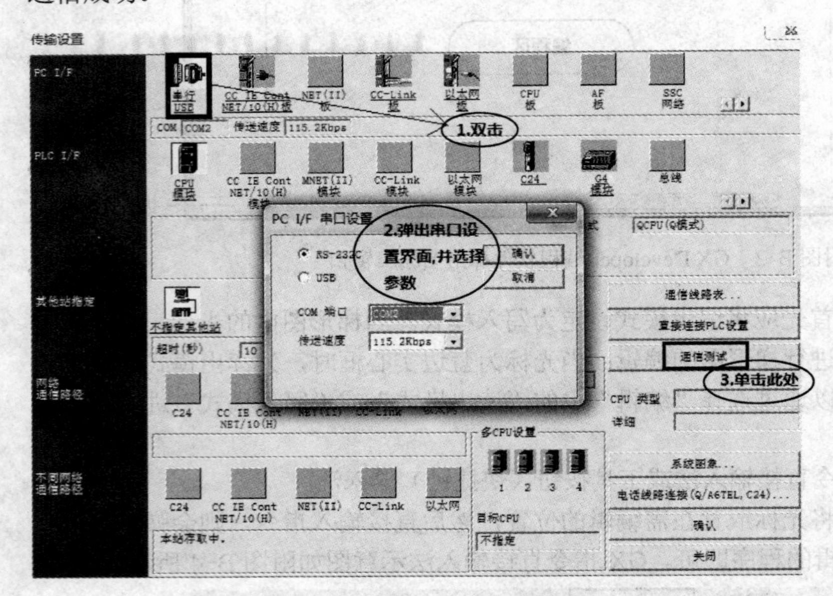

附图 B-7　设置通信参数

附图 B-8　通信成功

参考文献

[1] 李正军. 现场总线及其应用技术[M]. 北京：机械工业出版社，2008.

[2] 王慧锋，何衍庆. 现场总线控制系统原理及其应用[M]. 北京：化学工业出版社，2006.

[3] 杨卫华. 现场总线网络[M]. 北京：高等教育出版社，2004.

[4] 谬学勤. 解读 IEC 61158 第四版现场总线标准[J]. 仪器仪表标准化与计量，2007.（3）.

[5] 当今自动化行业中现场总线技术的发展趋势[OL].
http://wenku.baidu.com/view/adda57e8998fcc22bcd10dfe.html.

[6] 张益. 现场总线技术与实训[M]. 北京：北京理工大学出版社，2008.

[7] 孙鹤旭，梁涛，云利军. Profibus 现场总线控制系统的设计与开发[M]. 北京：国防工业出版社，2007.

[8] 龚仲华. S7-200/300/400PLC 应用技术[M]. 北京：人民邮电出版社，2008.

[9] 朱月志. 基于 PROFIBUS-DP 总线的自动配料控制系统[D].重庆：重庆大学，2006.

[10] 魏军. PROFIBUS 总线技术研究及监控系统的实现[D]. 南京：南京航空航天大学，2004.

[11] 韩辰. PROFIBUS-DP 典型应用系统研究[D]. 哈尔滨：哈尔滨工业大学，2008.

[12] 北京华晟高科教学仪器有限公司.A3000 过程控制实验系统操作和维护手册. 2007.

[13] 亚控公司.Kingview6.5 使用手册.

[14] 三菱电机.FX 通讯用户手册（RS-232C，RS-485）.2001.

[15] 三菱电机. FX_{2N}-16CCL-M 和 FX_{2N}-32CCL CCLink 主站模块和接口模块用户手册.

[16] 三菱电机.三菱 FX 系列特殊功能模块用户手册. 2000.

[17] 郭琼.PLC 应用技术[M].北京：机械工业出版社，2009.

[18] 施耐德电气公司.Twido 可编程序控制器软件参考手册中文 V3.2. 2005.

[19] 施耐德电气公司.ATV31 异步电机变频器. 2005.

[20] 施耐德电气公司.ATV31 变频器 Modbus 用户手册/CANopen 用户手册/通讯变量使用手册. 2005.

[21] 郭琼，姚晓宁. Modbus 协议在变频调速控制系统中的应用[J]. 电气传动，2010（9）.

[22] 熊红艳，陈红英，章云.控制网络技术及其自动化系统集成[J]. 机电工程技术，2005（4）.

[23] 陈德仙.基于 Modbus 现场总线的智能配电控制系统研究与实现[D] . 杭州：浙江工业大学，2009.

[24] 甘永梅，李庆丰，刘晓娟，等. 现场总线技术及其应用[M].北京：机械工业出版社，2005.

[25] 张岳，甄玉杰. 集散控制系统及现场总线[M].北京：机械工业出版社，2008.

[26] 阳宪惠，林强. 浅谈现场总线开放系统的系统集成与应用集成[J].工业控制计算机，1999（5）.

[27] 李前进. 工业控制网络系统集成与数据交换应用研究[D].重庆：重庆大学，2008.

[28] 张凤登，陆文华，程卫国.现场总线与电厂综合自动化系统集成技术[J].动力工程，2001（6）.

[29] 佴景铎. 应用 ODBC 技术访问数据源的方法与实例[J].石河子科技，2005（3）.

[30] 周耿烈，胡赤兵，等. 现场总线控制网络与数据网络的集成[J]. 制造业自动化，2007（6）.

[31] 蓝丽.基于 PROFIBUS 现场总线集成方法和应用研究 [D].北京：北京化工大学，2008.

[32] 王振朝，郭伟东，王伊瑾.电力线载波自动抄表系统设计与研究[J] .光盘技术，2008（10）.

[33] 张齐，郭伟东.LonWorks 现场总线技术与远程自动抄表系统[J].河海大学常州分校学报，2005（6）.

[34] 岑国锋.西洲水厂 ControlNet 控制网改造[J].电气时代，2007（2）.
[35] 刘峰. AB 控制网应用一例[J].自动化博览，2003（6）.
[36] 张雪申，叶西宁.集散控制系统及其应用[M].北京：机械工业出版社，2006.
[37] 张平，孙竹平.集散控制系统和现场总线系统的集成实现[J]. 柴油机，2008.
[38] 西门子（中国）有限公司.MICROMASTER 420 通用型变频器用户手册.
[39] 张尧.基于 CAN 总线的汽车车灯控制系统的研究与设计[D].大连：大连交通大学，2008.

精品教材推荐

计算机电路基础

书号：ISBN 978-7-111-35933-3

定价：31.00 元　　作者：张志良

推荐简言：

本书内容安排合理、难度适中，有利于教师讲课和学生学习，配有《计算机电路基础学习指导与习题解答》。

高级维修电工实训教程

书号：ISBN 978-7-111-34092-8

定价：29.00 元　　作者：张静之

推荐简言：

本书细化操作步骤，配合图片和照片一步一步进行实训操作的分析，说明操作方法；采用理论与实训相结合的一体化形式。

汽车电工电子技术基础

书号：ISBN 978-7-111-34109-3

定价：32.00 元　　作者：罗富坤

推荐简言：

本书注重实用技术，突出电工电子基本知识和技能。与现代汽车电子控制技术紧密相连，重难点突出。每一章节实训与理论紧密结合，实训项目设置合理，有助于学生加深理论知识的理解和对基本技能掌握。

单片机应用技术学程

书号：ISBN 978-7-111-33054-7

定价：21.00 元　　作者：徐江海

推荐简言：

本书是开展单片机工作过程行动导向教学过程中学生使用的学材，它是根据教学情景划分的工学结合的课程，每个教学情景实施通过几个学习任务实现。

数字平板电视技术

书号：ISBN 978-7-111-33394-4

定价：38.00 元　　作者：朱胜泉

推荐简言：

本书全面介绍了平板电视的屏、电视驱动板、电源和软件，提供有习题和实训指导，实训的机型，使学生真正掌握一种液晶电视机的维修方法与技巧，全面和系统介绍了液晶电视机内主要电路板和屏的代换方法，以面对实用性人才为读者对象。

电力电子技术　第 2 版

书号：ISBN 978-7-111-29255-5

定价：26.00 元　　作者：周渊深

获奖情况：普通高等教育“十一五”国家级规划教材

推荐简言：本书内容全面，涵盖了理论教学、实践教学等多个教学环节。实践性强，提供了典型电路的仿真和实验波形。体系新颖，提供了与理论分析相对应的仿真实验和实物实验波形，有利于加强学生的感性认识。

精品教材推荐

EDA技术基础与应用

书号：ISBN 978-7-111-33132-2

定价：32.00元　　作者：郭勇

推荐简言：

本书内容先进，按项目设计的实际步骤进行编排，可操作性强，配备大量实验和项目实训内容，供教师在教学中选用。

电子测量仪器应用

书号：ISBN 978-7-111-33080-6

定价：19.00元　　作者：周友兵

推荐简言：

本书采用“工学结合”的方式，基于工作过程系统化；遵循“行动导向”教学范式；便于实施项目化教学；淡化理论，注重实践；以企业的真实工作任务为授课内容；以职业技能培养为目标。

高频电子技术

书号：ISBN 978-7-111-35374-4

定价：31.00元　　作者：郭兵 唐志凌

推荐简言：

本书突出专业知识的实用性、综合性和先进性，通过学习本课程，使读者能迅速掌握高频电子电路的基本工作原理、基本分析方法和基本单元电路以及相关典型技术的应用，具备高频电子电路的设计和测试能力。

单片机技术与应用

书号：ISBN 978-7-111-32301-3

定价：25.00元　　作者：刘松

推荐简言：

本书以制作产品为目标，通过模块项目训练，以实践训练培养学生面向过程的程序的阅读分析能力和编写能力为重点，注重培养学生把技能应用于实践的能力。构建模块化、组合型、进阶式能力训练体系。

Verilog HDL与CPLD/FPGA项目开发教程

书号：ISBN 978-7-111-31365-6

定价：25.00元　　作者：聂章龙

获奖情况：高职高专计算机类优秀教材

推荐简言：

本书内容的选取是以培养从事嵌入式产品设计、开发、综合调试和维护人员所必须的技能为目标，可以掌握CPLD/FPGA的基础知识和基本技能，锻炼学生实际运用硬件编程语言进行编程的能力，本书融理论和实践于一体，集教学内容与实验内容于一体。

电子信息技术专业英语

书号：ISBN 978-7-111-32141-5

定价：18.00元　　作者：张福强

推荐简言：

本书突出专业英语的知识体系和技能，有针对性地讲解英语的特点等。再配以适当的原版专业文章对前述的知识和技能进行针对性联系和巩固。实用文体写作给出范文。以附录的形式给出电子信息专业经常会遇到的术语、符号。